高等学校规划教材

U0202039

飞行器可靠性分析与设计

宋述芳　吕震宙　王燕萍　编著

西北工業大學出版社

西安

【内容简介】 本书从三个方面介绍了飞行器可靠性分析与设计中的常见问题，主要内容包括静态结构可靠性问题的求解方法及计算机程序实现、动态结构可靠性模型的分析计算以及给定可靠性要求下的可靠性设计和可靠性优化设计的基本思路及实施过程等；同时，针对飞行器典型结构的强度、失稳、腐蚀、疲劳等问题进行了可靠性分析。

本书可以作为相关专业高年级本科生相关课程的教材，也可供从事机械可靠性分析与设计的研究人员和工程技术人员阅读、参考。

图书在版编目(CIP)数据

飞行器可靠性分析与设计/宋述芳，吕震宙，王燕萍编著. —西安：西北工业大学出版社，2023.2

ISBN 978-7-5612-8153-6

Ⅰ.①飞… Ⅱ.①宋… ②吕… ③王… Ⅲ.①飞行器-可靠性-研究 Ⅳ.①V417

中国国家版本馆 CIP 数据核字(2023)第 021311 号

FEIXINGQI KEKAOXING FENXI YU SHEJI

飞行器可靠性分析与设计

宋述芳 吕震宙 王燕萍 编著

责任编辑：王玉玲 **策划编辑**：杨 军

责任校对：胡莉巾 **装帧设计**：李 飞

出版发行：西北工业大学出版社

通信地址：西安市友谊西路 127 号 邮编：710072

电　　话：(029)88493844 88491757

网　　址：www.nwpup.com

印 刷 者：陕西向阳印务有限公司

开　　本：787 mm×1 092 mm 1/16

印　　张：12.25

字　　数：321 千字

版　　次：2023 年 2 月第 1 版 2023 年 2 月第 1 次印刷

书　　号：ISBN 978-7-5612-8153-6

定　　价：48.00 元

前　　言

可靠性是衡量产品质量的重要指标之一。可靠性理论是以抑制产品故障为主要研究目的的一门综合性和边缘性科学，其涉及的范围广泛，综合了基础科学、技术科学、系统工程和管理科学等众多领域。1957 年苏联第一颗人造卫星升天，1969 年美国“阿波罗 11 号”宇宙飞船载人登月等可靠性技术成功的典范，说明了高科技的发展要以可靠性技术为基础，科学技术的发展要求高的可靠性能。飞行器的可靠性分析与设计是现代飞行器设计的重要分支，是提高其可靠性、安全性、有效性和经济性的有力手段。

本书具有下述特点：

(1)内容安排合理，层次清晰，理论体系完整。本书注重可靠性研究内容的新颖性，融入了众多先进的可靠性分析方法与设计技术，包含了可靠性的研究状况及发展趋势。

(2)注重文字的简洁性，每部分内容的讲解简明扼要；语言通俗易懂，图表清晰明了，叙述循序渐进。

(3)注重工程应用性，基于当前科技发展的态势，密切结合国防现代化和飞行器设计的需要，对航空强国的发展具有一定的推动作用。

本书共 10 章。第 1 章介绍了可靠性的概念、发展历程及分类；第 2 章介绍了结构静强度可靠性的安全余量方程及应力-强度干涉理论等；第 3～5 章详细介绍了单失效模式的可靠性分析方法——近似解析法、数字模拟法、模型替代法；第 6 章介绍了多失效模式的系统可靠性的建模与分析方法；第 7 章介绍了结构动态可靠性分析技术；第 8 章、第 9 章分别介绍了机械可靠性设计及可靠性优化设计；第 10 章针对飞行器典型结构件的强度、失稳、腐蚀、疲劳等问题进行了可靠性分析。

本书的编写分工如下：第 1 章、第 2 章由宋述芳、王燕萍编写，第 3～6 章由吕震宙编写，第 7～10 章由宋述芳编写。宋述芳负责统稿、校稿和定稿。

在本书的整理过程中，喻天翔、李璐祎老师给予了许多具体的指导意见，研究生吕雅晴、白志伟、祁会治、王家辉也做了整理及校稿工作，在此一并表示感谢！

本书依据西北工业大学本科生“飞行器可靠性分析与设计”课程的教学大纲进行编写。在编写过程中，参阅了多部国内外同类或相近专业的教材和参考书，在此对其作者表示由衷的感谢。本书的出版得到了西北工业大学校级教材建设项目(项目编号:21GH010101)的资助，在此对西北工业大学教务处及西北工业大学出版社表示感谢。

由于水平有限，疏漏和不足之处在所难免，敬请广大读者批评指正。

编著者

2022 年 6 月

目　　录

第1章 绪 论

1.1 可靠性的基本概念

1.1.1 可靠性的定义

可靠性(reliability)是产品的重要内在属性,是衡量产品质量的重要指标之一。我国的国家标准《可靠性、维修性术语》(GB/T 3187—1994)中明确了可靠性的定义:“产品在规定的条件下和规定的时间内完成规定功能的能力。”

在可靠性的定义中,三个“规定”是可靠性概念的核心,可靠性的研究需明确所研究对象的工作时间、工作条件和其被赋予的功能。

1.研究对象

产品(product)是可靠性问题的研究对象,它是泛指的,可以是元件、组件、零件、部件、机器、设备,甚至整个系统。在可靠性工程中,产品分为不可修复产品和可修复产品两类。

不可修复产品:产品在使用过程中发生失效,其寿命即告终结。

可修复产品:产品故障后,可通过更换元器件或调整恢复其功能。

研究可靠性问题时不仅要确定具体的产品,而且还应明确它的内容和性质。如果研究对象是一个系统,则不仅包括硬件,还包括软件以及人的判断与操作等因素,需要以人-机系统的观点去观察和分析问题。

2.规定的条件

同一产品在不同条件下工作会表现出不同的可靠性水平,离开具体条件谈可靠性是毫无意义的。“规定的条件”有广泛的内容,一般指产品使用时的环境条件和工作条件(包括动力条件、负载条件、使用/运输/储存/维护条件等)。

(1)环境条件,包括气候环境(如温度、压力、湿度、降水、辐射等)、生物化学环境(如腐蚀、酶降解、毒污染等)、机械环境(如振动、碰撞、冲击等)、电磁环境等;

(2)动力条件,是影响产品性能的动力特性,包括电源(参数为电压、电流、频率等)和流体源(参数为压力、流量等);

(3)负载条件,包括载荷、信号等;

(4)使用/运输/储存/维护条件。

3. 规定的时间

与可靠性关系非常密切的是关于产品使用期限的规定，因为可靠性是一个有时间性的定义，因此对时间性的要求一定要明确。时间可以是区间$(0,t)$或区间(t_1,t_2)。有时对某些产品给出相对于时间的一些其他指标，如里程（距离）、周期、次数（如飞机的起降次数）等。通常，产品可靠性是时间的递减函数，即工作时间越长，可靠性越低。

4. 规定的功能

系统或元件没有完成规定功能，称其发生失效(failure)。对于可修复产品，失效通常称为故障(fault)。一般来说，所谓完成规定功能是指在规定的使用条件下能正常工作而不失效（或发生故障），即研究对象（产品）能在规定的功能参数下正常运行。应注意“失效”不仅仅指产品不能工作，因为有些产品虽然还能工作，但由于其功能参数已漂移到规定界限之外了，即不能按照规定正常工作，也视为失效。因此，既要弄清该产品的功能是什么，其失效（或故障）是怎样定义的，还要注意产品的功能有主次之分（有时次要的故障不影响主要功能，因而也不影响完成主要功能的可靠性）。

1.1.2 可靠性的衡量指标

衡量产品可靠性的数量指标有可靠度、失效概率、失效率、平均寿命、可靠寿命等。

可靠性的概率度量称为可靠度，即可靠度是产品在规定的条件下和规定的时间内完成规定功能的概率。把概念性的可靠性用具体的数学形式——概率表示，这就是可靠性技术发展的出发点。可靠度通常用 Re 表示，它是时间的函数，又表示为 $\mathrm{Re}=R(t)$，称为可靠度函数。与可靠度相对应的是不可靠度，又叫失效概率，可记为 $P_f=F(t)$，称为故障累积函数。显然有 $\mathrm{Re}+P_f=1$，$R(t)+F(t)=1$。

1. 故障累积函数

$$F(t)=P(T\leqslant t) \tag{1.1}$$

式中：T 为产品寿命，是随机变量；t 为某固定的寿命值。

故障累积函数 $F(t)$ 的示意图如图 1-1 所示。

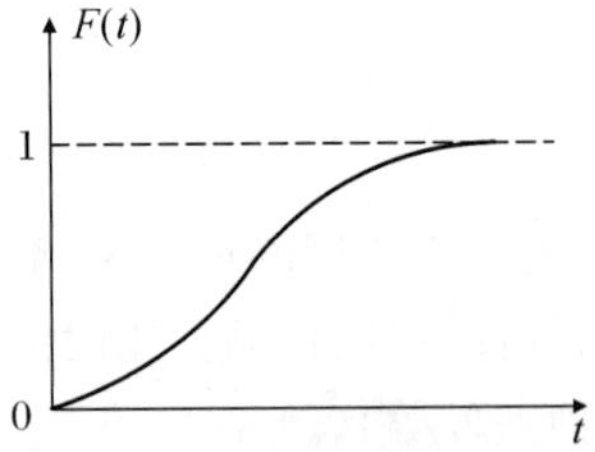

图 1-1 故障累积函数

2. 故障密度函数

当 $F(t)$ 连续可导时，故障密度函数 $f(t)$ 为

$$f(t)=\frac{\mathrm{d}F(t)}{\mathrm{d}t} \tag{1.2}$$

显然有

$$F(t)=\int_0^t f(\tau)\mathrm{d}\tau$$

由图 1－2 可知，当 $t=t^*$ 时，图中阴影部分面积就是 $F(t^*)$。

3. **可靠度函数**

可靠度是时间的函数，设产品的规定使用时间为 t，产品从开始工作到发生失效的连续工作时间为 T，则事件 $(T>t)$ 表示产品在规定的使用时间 t 内能完成规定的功能，则可靠度函数：

$$R(t)=P(T>t) \tag{1.3}$$

可靠度函数 $R(t)$ 的示意图如图 1－3 所示。显然有

$$R(t)=1-F(t)=\int_t^{\infty} f(\tau)\mathrm{d}\tau$$

$$f(t)=\frac{\mathrm{d}F(t)}{\mathrm{d}t}=-\frac{\mathrm{d}R(t)}{\mathrm{d}t} \tag{1.4}$$

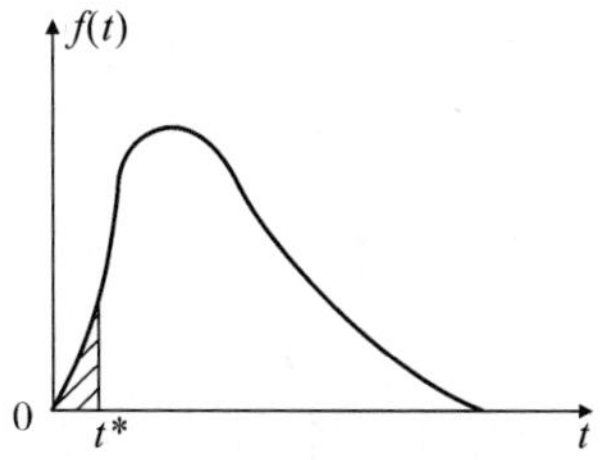

图 1－2　故障密度函数

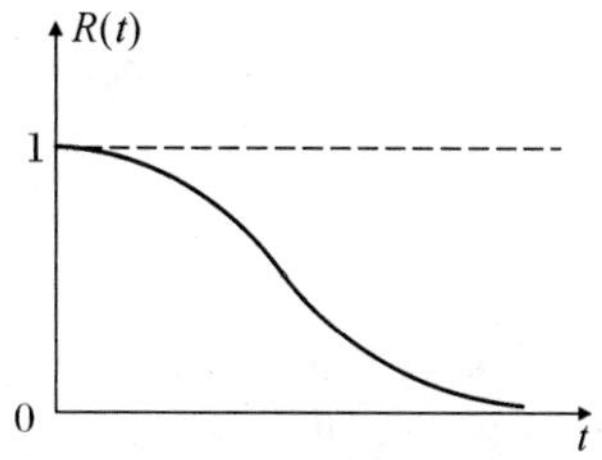

图 1－3　可靠度函数

对于不可修复产品，其可靠度函数可定义为：在规定的时间内，能完成规定功能的产品数与开始时投入工作的产品数 N 之比，即

$$R(t)=\frac{N-n(t)}{N}$$

式中：N 为开始时刻投入工作的产品数；$n(t)$ 为工作到 t 时刻的失效产品数。

对于可修复产品，其可靠度函数是指一个或多个产品的无故障工作时间达到或超过规定时间的次数 n 与规定时间内无故障工作的总次数 N 之比，即

$$R(t)=n/N$$

4. **失效率函数**

失效率是工作到某时刻尚未失效的产品，在该时刻后的单位时间内发生失效的概率，记为 $\lambda(t)$。

设有 N 个产品，从开始工作到时刻 t 时的失效产品数为 $n(t)$，则 t 时刻的正常工作的产品数为 $N-n(t)$。若在 $(t, t+\Delta t)$ 时间区间内又有 $\Delta n(t)$ 个产品失效，则 t 时刻的失效率 $\bar{\lambda}(t)$（也称为区间故障率）为

$$\bar{\lambda}(t)=\frac{n(t+\Delta t)-n(t)}{[N-n(t)]\cdot\Delta t}=\frac{\Delta n(t)}{[N-n(t)]\cdot\Delta t} \tag{1.5}$$

当产品数 $N\to\infty$，时间区间 $\Delta t\to 0$ 时，t 时刻的瞬时失效率 $\lambda(t)$（也称风险函数）为

$$\lambda(t)=\lim_{\substack{N\to\infty\\ \Delta t\to 0}}\bar{\lambda}(t)=\frac{\mathrm{d}n(t)}{[N-n(t)]\cdot\mathrm{d}t}=\frac{N}{[N-n(t)]}\cdot\frac{-\mathrm{d}[N-n(t)]}{N\cdot\mathrm{d}t}=\frac{f(t)}{R(t)} \tag{1.6}$$

5. $\lambda(t)$ 与 $R(t)$、$F(t)$、$f(t)$ 的关系

失效率 $\lambda(t)$ 是产品一直使用到某一时刻 t 之前未发生故障的条件下，在该时刻可能发生故障的概率。可靠度 $R(t)$ 是产品一直使用到某一时刻 t 未发生故障的概率，$f(t)$ 是产品在 t 时刻的无条件故障密度，已知

$$\lambda(t)=\frac{f(t)}{R(t)}=\frac{f(t)}{1-F(t)}$$

可得

$$\lambda(t)=-\frac{1}{R(t)}\frac{\mathrm{d}R(t)}{\mathrm{d}t}$$

即

$$\frac{\mathrm{d}R(t)}{R(t)}=-\lambda(t)\,\mathrm{d}t$$

上式两端分别对 τ 从 0 到 t 积分，注意边界条件 $R(0)=1$，解此微分方程可得

$$R(t)=\mathrm{e}^{-\int_0^t\lambda(\tau)\mathrm{d}\tau} \tag{1.7}$$

用 $1-F(t)$ 代替式(1.7) 中的 $R(t)$ 得到

$$F(t)=1-\mathrm{e}^{-\int_0^t\lambda(\tau)\mathrm{d}\tau} \tag{1.8}$$

式(1.8) 两端分别对 t 求导，得

$$f(t)=\lambda(t)\mathrm{e}^{-\int_0^t\lambda(\tau)\mathrm{d}\tau} \tag{1.9}$$

可见，只要知道了失效率 $\lambda(t)$，就可确定 $R(t)$、$F(t)$ 及 $f(t)$。

综合来看，上述四个可靠性函数中，只要知道其中任意一个，其他三个函数就都是已知的了，具体的关系如图 1-4 所示。

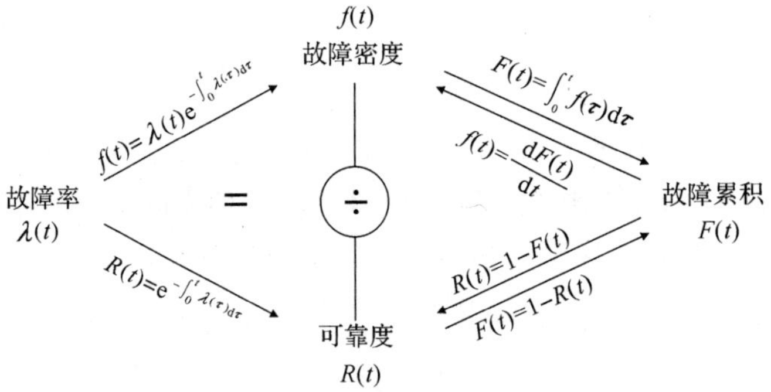

图 1-4 $\lambda(t)$ 与 $R(t)$、$F(t)$、$f(t)$ 的公式关系图

6. **平均寿命**

寿命是产品的无故障工作时间。对于不可修复产品，寿命指产品发生失效前的工作时间或工作次数；对于可修复产品，寿命指产品两次修复之间的工作时间或工作次数。

平均寿命就是产品寿命的平均值，即寿命的数学期望，平均寿命能大致反映产品寿命的平均水平。

对于不可修复产品，平均寿命是指产品从开始工作到失效前的工作时间（或工作次数）的平均值，称为失效前平均工作时间，记为 MTTF(Mean Time To Failure)，则有

$$\mathrm{MTTF}=\frac{1}{N}\sum_{i=1}^{N}t_i$$

式中：N 为测试的产品总数；t_i 为第 i 个产品失效前的工作时间。

对于可修复产品，平均寿命为平均无故障工作时间，或称为平均故障间隔时间，记为 MTBF(Mean Time Between Failures)，则有

$$\mathrm{MTBF} = \frac{1}{\sum_{i=1}^{N} n_i} \sum_{i=1}^{N} \sum_{j=1}^{n_i} t_{ij}$$

式中：N 为测试的产品总数；n_i 为第 i 个测试产品的故障次数；t_{ij} 为第 i 个测试产品从第 $(j-1)$ 次故障到第 j 次故障的工作时间。

将 MTTF 和 MTBF 统称为平均寿命 θ，且有

$$\theta = \frac{1}{N}\sum_{i=1}^{N} t_i$$

式中：t_i 是第 i 个测试产品的寿命。

若产品寿命的概率密度函数 $f(t)$ 已知，则根据概率论关于随机变量 X 的均值(或数学期望)的定义式为 $E(X) = \int_{-\infty}^{\infty} xf(x)\mathrm{d}x$，考虑寿命 T 的积分范围 $t > 0$，有

$$\theta = E(T) = \int_{0}^{\infty} tf(t)\mathrm{d}t$$

将 $f(t) = -\dfrac{\mathrm{d}R(t)}{\mathrm{d}t}$ 代入上式，得

$$\begin{aligned}\theta &= \int_{0}^{\infty} -t\frac{\mathrm{d}R(t)}{\mathrm{d}t}\mathrm{d}t = -\int_{0}^{\infty} t\mathrm{d}R(t) = -[t \cdot R(t)]\big|_0^{\infty} + \int_{0}^{\infty} R(t)\mathrm{d}t \\ &= \int_{0}^{\infty} R(t)\mathrm{d}t\end{aligned}$$

由此可见，在一般情况下，对可靠度函数 $R(t)$ 在从 0 到 ∞ 的时间区间上进行积分计算，就可求出产品的平均寿命。

7. 可靠寿命

设产品的可靠度函数为 $R(t)$，使可靠度等于给定可靠度水平 γ 所对应的时间 t_γ 称为可靠寿命，即

$$R(t_\gamma) = \gamma,\ t_\gamma = R^{-1}(\gamma)$$

中位寿命：产品寿命的可靠性水平 $\gamma = 0.5$ 时对应的可靠寿命 $t_{0.5}$，即

$$R(t_{0.5}) = 0.5,\ t_{0.5} = R^{-1}(0.5)$$

特征寿命：产品寿命的可靠性水平 $\gamma = \mathrm{e}^{-1}$ 时对应的可靠寿命 $t_{\mathrm{e}^{-1}}$，即

$$R(t_{\mathrm{e}^{-1}}) = \mathrm{e}^{-1},\ t_{\mathrm{e}^{-1}} = R^{-1}(\mathrm{e}^{-1})$$

8. 寿命的 n 阶矩

根据寿命的故障密度函数或可靠度函数，能够由下式给出寿命的 n 阶矩：

$$E(T^n) = \int_{0}^{\infty} t^n f(t)\mathrm{d}t = n\int_{0}^{\infty} t^{n-1}R(t)\mathrm{d}t$$

在可靠性工程中，寿命最常用的分布为指数分布、正态分布、对数正态分布和威布尔分布。指数分布、正态分布、对数正态分布和威布尔分布的可靠性衡量指标如下。

(1) 指数分布 exp(λ):

$$f(t)=\lambda e^{-\lambda t} \quad (t>0)$$
$$F(t)=1-e^{-\lambda t} \quad (t>0)$$
$$R(t)=e^{-\lambda t} \quad (t>0)$$
$$\lambda(t)=\lambda \quad (t>0)$$
$$E(T^n)=\frac{n!}{\lambda^n}$$

式中:λ 为指数分布的分布参数。

(2) 正态分布 $N(\mu,\sigma^2)$:

$$f(t)=\frac{1}{\sqrt{2\pi}\sigma}e^{-\frac{(t-\mu)^2}{2\sigma^2}} \quad (-\infty<t<\infty)$$
$$F(t)=\Phi\left(\frac{t-\mu}{\sigma}\right) \quad (-\infty<t<\infty)$$
$$R(t)=1-\Phi\left(\frac{t-\mu}{\sigma}\right) \quad (-\infty<t<\infty)$$
$$\lambda(t)=\frac{\varphi\left(\frac{t-\mu}{\sigma}\right)}{1-\Phi\left(\frac{t-\mu}{\sigma}\right)} \quad (-\infty<t<\infty)$$
$$E(T^n)=\sum_{i=0}^{n}\binom{n}{i}\sigma^i\mu^{n-i}E(X^i)$$

式中:φ,Φ 分别为标准正态分布的密度函数和分布函数;$E(X^i)$ 为标准正态变量 X 的 i 阶原点矩,且有

$$E(X^i)=\begin{cases}0, & i\text{ 为奇数}\\ \prod_{r=1}^{i/2}(2r-1), & i\text{ 为偶数}\end{cases}$$

(3) 对数正态分布 $LN(\mu,\sigma^2)$:

$$f(t)=\frac{1}{\sqrt{2\pi}\sigma t}e^{-\frac{(\ln t-\mu)^2}{2\sigma^2}} \quad (t>0)$$
$$F(t)=\Phi\left(\frac{\ln t-\mu}{\sigma}\right) \quad (t>0)$$
$$R(t)=1-\Phi\left(\frac{\ln t-\mu}{\sigma}\right) \quad (t>0)$$
$$\lambda(t)=\frac{\varphi\left(\frac{\ln t-\mu}{\sigma}\right)}{t-t\Phi\left(\frac{\ln t-\mu}{\sigma}\right)} \quad (t>0)$$
$$E(T^n)=e^{\mu n+\frac{1}{2}n^2\sigma^2}$$

(4) 威布尔分布 $W(\mu,m,\eta)$:

$$f(t)=\frac{m}{\eta}\left(\frac{t-\mu}{\eta}\right)^{m-1}e^{-\left(\frac{t-\mu}{\eta}\right)^m} \quad (t\geqslant\mu)$$
$$F(t)=1-e^{-\left(\frac{t-\mu}{\eta}\right)^m} \quad (t\geqslant\mu)$$

$$R(t) = e^{-\left(\frac{t-\mu}{\eta}\right)^m} \qquad (t \geqslant \mu)$$

$$\lambda(t) = \frac{m}{\eta}\left(\frac{t-\mu}{\eta}\right)^{m-1} \qquad (t \geqslant \mu)$$

$$E(T^n) = \sum_{i=0}^{n} \binom{n}{i} \eta^i \mu^{n-i} \Gamma\left(\frac{i}{m}+1\right)$$

1.2 可靠性的发展历程

20 世纪三四十年代被认为是可靠性萌芽时期。可靠性的提出与研究始于第二次世界大战。当时多数电子设备频繁出现故障，严重影响性能的充分发挥。德国使用 V-2 火箭袭击伦敦时，有多达 80 枚火箭没有起飞就爆炸了，还有的没有到达指定目的地就坠落了；美国的航空无线电设备 60%不能正常工作；因可靠性差引起的飞机损失多达 2 100 架，是被敌军击落飞机架数的 1.5 倍。在第二次世界大战末期，德国火箭专家 R. Lusser 首先提出了概率乘积法则(即将系统看作是串联系统，那么系统可靠度看成各子系统可靠度的乘积)。

20 世纪中期是可靠性的兴起和发展的重要时期。为了解决电子设备和复杂导弹系统的可靠性问题，美国展开了有组织的可靠性研究。其中在可靠性领域最有影响力的是 1952 年成立的"电子设备可靠性咨询小组"(Advisory Group on Reliability of Electronic Equipment，AGREE)，它是由美国国防部研究与发展局成立的一个由军方、工业领域和学术领域共同组成的，推进可靠性设计、试验和管理的程序及方法的发展，并决定美国可靠性工程发展方向的组织。AGREE 在 1955 年开始制订和实施从设计、试验、生产到交付、存储和使用的全面的可靠性计划，并在 1957 年 7 月发表了著名的 AGREE 报告——《军用电子设备可靠性报告》，该报告从 9 个方面阐述了可靠性的设计、试验、管理的程序和方法，成为了可靠性发展的奠基性文件，是可靠性学科发展的重要里程碑。

AGREE 报告包括 9 个方面：

(1)确定各种军用电子设备可靠性的最低要求，并根据系统各部件的重要性、技术水平等分配系统的可靠性。

(2)建立研制样机的可靠性评估方法、平均无故障工作时间(MTBF)的测量方法及基于指数分布的序贯试验计划，以证明研制样机满足最低的可靠性要求。

(3)制定试生产及批量生产产品的可靠性评估程序和基于指数分布的 MTBF 寿命试验计划。

(4)制定电子设备研制程序，以保证研制的设备具有合同所要求的固有可靠性。

(5)基于失效率，制定电子元部件可靠性的分析方法及准则。

(6)确定已有的采购合同的条例与可靠性文件的相容性，提出必要的修改建议。

(7)确定运输、包装对产品可靠性的影响，提出改进措施。

(8)确定储存对设备可靠性的影响，提出改进措施。

(9)确定在使用中保持设备固有的设计可靠性水平的方法及程序。

国际电子技术委员会(International Electrotechnical Commission，IEC)于 1965 年设立可

靠性技术委员会 TC-56(1977 年改名为可靠性与维修性技术委员会),它负责可靠性领域的定义、用语、书写方法、可靠性管理、数据收集等方面的标准化工作,进行国际间的协调工作。

美国对于机械可靠性的研究,开始于 20 世纪 60 年代初期,其发展与航天计划有关,如阿波罗宇宙飞船。当时在航天方面由于机械故障引起的事故多,造成的损失大,于是美国国家航空航天局(National Aeronautics and Space Administration,NASA)从 1965 年起开始进行机械可靠性研究,例如:用超载负荷进行机械产品的可靠性试验验证;在随机动载荷下研究机械结构和零件的可靠性;将预先给定的可靠度目标值直接落实到应力分布和强度分布都随时间变化的机械零件的设计中等等。结构系统可靠性(structural system reliability)研究于 20 世纪 60 年代中后期开始起步,至七八十年代发展加快;结构可靠性的另一分支——结构运动部件的可靠性研究(主要包括机构可靠性与可分离连接的可靠性研究)也于 20 世纪 70 年代很快发展起来。

随着世界各先进工业国家对产品可靠性的研究越来越深入,涉及的范围越来越广,各国纷纷建立了研究可靠性的专门机构,制定并逐步修改完善有关产品可靠性管理、可靠性试验、可靠性设计、可靠性预计与评估的标准、手册和指南,并积极开展人为因素对可靠性的影响、软件可靠性及可靠性/维修性相互关系的研究等。日本在 1956 年从美国引进可靠性技术。日本科学技术联盟于 1958 年设立了可靠性研究委员会,于 1960 年成立了可靠性及质量控制专门小组,并于 1971 年召开了第一届可靠性学术讨论会。日本将可靠性技术推广应用到民用工业部门并取得了很大成功,使得具有高可靠性的产品畅销全世界,带来巨大的经济效益。英国于 1962 年出版了《可靠性与微电子学》杂志。法国国立通信研究所也在同一年成立了“可靠性中心”,进行数据的收集与分析,并于 1963 年创建了《可靠性》杂志。苏联在 20 世纪 50 年代就开始了对可靠性理论及应用的研究,当时的苏联及东欧各国于 1964 年在匈牙利召开了第一届可靠性学术会议,至 1977 年先后召开了四次这样的会议。我国的可靠性研究从 20 世纪 60 年代已经开始,至七八十年代已经有了很大发展。1987—1988 年,国务院、中央军委先后颁发了《军工产品质量管理条例》和《装备研制与生产的可靠性通用大纲》(GJB 450—1988),明确了军工产品研制、生产过程中要运用可靠性技术,形成具有代表性的基础标准。

提高产品的可靠性和降低产品的使用成本是人类永恒的追求。可靠性研究已经深入航空航天、核工业、电力、船舶、建筑、计算机等各个领域,可靠性技术已贯穿于产品的开发研制、设计、制造、试验、使用、运输、保管及维修保养等各个环节。飞行器的可靠性研究也在不断得到新的发展。

1.3 可靠性的分类

产品的可靠性有固有可靠性和使用可靠性之分。固有可靠性是在设计、制造中赋予产品的一种固有特性,它是产品开发者可以控制的,如仪表的输出范围、精度、灵敏度、分辨率等。而使用可靠性是产品在使用过程中表现出来的一种性能保持的特性,它除了考虑固有可靠性外,还要考虑产品安装、操作使用、维修保障等的影响。在包装、运输、储存、安装、使用、维修保养及修理等环节中,产品可能会受到种种条件的影响而失效。

产品的可靠性还可以分为基本可靠性和任务可靠性。《可靠性维修性保障性术语》(GJB

451A—2005)中基本可靠性的定义为“产品在规定的条件下，规定的时间内，无故障工作能力”。它反映产品对维修和后勤保障的要求，即在能够完成任务的情况下，所需要的单元越少，所需的维修人力越少，基本可靠性越高。任务可靠性的定义为“产品在规定的任务剖面内完成规定功能的能力”，其中任务剖面是指产品在完成规定任务的时间内所经历的全部事件与环境的时序描述。任务可靠性仅考虑影响完成任务的能力，即为了更好地完成指定任务，常采用冗余设计，所用的冗余系统越多，任务可靠性一般越高。两者之间需要在人力、物力、费用、任务之间进行权衡。

可靠性还有狭义可靠性和广义可靠性之分。狭义可靠性仅指产品在整个寿命周期内完成规定功能的能力。广义可靠性包含狭义可靠性和维修性(maintainability)两方面内容。维修度用来度量产品的维修性，其定义为“可修复产品在发生故障或失效后在规定的条件下和规定的时间$(0,\tau)$内，完成修复的概率”，记为$M(\tau)$。平均修理时间MTTR(Mean Time To Repair)是指可修复产品的平均修理时间，等于总维修活动时间/维修次数。可靠度与维修度合起来称为有效度(availability)。有效度是综合可靠度与维修度的广义可靠性度量，指可修复产品在规定的条件下使用时，在某时刻t具有或维持其功能的概率。有效度是时间的函数，可记为有效函数$A(t)$，则有

$$A(t)=\frac{\mathrm{MTBF}}{\mathrm{MTBF}+\mathrm{MTTR}}$$

若产品的使用时间为t，维修所容许的时间为τ(τ远小于t)，该产品的可靠度为$R(t)$，维修度为$M(\tau)$，则其有效度可表示为

$$A(t,\tau)=R(t)+[1-R(t)]M(\tau)$$

由上式可见，为了得到高的有效度，应达到高可靠度和高维修度。当可靠度偏低时，可以用提高维修度的办法来得到所需的有效度，但这样就会经常发生故障，从而使维修费用增加。

根据可靠性研究对象的属性不同，可靠性可分为图1-5所示的几类。

- 可靠性
  - 电子产品可靠性
  - 软件可靠性
  - 机械可靠性
    - 结构可靠性
      - 强度可靠性
      - 疲劳可靠性
      - 断裂可靠性
      - 刚度可靠性
      - …
    - 机构可靠性
      - 运动精度的可靠性
      - 运动轨迹的可靠性
      - …
    - 可分离连接的可靠性

图1-5 可靠性的分类

相比较而言：电子产品可靠性出现最早，发展得最为成熟；软件可靠性的提出最晚，但发展非常迅速。本书讨论的重点是结构可靠性问题。结构本身与电子产品的不同，导致了可靠性工作之间具有明显差异，见表1-1。但结构可靠性与电子产品可靠性的工作目标是一致的，因此可靠性工程的基本原理对结构可靠性同样适用，现行的电子可靠性设计、试验、技术与标准的部分内容需要进行适当的剪裁、增补和修改才能用于结构可靠性。

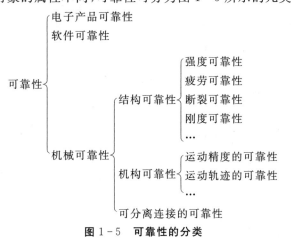

表 1-1　结构可靠性与电子产品可靠性的区别

	结 构	电子产品
失效模式	复杂	简单
故障原因	疲劳、老化、磨损、腐蚀等	偶然因素
应力	难于准确预计	易于预计
应力筛选早期排除失效元件	昂贵且困难	合理且有效
维修策略	修复与更换	更换元器件
基本失效率	统计困难	常数
元件形式	非标准件	标准件
可靠性试验	小子样	大样本
可靠性数据	十分缺乏	已形成若干手册和文件

结构可靠性涉及的内容广泛，根据研究的对象不同，研究的目的也不同。其内容概括起来有结构的强度可靠性(应力超过允许强度的概率)、刚度可靠性(位移超过允许位移的概率)、断裂可靠性(裂纹长度超过允许裂纹长度的概率)、疲劳可靠性(寿命小于规定寿命的概率)、振动可靠性(振动频率和振幅偏离允许频率和振幅的概率)……其中，强度可靠性问题是进一步考虑其他结构可靠性问题的基础。

结构可靠性研究包括主要失效模式的确定、主要影响因素及其统计特性的描述、数学模型的建立及可靠度分析方法等。

第 2 章　结构静强度可靠性分析

2.1　安全余量方程

目前,结构强度可靠性问题的失效分析大致包括两类。

1. 数学模型法

设想可靠性的变化遵从某些由试验确定的统计规律,即通过试验数据拟合可靠度函数或统计其分散性,这种方法的缺点是没有阐明失效产生的原因,因此也就无法指出消除失效的可能性。

2. 物理原因法

应力-强度静态模型:认为施加在结构上的应力和强度均为服从一定分布的随机变量,结构的可靠度是结构强度大于施加在其上应力的概率。此时计算可靠度所用的初始数据也是由统计得到的,但并不是可靠性本身的统计数据,而是材料参数、几何尺寸、外载荷等影响因素的统计资料。该方法的优点是考虑了导致失效的原因,当结构应力大于材料本身的强度时就会发生失效,即

$$\mathrm{Re} = P(R(\boldsymbol{x}) > S(\boldsymbol{y}))$$

其中:强度 R 与材料特性有关;应力 S 与结构的几何尺寸、外载荷等有关。

应力-强度动态模型:将可靠性定义为随机过程或随机场不超出规定任务水平的概率。计算动态模型的可靠度,同样需要初始的统计资料,从而得到随机过程或随机场的统计参数,但这些参数的获取比静态模型统计参数的获取要困难得多,此部分内容将在第 7 章展开阐述。

我们先从应力-强度静态模型入手。结构静强度可靠性理论认为失效只与两个随机变量有关,即强度 R 与应力 S。对于静强度而言,结构能否安全承载的判别式就是安全余量(safety margins)或功能函数(performance function):

$$M = R - S \tag{2.1}$$

安全余量方程将整个变量空间分成两部分,如图 2-1 所示,即

$$M = R - S\begin{cases} > 0, & \text{安全区域 } \boldsymbol{D}_S \\ < 0, & \text{失效区域 } \boldsymbol{D}_F \end{cases}$$

将 $M=R-S=0$ 称为安全边界方程(safety boundary function)或极限状态方程(limit state function)。

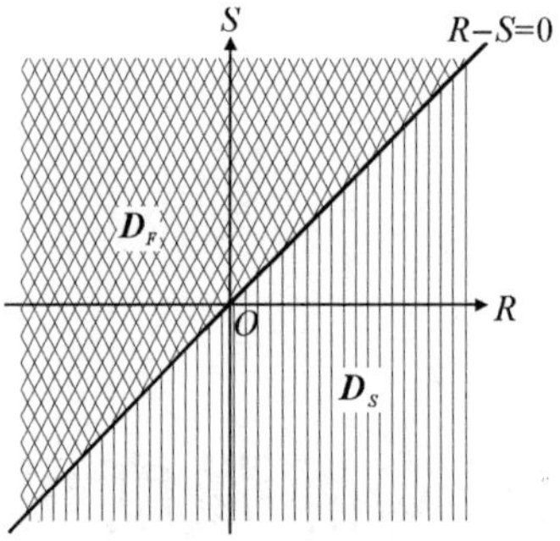

图 2-1 安全边界方程及变量空间的划分

2.2 应力-强度干涉理论

考虑结构的应力-强度静态模型 $M=R-S$，其中强度 R 和应力 S 为随机变量。由试验和理论分析可以得到 R 和 S 的密度函数分别为 $f_R(r)$ 和 $f_S(s)$，强度和应力的均值分别为 μ_R 和 μ_S。强度和应力的密度函数之间的位置关系有图 2-2 所示的三种情况。

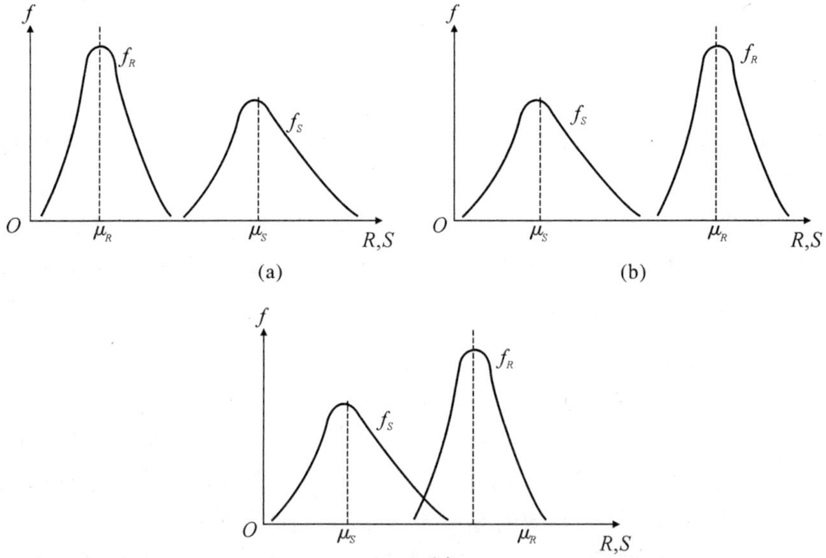

图 2-2 强度和应力的概率密度函数之间的位置关系

在三种位置关系中：图 2-2(a)中应力 S 的所有可能取值恒大于强度 R，故结构总是处于失效状态，结构设计存在重大缺陷，是失败的设计；图 2-2(b)中强度 R 的所有可能取值恒大于应力 S，故结构总处于安全状态，此时的结构设计会过于保守；图 2-2(c)中，强度 R 和应力 S 存在干涉区，对于干涉区内的任一应力具体值 s_0，R 位于 s_0 左边的那部分区域，代表强度 R 小于此应力值 s_0，即强度小于内力，意味着结构不能承载，将导致失效。

用下式表示结构元件的失效概率：

$$P_f = P(M = R - S \leqslant 0) \tag{2.2}$$

2.2.1　由概率论知识推导 P_f 或 Re

由概率论中随机变量函数的分布规律可知：在随机变量 R 与 S 的密度函数 $f_R(r)$ 和 $f_S(s)$ 已知且相互独立的条件下，函数 $M=R-S$ 的密度函数为

$$f_M(m)=\int_{-\infty}^{\infty}f_S(s)f_R(m+s)\mathrm{d}s \text{ 或 } f_M(m)=\int_{-\infty}^{\infty}f_S(r-m)f_R(r)\mathrm{d}r \tag{2.3}$$

则失效概率及可靠度为

$$P_f=\int_{-\infty}^{0}f_M(m)\mathrm{d}m$$

$$\mathrm{Re}=\int_{0}^{\infty}f_M(m)\mathrm{d}m$$

2.2.2　由应力-强度干涉区域推导 P_f 或 Re

关注应力-强度干涉区域，放大图如图 2-3 所示。

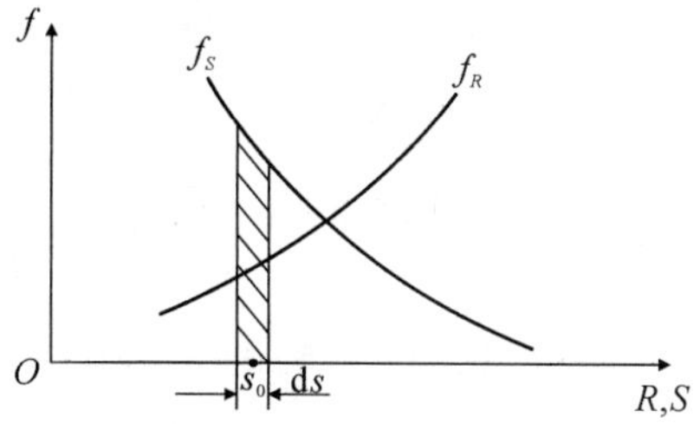

图 2-3　干涉区域放大图

下面分成四个步骤推导结构失效概率 P_f 的普遍表达式：

(1)结构应力值位于 s_0 附近 ds 区间内的概率为

$$P\left(s_0-\frac{\mathrm{d}s}{2}<S\leqslant s_0+\frac{\mathrm{d}s}{2}\right)=f_S(s_0)\mathrm{d}s$$

(2)结构强度 R 小于该应力 s_0 的概率为

$$P(R\leqslant s_0)=\int_{-\infty}^{s_0}f_R(r)\mathrm{d}r$$

(3)应力位于 s_0 附近的 ds 区间内，同时强度 R 小于此区间应力的概率为

$$f_S(s_0)\mathrm{d}s\int_{-\infty}^{s_0}f_R(r)\mathrm{d}r$$

(4)对于随机变量 S 的所有可能值，强度 R 小于应力 S 的概率(即失效概率)为

$$P_f=\int_{-\infty}^{\infty}f_S(s)\left[\int_{-\infty}^{s}f_R(r)\mathrm{d}r\right]\mathrm{d}s=\int_{-\infty}^{\infty}f_S(s)F_R(s)\mathrm{d}s \tag{2.4}$$

则结构的可靠度为

$$\mathrm{Re}=1-P_f=1-\int_{-\infty}^{\infty}f_S(s)F_R(s)\mathrm{d}s=\int_{-\infty}^{\infty}f_S(s)[1-F_R(s)]\mathrm{d}s \tag{2.5}$$

或

$$\mathrm{Re}=P\{R>S\}=\int_{-\infty}^{\infty}f_S(s)\left[\int_{s}^{\infty}f_R(r)\mathrm{d}r\right]\mathrm{d}s \tag{2.6}$$

类似过程还可推得失效概率与可靠度的表达形式为

$$P_f=\int_{-\infty}^{\infty}f_R(r)\left[\int_{r}^{\infty}f_S(s)\mathrm{d}s\right]\mathrm{d}r=\int_{-\infty}^{\infty}f_R(r)[1-F_S(r)]\mathrm{d}r \tag{2.7}$$

$$\mathrm{Re}=\int_{-\infty}^{\infty}f_R(r)\left[\int_{-\infty}^{r}f_S(s)\mathrm{d}s\right]\mathrm{d}r=\int_{-\infty}^{\infty}f_R(r)F_S(r)\mathrm{d}r \tag{2.8}$$

【例 2-1】 设某结构的材料强度 R 服从正态分布，其均值 $\mu_R=100$ MPa，标准差 $\sigma_R=10$ MPa，应力 S 服从指数分布，其均值 $\mu_S=50$ MPa，标准差 $\sigma_S=50$ MPa，强度 R 与应力 S 相互独立，求该结构的可靠度。

解 由题意知，强度 R 和应力 S 的密度函数为

$$f_R(r)=\frac{1}{\sqrt{2\pi}\sigma_R}\exp\left(-\frac{(r-\mu_R)^2}{2\sigma_R^2}\right),\quad -\infty<r<\infty$$

$$f_S(s)=\lambda\exp(-\lambda s),\quad s>0$$

因为 $\mu_S=\sigma_S=50$，则 $\lambda=\frac{1}{50}$，代入可靠度的计算公式(2.8)，得

$$\mathrm{Re}=\int_{-\infty}^{\infty}f_R(r)F_S(r)\mathrm{d}r=1-\frac{1}{\sqrt{2\pi}\sigma_R}\int_{-\infty}^{\infty}\exp\left[-\frac{(r-\mu_R)^2}{2\sigma_R^2}-\lambda r\right]\mathrm{d}r$$

$$=1-\exp\left(-\frac{\mu_R^2-(\mu_R-\lambda\sigma_R^2)^2}{2\sigma_R^2}\right)=1-\mathrm{e}^{-1.98}=0.861\,9$$

2.2.3 P_f 或 Re 与干涉面积之间的关系

失效概率的大小与干涉区域面积(见图 2-4)的大小有关，可以根据干涉面积来推断 P_f 或 Re 的上、下限。

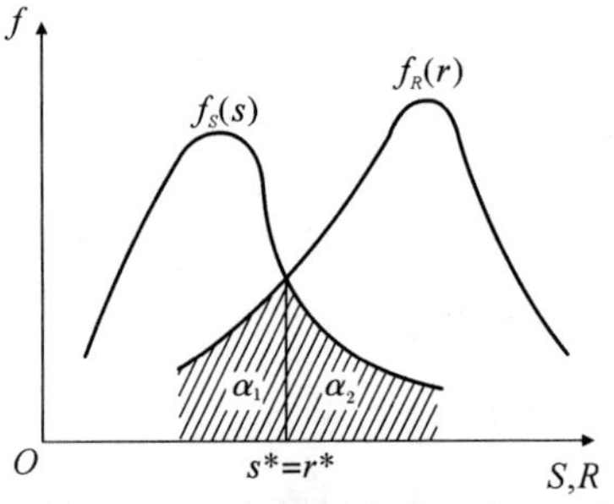

图 2-4 干涉区域面积划分

设强度和应力的密度函数 $f_R(r)$ 和 $f_S(s)$ 交点的横坐标为 $s^*=r^*$，则图 2-4 中阴影部分的干涉面积为 $\alpha_1+\alpha_2$，其中

$$\alpha_1=\int_{-\infty}^{r^*}f_R(r)\mathrm{d}r,\quad \alpha_2=\int_{s^*}^{\infty}f_S(s)\mathrm{d}s \tag{2.9}$$

可以看出，结构可靠度与干涉面积之间的关系为

$$\alpha_1+\alpha_2\uparrow\longrightarrow\mathrm{Re}\downarrow P_f\uparrow$$

$$\alpha_1+\alpha_2\downarrow\longrightarrow\mathrm{Re}\uparrow P_f\downarrow$$

当强度 R 和应力 S 相互独立时，结构的失效概率为

$$P_f=\int_{-\infty}^{\infty}f_S(s)\left[\int_{-\infty}^{s}f_R(r)\mathrm{d}r\right]\mathrm{d}s$$

适当缩小 s 的积分区域，由$(-\infty,\infty)$缩减至(s^*,∞)，可以得到失效概率的下限，即

$$P_f \geqslant \int_{s^*}^{\infty} f_S(s)\left[\int_{-\infty}^{s^*} f_R(r)\mathrm{d}r\right]\mathrm{d}s = \alpha_1\int_{s^*}^{\infty} f_S(s)\mathrm{d}s = \alpha_1\alpha_2$$

结构的可靠度表示为

$$\mathrm{Re} = \int_{-\infty}^{\infty} f_S(s)\left[\int_{s}^{\infty} f_R(r)\mathrm{d}r\right]\mathrm{d}s$$

适当缩小 s 的积分区域，由$(-\infty,\infty)$缩减至$(-\infty,s^*)$，可得到可靠度的下限：

$$\mathrm{Re} \geqslant \int_{-\infty}^{s^*} f_S(s)\left[\int_{s^*}^{\infty} f_R(r)\mathrm{d}r\right]\mathrm{d}s = \int_{-\infty}^{s^*} f_S(s)\left[1-\int_{r^*}^{\infty} f_R(r)\mathrm{d}r\right]\mathrm{d}s = (1-\alpha_1)(1-\alpha_2)$$

综合失效概率和可靠度的下限及 $\mathrm{Re}+P_f=1$，可得

$$\begin{cases} 1-P_f \geqslant (1-\alpha_1)(1-\alpha_2) \\ P_f \geqslant \alpha_1\alpha_2 \end{cases}$$

$$\begin{cases} \mathrm{Re} \geqslant (1-\alpha_1)(1-\alpha_2) \\ 1-\mathrm{Re} \geqslant \alpha_1\alpha_2 \end{cases}$$

则有

$$\begin{cases} \alpha_1\alpha_2 \leqslant P_f \leqslant \alpha_1+\alpha_2-\alpha_1\alpha_2 \\ 1-\alpha_1\alpha_2 \geqslant \mathrm{Re} \geqslant (1-\alpha_1)(1-\alpha_2) \end{cases}$$

结论：①结构的失效概率并不等于干涉区阴影部分的面积；②Re 总是小于等于 $1-\alpha_1\alpha_2$，所以 $1-\alpha_1\alpha_2$ 作为结构可靠度的上限，可以用来衡量结构可靠性，称 $1-\alpha_1\alpha_2$ 为结构的非失效保证度。

2.3　结构可靠性分析方法概述

可靠性分析就是通过将基本变量的统计规律传递到功能函数，求得功能函数的密度函数，进而求解结构可靠性问题的失效概率。

当充分考虑强度 R 和应力 S 的影响因素，如材料参数、几何尺寸、外载荷等，并将其作为随机变量时，结构静强度可靠性问题的功能函数将变成多维随机变量的非线性函数，这时可以采用近似解析法和数字模拟法进行求解。如果功能函数的形式复杂或无解析表达式，就可以采用模型替代技术寻求近似函数再进行可靠性分析。在接下来的第 3～5 章里，将对上述可靠性分析方法进行一一介绍。

第 3 章　可靠性分析的近似解析法

一次二阶矩方法(First Order Second Moment Method,FOSM)是可靠性分析中一种最简单的方法,其基本思想就是将非线性的功能函数进行线性化,然后通过基本变量的一阶矩和二阶矩来计算线性化后的功能函数的一阶矩和二阶矩,进而近似得到功能函数的失效概率。一次二阶矩方法包括均值一次二阶矩方法(Mean Value FOSM,MVFOSM)和改进一次二阶矩方法(Advanced FOSM,AFOSM)。均值一次二阶矩方法和改进一次二阶矩方法的区别在于线性化所选的点不同,前者是在基本变量的均值点处进行线性化,而后者则是在对失效概率贡献最大的点,即最可能失效点(most probable point in the failure domain)——设计点(design point)处进行线性化。

由于 FOSM 用线性函数来近似功能函数,没有考虑极限状态方程的凹凸性,在极限状态方程非线性程度较大时,会产生较大误差。为此,二次二阶矩方法(Second Order Second Moment Method,SOSM)用椭圆或双曲线来近似极限状态方程,可以在一定程度上提高计算精度。

以下将给出这几种近似解析可靠性分析方法的基本原理和实现过程。

3.1　一次二阶矩方法

在概率论中,n 维正态变量具有以下重要性质:n 维独立的正态变量 $X_1,X_2,\cdots,X_n$,即 $X_i \sim N(\mu_i,\sigma_i^2)$,它们的任意线性组合 $Y=l_0+l_1X_1+l_2X_2+\cdots+l_nX_n$ 依然服从正态分布:

$$Y \sim N\left(l_0+\sum_{i=1}^{n} l_i\mu_i,\ \sum_{i=1}^{n} l_i^2\sigma_i^2\right)$$

式中:常数 $l_0,l_1,l_2,\cdots,l_n$ 不全为零。

基于这一性质,当功能函数为基本变量的线性函数,且基本变量服从正态分布时,功能函数也服从正态分布,且功能函数的分布参数可以由基本变量的一阶矩和二阶矩简单推导求得。当功能函数为基本变量的非线性函数时,一次二阶矩法将非线性的功能函数用泰勒级数展开成线性表达式,以线性功能函数代替原非线性功能函数,以近似计算功能函数的可靠度。

3.1.1　线性功能函数的 FOSM

当功能函数 $g(\boldsymbol{x})$是正态随机变量 $\boldsymbol{x}$ 的线性函数,即

$$g(\boldsymbol{x}) = a_0+\sum_{i=1}^{n} a_ix_i \tag{3.1}$$

其中，$a_i(i=0,1,\cdots,n)$是不全为零的常数，则功能函数的均值 μ_g 和方差 σ_g^2 可表示为

$$\mu_g = a_0 + \sum_{i=1}^{n} a_i \mu_{x_i} \tag{3.2}$$

$$\sigma_g^2 = \sum_{i=1}^{n} a_i^2 \sigma_{x_i}^2 + \sum_{i=1}^{n} \sum_{j=1,j\neq i}^{n} a_i a_j \mathrm{Cov}(x_i,x_j) \tag{3.3}$$

式中：μ_{x_i} 和 $\sigma_{x_i}^2$ 为输入变量 x_i 的均值和方差；$\mathrm{Cov}(x_i,x_j)$是变量 x_i 和 x_j 的协方差，$\mathrm{Cov}(x_i,x_j)=\rho_{x_ix_j}\sigma_{x_i}\sigma_{x_j}$，其中 $\rho_{x_ix_j}$ 为 x_i 和 x_j 的相关系数。

当基本变量相互独立时，方差 σ_g^2 简化为

$$\sigma_g^2 = \sum_{i=1}^{n} a_i^2 \sigma_{x_i}^2 \tag{3.4}$$

依据正态变量的线性组合仍然服从正态分布，且由正态分布的密度函数均值和方差唯一确定的原理，可得到含正态变量的线性功能函数服从正态分布，其均值和方差分别为 μ_g 和σ_g^2。将功能函数的均值 μ_g 和标准差 σ_g 的比值记为可靠度指标β，有

$$\beta = \frac{\mu_g}{\sigma_g} = \frac{a_0 + \sum_{i=1}^{n} a_i \mu_{x_i}}{\sqrt{\sum_{i=1}^{n} a_i^2 \sigma_{x_i}^2 + \sum_{i=1}^{n} \sum_{j=1,j\neq i}^{n} a_i a_j \mathrm{Cov}(x_i,x_j)}} \tag{3.5}$$

由此便可得到一次二阶矩方法的可靠度 Re 和失效概率 P_{f}，即

$$\mathrm{Re} = P\{g>0\} = P\left\{\frac{g-\mu_g}{\sigma_g} > -\frac{\mu_g}{\sigma_g}\right\} = 1-\Phi(-\beta) = \Phi(\beta) \tag{3.6}$$

$$P_{\mathrm{f}} = P\{g\leqslant 0\} = P\left\{\frac{g-\mu_g}{\sigma_g} \leqslant -\frac{\mu_g}{\sigma_g}\right\} = \Phi(-\beta) \tag{3.7}$$

式中：$\Phi(\cdot)$为标准正态累积分布函数。

3.1.2 非线性功能函数的 MVFOSM

设功能函数为

$$g(\boldsymbol{x}) = g(x_1,x_2,\cdots,x_n) \tag{3.8}$$

其基本随机变量服从正态分布，$x_i\sim N(\mu_{x_i},\sigma_{x_i}^2)$ $(i=1,2,\cdots,n)$。

均值一次二阶矩方法是将功能函数在基本变量的均值点 $\boldsymbol{\mu}_{\boldsymbol{x}}(\mu_{x_1},\mu_{x_2},\cdots,\mu_{x_n})$处展开成线性泰勒级数，即

$$g(\boldsymbol{x}) \approx g(\mu_{x_1},\mu_{x_2},\cdots,\mu_{x_n}) + \sum_{i=1}^{n} \left(\frac{\partial g}{\partial x_i}\right)_{\boldsymbol{\mu}_{\boldsymbol{x}}} (x_i-\mu_{x_i}) \tag{3.9}$$

式中：$\left(\frac{\partial g}{\partial x_i}\right)_{\boldsymbol{\mu}_{\boldsymbol{x}}}$ 表示功能函数对基本变量 x_i 的偏导数在均值点 $\boldsymbol{\mu}_{\boldsymbol{x}}$ 处的取值。式(3.9)的线性化功能函数的均值 μ_g 和方差 σ_g^2 为

$$\mu_g = g(\mu_{x_1},\mu_{x_2},\cdots,\mu_{x_n}) \tag{3.10}$$

$$\sigma_g^2 = \sum_{i=1}^{n} \left(\frac{\partial g}{\partial x_i}\right)_{\boldsymbol{\mu}_{\boldsymbol{x}}}^2 \sigma_{x_i}^2 + \sum_{i=1}^{n} \sum_{j=1,j\neq i}^{n} \left(\frac{\partial g}{\partial x_i}\right)_{\boldsymbol{\mu}_{\boldsymbol{x}}} \left(\frac{\partial g}{\partial x_j}\right)_{\boldsymbol{\mu}_{\boldsymbol{x}}} \mathrm{Cov}(x_i,x_j) \tag{3.11}$$

若各基本变量相互独立，式(3.11)中 σ_g^2 简化为

$$\sigma_g^2 = \sum_{i=1}^{n}\left(\frac{\partial g}{\partial x_i}\right)_{\boldsymbol{\mu}_x}^2 \sigma_{x_i}^2 \tag{3.12}$$

非线性功能函数情况下，MVFOSM 求得的可靠度指标 β 和失效概率 P_f 为

$$\beta = \frac{\mu_g}{\sigma_g} = \frac{g(\mu_{x_1}, \mu_{x_2}, \cdots, \mu_{x_n})}{\sqrt{\sum_{i=1}^{n}\left(\frac{\partial g}{\partial x_i}\right)_{\boldsymbol{\mu}_x}^2 \sigma_{x_i}^2 + \sum_{i=1}^{n}\sum_{j=1, j\neq i}^{n}\left(\frac{\partial g}{\partial x_i}\right)_{\boldsymbol{\mu}_x}\left(\frac{\partial g}{\partial x_j}\right)_{\boldsymbol{\mu}_x}\mathrm{Cov}(x_i, x_j)}} \tag{3.13}$$

$$P_f = \Phi(-\beta) \tag{3.14}$$

【例 3-1】 受拉杆的强度 R 和所承受的应力 S 为相互独立的正态随机变量，均值分别为 500 N/mm² 和 400 N/mm²，标准差分别为 20 N/mm² 和 15 N/mm²。定义 3 个安全余量方程：①$M_1 = R - S$；②$M_2 = \ln R - \ln S$；③$M_3 = \frac{R}{S} - 1$。用 MVFOSM 求 3 个安全余量方程的可靠度指标 β 及失效概率。

解 1) $M_1 = R - S$。

对于线性函数，FOSM 所得的可靠度指标为

$$\beta = \frac{\mu_R - \mu_S}{\sqrt{\sigma_R^2 + \sigma_S^2}} = \frac{500 - 400}{\sqrt{20^2 + 15^2}} = \frac{100}{25} = 4$$

$$P_f = \Phi(-\beta) = 3.167\ 1 \times 10^{-5}$$

2) $M_2 = \ln R - \ln S$。

对于非线性函数，MVFOSM 在均值点处线性展开为

$$M \simeq M(\boldsymbol{\mu}) + \sum_{i=1}^{n}\left[\left(\frac{\partial M}{\partial x_i}\right)_{\boldsymbol{\mu}}(x_i - \mu_{x_i})\right]$$

$$= \ln\mu_R - \ln\mu_S + \left[\frac{1}{\mu_R}(R - \mu_R) - \frac{1}{\mu_S}(S - \mu_S)\right]$$

$$\beta = \frac{\ln\mu_R - \ln\mu_S}{\sqrt{\frac{1}{\mu_R^2}\sigma_R^2 + \frac{1}{\mu_S^2}\sigma_S^2}} = \frac{\ln 500 - \ln 400}{\sqrt{\frac{20^2}{500^2} + \frac{15^2}{400^2}}} = 4.069\ 8$$

$$P_f = \Phi(-\beta) = 2.352\ 8 \times 10^{-5}$$

3) $M_3 = \frac{R}{S} - 1$。

对于非线性函数，MVFOSM 在均值点处线性展开为

$$M \simeq M(\boldsymbol{\mu}) + \sum_{i=1}^{n}\left[\left(\frac{\partial M}{\partial x_i}\right)_{\boldsymbol{\mu}}(x_i - \mu_{x_i})\right]$$

$$= \frac{\mu_R}{\mu_S} - 1 + \left[\frac{1}{\mu_S}(R - \mu_R) - \frac{\mu_R}{\mu_S^2}(S - \mu_S)\right]$$

$$\beta = \frac{\frac{\mu_R}{\mu_S} - 1}{\sqrt{\frac{1}{\mu_S^2}\sigma_R^2 + \frac{\mu_R^2}{\mu_S^4}\sigma_S^2}} = \frac{0.25}{\sqrt{\frac{20^2}{400^2} + \frac{500^2 \times 15^2}{400^4}}} = 3.647\ 7$$

$$P_f = \Phi(-\beta) = 1.323\ 1 \times 10^{-4}$$

均值一次二阶矩方法的 Matlab 代码如下：

MVFOSM. m

```
clear all
syms R S M
X=[R,S]
M=log(R)-log(S);   %M=R./S-1;   %M=R-S;   %%安全余量方程
miu=[500,400];   %%变量均值
sd=[20,15];   %%变量标准差
miu_M=double( subs(M, X, miu) );   %%M 的均值
for i=1:length(X)
   temp_sd(i)=double( subs( diff(M,X(i)), X, miu) )^2 * sd(i)^2;   %%  a^2 * sd^2
end
sd_M=sqrt(sum(temp_sd));   %%M 的标准差
beta= miu_M/sd_M   %% 可靠度指标
Pf=normcdf(-beta)   %%失效概率
```

由于 MVFOSM 容易实现，仅需要知道正态随机变量的一阶矩和二阶矩（或者均值和标准差），就可以求得非线性功能函数失效概率的近似解，因此在工程中有一定的应用价值。

均值一次二阶矩方法的缺点可以归纳如下：①致命性缺点——缺乏不变性（lack of invariant），即对于物理意义相同而数学表达式不同时，可靠度指标和失效概率的数值应该是相同的，然而均值一次二阶矩方法的计算结果往往差异很大（见例 3 - 1），这就要求在选择功能函数时，应尽量选择线性化程度较好的形式，以便采用均值一次二阶矩法得到精度较高的解；②不能反映功能函数的非线性对失效概率的影响；③对功能函数的解析表达式有一定的依赖性。

3.1.3　改进一次二阶矩可靠性分析方法

改进一次二阶矩法（Advanced FOSM，AFOSM）是由 Hasofer 和 Lind 于 1974 年提出的，故又称为 HL 算法。从原理上来说，改进一次二阶矩法与均值一次二阶矩法是类似的，它也是通过将非线性功能函数线性展开，然后用线性功能函数的失效概率来近似原非线性功能函数的失效概率。与均值一次二阶矩法的不同之处在于，改进一次二阶矩方法将功能函数线性化的点选为失效域中的最可能失效点（又称设计点或验算点）。

1. AFOSM **的原理**

设包含相互独立正态基本随机变量 $x_i \sim N(\mu_{x_i}, \sigma_{x_i}^2)$ $(i=1,2,\cdots,n)$ 的功能函数为 $Z=g(x_1,x_2,\cdots,x_n)$，该功能函数定义的失效域为 $\boldsymbol{D}_F=\{\boldsymbol{x}: g(\boldsymbol{x})\leqslant 0\}$。

设在失效域中的最可能失效点——设计点为 $\boldsymbol{P}^*(x_1^*, x_2^*, \cdots, x_n^*)$，则设计点一定在失效边界 $g(x_1,x_2,\cdots,x_n)=0$ 上，将非线性的功能函数在设计点处展开，取线性部分，有

$$Z=g(x_1,x_2,\cdots,x_n)\approx g(x_1^*,x_2^*,\cdots,x_n^*)+\sum_{i=1}^{n}\left(\frac{\partial g}{\partial x_i}\right)_{\boldsymbol{P}^*}(x_i-x_i^*) \tag{3.15}$$

由于设计点 $\boldsymbol{P}^*$ 在极限状态方程 $g(x_1,x_2,\cdots,x_n)=0$ 定义的失效边界上，所以有 $g(x_1^*,x_2^*,\cdots,x_n^*)=0$，将 $g(x_1^*,x_2^*,\cdots,x_n^*)=0$ 代入式(3.15)，便可得到原功能函数对应的线性极限状态方程为

$$\sum_{i=1}^{n}\left(\frac{\partial g}{\partial x_i}\right)_{\boldsymbol{P}^*}(x_i-x_i^*)=0 \tag{3.16}$$

整理上述方程后可得

$$\sum_{i=1}^{n}\left(\frac{\partial g}{\partial x_i}\right)_{\boldsymbol{P}^*}x_i-\sum_{i=1}^{n}\left(\frac{\partial g}{\partial x_i}\right)_{\boldsymbol{P}^*}x_i^*=0 \tag{3.17}$$

即线性方程 $a_0+\sum_{i=1}^{n}a_ix_i$ 中的常数 $a_0=-\sum_{i=1}^{n}\left(\frac{\partial g}{\partial x_i}\right)_{\boldsymbol{P}^*}x_i^*$，$a_i=\left(\frac{\partial g}{\partial x_i}\right)_{\boldsymbol{P}^*}$。

式(3.16)所示的线性极限状态方程的可靠度指标 β 和失效概率 P_{f} 可以由下列两式精确求解：

$$\beta=\frac{a_0+\sum_{i=1}^{n}a_i\mu_{x_i}}{\left(\sum_{i=1}^{n}a_i^2\sigma_{x_i}^2\right)^{1/2}}=\frac{\sum_{i=1}^{n}\left(\frac{\partial g}{\partial x_i}\right)_{\boldsymbol{P}^*}(\mu_{x_i}-x_i^*)}{\left[\sum_{i=1}^{n}\left(\frac{\partial g}{\partial x_i}\right)_{\boldsymbol{P}^*}^2\sigma_{x_i}^2\right]^{1/2}} \tag{3.18}$$

$$P_{\mathrm{f}}=\Phi(-\beta) \tag{3.19}$$

2. 可靠度指标及设计点的几何意义

为说明上述问题中可靠度指标与设计点的几何意义，首先将相互独立的正态基本随机变量 x_i 进行标准化变换，得到标准正态变量 u_i，即

$$u_i=\frac{x_i-\mu_{x_i}}{\sigma_{x_i}}\quad(i=1,2,\cdots,n) \tag{3.20}$$

将式(3.20)的逆变换 $x_i=\sigma_{x_i}u_i+\mu_{x_i}$ 代入线性化的极限状态方程，可到标准正态 $\boldsymbol{u}$ 空间中的极限状态方程为

$$\sum_{i=1}^{n}\left(\frac{\partial g}{\partial x_i}\right)_{\boldsymbol{P}^*}(u_i\sigma_{x_i}+\mu_{x_i})-\sum_{i=1}^{n}\left(\frac{\partial g}{\partial x_i}\right)_{\boldsymbol{P}^*}x_i^*=0 \tag{3.21}$$

将方程式(3.21)两边除以 $-\left[\sum_{j=1}^{n}\left(\frac{\partial g}{\partial x_j}\right)_{\boldsymbol{P}^*}^2\sigma_{x_j}^2\right]^{1/2}$，可得到相应的标准型法线方程为

$$-\sum_{i=1}^{n}\frac{\left(\frac{\partial g}{\partial x_i}\right)_{\boldsymbol{P}^*}\sigma_{x_i}}{\left[\sum_{j=1}^{n}\left(\frac{\partial g}{\partial x_j}\right)_{\boldsymbol{P}^*}^2\sigma_{x_j}^2\right]^{1/2}}u_i=\frac{\sum_{i=1}^{n}\left(\frac{\partial g}{\partial x_i}\right)_{\boldsymbol{P}^*}\mu_{x_i}-\sum_{i=1}^{n}\left(\frac{\partial g}{\partial x_i}\right)_{\boldsymbol{P}^*}x_i^*}{\left[\sum_{j=1}^{n}\left(\frac{\partial g}{\partial x_j}\right)_{\boldsymbol{P}^*}^2\sigma_{x_j}^2\right]^{1/2}} \tag{3.22}$$

式(3.22)的右端常数项恰为可靠度指标 β[见式(3.18)]。记式(3.22)中 u_i 的系数为

$$\lambda_i=-\frac{\left(\frac{\partial g}{\partial x_i}\right)_{\boldsymbol{P}^*}\sigma_{x_i}}{\left[\sum_{j=1}^{n}\left(\frac{\partial g}{\partial x_j}\right)_{\boldsymbol{P}^*}^2\sigma_{x_j}^2\right]^{1/2}}=\cos\theta_i,i=1,2,\cdots,n \tag{3.23}$$

系数 λ_i 表征极限状态方程法线的方向余弦。

此时，标准正态空间的极限状态方程可写为 $\sum_{i=1}^{n}\lambda_i u_i=\beta$。图 3－1 所示为二维情况下的该极限状态方程的几何示意。

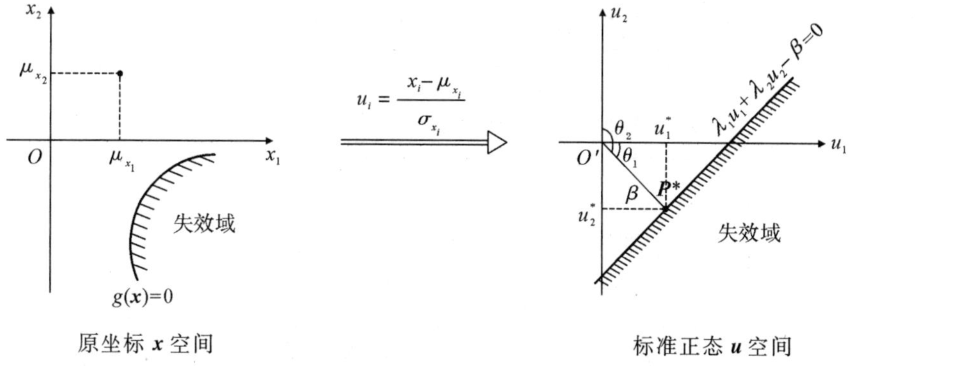

图 3－1　二维情况下标准正态空间中可靠性指标与设计点的几何示意图

由图 3－1 可以看出，可靠度指标的几何意义：在独立的标准正态空间中，坐标原点到极限状态方程的最短距离。在独立的标准正态空间中，失效域中的最可能失效点为坐标原点到极限状态方程的垂线的垂足 $\boldsymbol{P}^*(u_1^*,u_2^*,\cdots,u_n^*)$，且有

$$u_i^*=\lambda_i\beta \tag{3.24}$$

将标准正态 $\boldsymbol{u}$ 空间的设计点 $\boldsymbol{P}^*(u_1^*,u_2^*,\cdots,u_n^*)$ 变换到原坐标 $\boldsymbol{x}$ 空间，可得 $\boldsymbol{P}^*(x_1^*,x_2^*,\cdots,x_n^*)$ 的坐标如下：

$$x_i^*=\mu_{x_i}+\sigma_{x_i}u_i^*=\mu_{x_i}+\sigma_{x_i}\lambda_i\beta,\quad i=1,2,\cdots,n \tag{3.25}$$

又由于 $\boldsymbol{P}^*(x_1^*,x_2^*,\cdots,x_n^*)$ 位于失效边界上，所以显然有下式成立：

$$g(x_1^*,x_2^*,\cdots,x_n^*)=0 \tag{3.26}$$

上述设计点和可靠度指标的几何意义指出了求解它们的思路，即将基本变量空间标准正态化，在标准正态空间中采用迭代或最优化方法，就可以求得设计点和可靠度指标。

3. 改进一次二阶矩迭代算法

由上述分析过程可知，要采用改进的一次二阶矩方法求解可靠度指标和失效概率，必须先知道设计点。显然对于一个非线性功能函数，其设计点是未知的，这就必须采用迭代或者直接寻优的方法来进行问题的求解。以下给出了一种常用的改进一次二阶矩的迭代求解方法。

(1)假定设计点坐标 $x_i^*(i=1,2,\cdots,n)$ 的初始值，一般取为基本变量的均值 μ_{x_i}；

(2)利用设定的初始设计点值，根据式(3.23)计算 λ_i；

(3)将 $x_i^*=\mu_{x_i}+\sigma_{x_i}\lambda_i\beta$ 代入式(3.26)，得到关于 β 的方程；

(4)解关于 β 的方程，求出 β 值；

(5)将所得 β 值代入式(3.25)，得出新的设计点坐标值；

(6)重复以上步骤，直到前、后两次的可靠度指标的相对误差满足精度要求。

上述 AFOSM 的迭代求解过程可以由图 3－2 所示的计算流程图来表示。

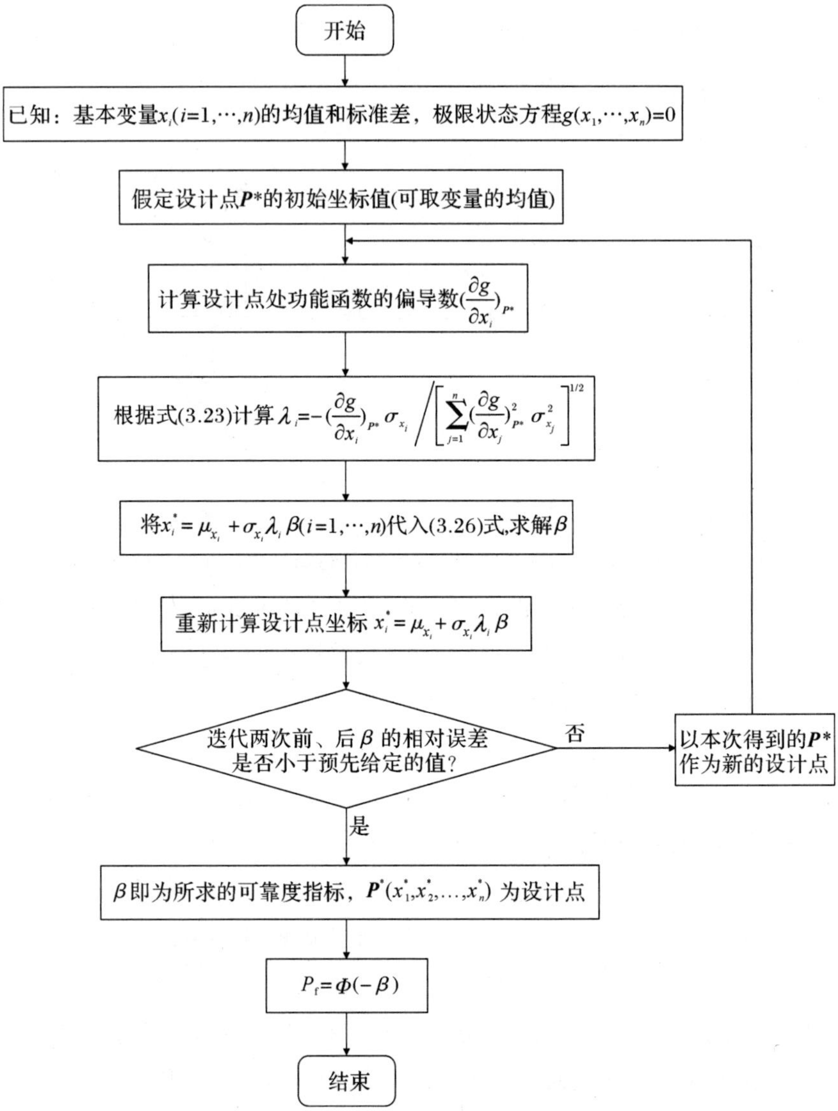

图 3-2　改进一次二阶矩迭代算法的计算流程图

【例 3-2】　本章例 3-1 中的两个非线性功能函数②$M_2=\ln R-\ln S$,③$M_3=\dfrac{R}{S}-1$,采用 AFOSM 迭代算法求解可靠度指标。

解　2)$M_2=\ln R-\ln S$。

第一步迭代:均值处线性化

$$M\simeq\ln(\mu_R)-\ln(\mu_S)+\left[\frac{1}{\mu_R}(R-\mu_R)-\frac{1}{\mu_S}(S-\mu_S)\right]$$

$$\lambda_1=-\frac{\sigma_R/\mu_R}{\sqrt{\dfrac{1}{\mu_R^2}\sigma_R^2+\dfrac{1}{\mu_S^2}\sigma_S^2}}=-0.7295,\quad \lambda_2=\frac{\sigma_S/\mu_S}{\sqrt{\dfrac{1}{\mu_R^2}\sigma_R^2+\dfrac{1}{\mu_S^2}\sigma_S^2}}=0.6839$$

$$\boldsymbol{P}^*(x_1^*,x_2^*)=(\mu_R+\sigma_R\lambda_1\beta,\mu_S+\sigma_S\lambda_2\beta)=(500-14.59\beta,400+10.2585\beta)$$

$$g(\boldsymbol{P}^*)=0\Rightarrow\ln(\mu_R+\sigma_R\lambda_1\beta)-\ln(\mu_S+\sigma_S\lambda_2\beta)=0\Rightarrow\beta=4.0242$$

第二步迭代：

$$\boldsymbol{P}^* = (\mu_R + \sigma_R\lambda_1\beta, \mu_S + \sigma_S\lambda_2\beta) = (441.2844, 441.2844)$$

$$M \simeq \left[\frac{1}{x_1^*}(R - x_1^*) - \frac{1}{x_2^*}(S - x_2^*)\right]$$

$$\lambda_1 = -0.80, \quad \lambda_2 = 0.60$$

$$\boldsymbol{P}^*(x_1^*, x_2^*) = (\mu_R + \sigma_R\lambda_1\beta, \mu_S + \sigma_S\lambda_2\beta) = (500 - 16.0\beta, 400 + 9.0\beta)$$

$$g(\boldsymbol{P}^*) = 0 \Rightarrow \ln(\mu_R + \sigma_R\lambda_1\beta) - ln(\mu_S + \sigma_S\lambda_2\beta) = 0 \Rightarrow \beta = 4.0$$

第三步迭代：

$$\boldsymbol{P}^* = (\mu_R + \sigma_R\lambda_2\beta, \mu_S + \sigma_S\lambda_2\beta) = (436, 436)$$

$$M \simeq \frac{1}{x_1^*}(R - x_1^*) - \frac{1}{x_2^*}(S - x_2^*)$$

$$\lambda_1 = -0.80, \quad \lambda_2 = 0.60$$

$$\boldsymbol{P}^*(x_1^*, x_2^*) = (\mu_R + \sigma_R\lambda_2\beta, \mu_S + \sigma_S\lambda_2\beta) = (500 - 16.0\beta, 400 + 9.0\beta)$$

$$g(\boldsymbol{P}^*) = 0 \Rightarrow \ln(\mu_R + \sigma_R\lambda_1\beta) - \ln(\mu_S + \sigma_S\lambda_2\beta) = 0 \Rightarrow \beta = 4.0$$

迭代结束，β=4.0。

在标准正态空间中，极限状态方程及其在均值点和设计点处线性展开式的对比图及相应的 Matlab 代码如图 3-3 所示。

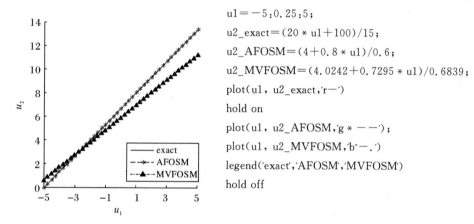

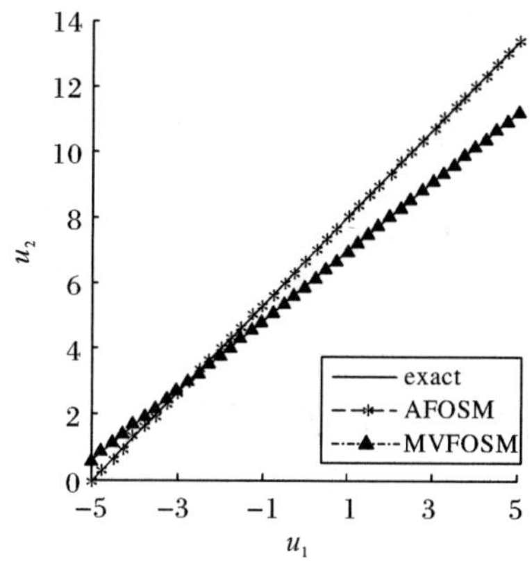


```
u1=-5:0.25:5;
u2_exact=(20 * u1+100)/15;
u2_AFOSM=(4+0.8 * u1)/0.6;
u2_MVFOSM=(4.0242+0.7295 * u1)/0.6839;
plot(u1, u2_exact,'r-')
hold on
plot(u1, u2_AFOSM,'g * --');
plot(u1, u2_MVFOSM,'b^-.')
legend('exact','AFOSM','MVFOSM')
hold off
```

图 3-3　AFOSM 与 MVFOSM 近似线性函数对比图及 Matlab 代码

3) $M_3 = \dfrac{R}{S} - 1$。

第一步迭代(均值处线性化)：

$$M \simeq \frac{\mu_R}{\mu_S} - 1 + \left[\frac{1}{\mu_S}(R - \mu_R) - \frac{\mu_R}{\mu_S^2}(S - \mu_S)\right]$$

$$\lambda_1 = -\frac{\sigma_R/\mu_S}{\sqrt{\dfrac{1}{\mu_S^2}\sigma_R^2 + \dfrac{\mu_R^2}{\mu_S^4}\sigma_S^2}} = -0.7295, \quad \lambda_2 = \frac{\mu_R\sigma_S/\mu_S^2}{\sqrt{\dfrac{1}{\mu_S^2}\sigma_R^2 + \dfrac{\mu_R^2}{\mu_S^4}\sigma_S^2}} = 0.6839$$

$$\boldsymbol{P}^*(x_1^*, x_2^*) = (\mu_R + \sigma_R\lambda_1\beta,\ \mu_S + \sigma_S\lambda_2\beta) = (500 - 14.59\beta,\ 400 + 10.2585\beta)$$

$$g(\boldsymbol{P}^*) = 0 \Rightarrow \frac{\mu_R + \sigma_R\lambda_1\beta}{\mu_S + \sigma_S\lambda_2\beta} - 1 = 0 \Rightarrow \beta = 4.0242$$

第二步迭代：

$$\boldsymbol{P}^* = (\mu_R + \sigma_R\lambda_1\beta, \mu_S + \sigma_S\lambda_2\beta) = (441.284\,4, 441.284\,4)$$

$$M \simeq \frac{1}{x_2^*}(R - x_1^*) + \frac{x_1^*}{x_2^{*2}}(S - x_2^*)$$

$$\lambda_1 = -0.80, \quad \lambda_2 = 0.60$$

$$\boldsymbol{P}^*(x_1^*, x_2^*) = (\mu_R + \sigma_R\lambda_1\beta, \mu_S + \sigma_S\lambda_2\beta) = (500 - 16.0\beta, 400 + 9.0\beta)$$

$$g(\boldsymbol{P}^*) = 0 \Rightarrow \frac{\mu_R + \sigma_R\lambda_1\beta}{\mu_S + \sigma_S\lambda_2\beta} - 1 = 0 \Rightarrow \beta = 4.0$$

第三步迭代：

$$\boldsymbol{P}^* = (\mu_R + \sigma_R\lambda_2\beta, \mu_S + \sigma_S\lambda_2\beta) = (436, 436)$$

$$M \simeq \frac{1}{x_2^*}(R - x_1^*) - \frac{x_1^*}{x_2^{*2}}(S - x_2^*)$$

$$\lambda_1 = -0.80, \quad \lambda_2 = 0.60$$

$$\boldsymbol{P}^*(x_1^*, x_2^*) = (\mu_R + \sigma_R\lambda_2\beta, \mu_S + \sigma_S\lambda_2\beta) = (500 - 16.0\beta, 400 + 9.0\beta)$$

$$g(\boldsymbol{P}^*) = 0 \Rightarrow \frac{\mu_R + \sigma_R\lambda_2\beta}{\mu_S + \sigma_S\lambda_2\beta} - 1 = 0 \Rightarrow \beta = 4.0$$

迭代结束，$\beta=4.0$。

改进一次二阶矩迭代算法的 Matlab 代码如下：

AFOSM. m

```
clear all
syms R S beta0   %%符号变量
X=[R,S];
M=log(R)-log(S);  %M=R./S-1;     %%安全余量方程
miu=[500,400];   sd=[20,15];   %%变量的均值与标准差
P=miu;    l=0;  %% l为表示迭代次数
delta=10; temp=-1;%%temp 表示 beta 的初始值,delta 表示两次迭代 beta 的差值
while delta>0.01 %%精度要求
   l=l+1;
   for i=1:length(X)
        Lamda_1(i)=subs(diff(M,X(i)),X,P) * sd(i);   %%偏导数
end
   Lamda=-double(Lamda_1./sqrt(sum(Lamda_1.^2)));   %% Lamda
   p=miu+sd. * Lamda * beta0;
   fun=subs(M,X,p);                        %%  关于 beta 的方程 fun
   Beta=min(double(solve(fun,beta0)));      %%  求解关于 beta 的方程
   P=miu+sd. * Lamda * Beta;               %%  新的设计点
   delta=abs(temp-Beta);
   temp=Beta;
end
Beta
Pf=normcdf(-Beta)
```

4. 改进一次二阶矩最优化算法

在独立的标准正态空间 $\boldsymbol{u}$ 中，求解极限状态曲面 $G(\boldsymbol{u})=0$ 上距离原点最近的点 $\boldsymbol{u}^*$，该点可以通过求解如下的等式约束优化问题而得到：

$$\left.\begin{aligned}&\min_{\boldsymbol{u}} Q(\boldsymbol{u}) = \frac{1}{2}\boldsymbol{u}^{\mathrm{T}}\boldsymbol{u} = \frac{1}{2}\|\boldsymbol{u}\|\\&\text{s. t. } G(\boldsymbol{u}) = 0\end{aligned}\right\}\tag{3.27}$$

可采用构建 Lagrange 函数 $L(\boldsymbol{u})=\frac{1}{2}\boldsymbol{u}^{\mathrm{T}}\boldsymbol{u}+\lambda G(\boldsymbol{u})$（$\lambda$ 为 Lagrange 乘子），求解无约束的 Lagrange 函数的极值问题，通过求解方程组，得出设计点及可靠度指标。

最优解，即设计点 $\boldsymbol{u}^*$，要满足 $G(\boldsymbol{u}^*)=0$ 和一阶最优性条件（即 KKT 条件）$\boldsymbol{u}^*+\lambda^*\nabla G(\boldsymbol{u}^*)=0$，最优 Lagrange 乘子 $\lambda^*=-\frac{\nabla G(u^*)\boldsymbol{u}^*}{\|\nabla G(\boldsymbol{u}^*)\|^2}=-\frac{\nabla G(\boldsymbol{u}^*)\nabla Q(\boldsymbol{u}^*)}{\|\nabla G(\boldsymbol{u}^*)\|^2}$。

【例 3-3】 本章例 3-1 中的两个非线性功能函数为②$M_2=\ln R-\ln S$，③$M_3=\frac{R}{S}-1$，采用 AFOSM 最优化算法求解可靠度指标。

解　AFOSM 最优化算法求解可靠度指标的步骤如下：

Step 1：变量进行标准化变换，令 $u_1=\frac{R-\mu_R}{\sigma_R}$，$u_2=\frac{S-\mu_S}{\sigma_S}$，则非线性功能函数转化至标准正态空间为 $G_2(\boldsymbol{u})=\ln(\mu_R+u_1\sigma_R)-\ln(\mu_S+u_2\sigma_S)$，$G_3(\boldsymbol{u})=\frac{\mu_R+u_1\sigma_R}{\mu_S+u_2\sigma_S}-1$。

Step 2：分别建立求解可靠度指标的优化数学模型：

$$\begin{cases}\min\limits_{\boldsymbol{u}} Q(\boldsymbol{u}) = \frac{1}{2}\boldsymbol{u}^{\mathrm{T}}\boldsymbol{u} = \frac{1}{2}\|\boldsymbol{u}\|\\\text{s. t. } G_2(\boldsymbol{u}) = 0\end{cases},\quad\begin{cases}\min\limits_{\boldsymbol{u}} Q(\boldsymbol{u}) = \frac{1}{2}\boldsymbol{u}^{\mathrm{T}}\boldsymbol{u} = \frac{1}{2}\|\boldsymbol{u}\|\\\text{s. t. } G_3(\boldsymbol{u}) = 0\end{cases}$$

Step 3：分别构建 Lagrange 函数：

$$L_2(\boldsymbol{u}) = \frac{1}{2}\boldsymbol{u}^{\mathrm{T}}\boldsymbol{u}+\lambda_2 G_2(\boldsymbol{u}),\quad L_3(\boldsymbol{u}) = \frac{1}{2}\boldsymbol{u}^{\mathrm{T}}\boldsymbol{u}+\lambda_3 G_3(\boldsymbol{u})$$

Step 4：解方程组求得可靠度指标及设计点：

$$\begin{aligned}&\frac{\partial L_2(\boldsymbol{u})}{\partial\lambda_2}=0\Rightarrow 20u_1+500=15u_2+400, &&\frac{\partial L_3(\boldsymbol{u})}{\partial\lambda_2}=0\Rightarrow 20u_1+500=15u_2+400\\&\frac{\partial L_2(\boldsymbol{u})}{\partial u_1}=0\Rightarrow u_1+\frac{20\lambda_2}{20u_1+500}=0, &&\frac{\partial L_3(\boldsymbol{u})}{\partial u_1}=0\Rightarrow u_1+\frac{20\lambda_3}{15u_1+400}=0\\&\frac{\partial L_2(\boldsymbol{u})}{\partial u_2}=0\Rightarrow u_2-\frac{15\lambda_2}{15u_2+400}=0, &&\frac{\partial L_3(\boldsymbol{u})}{\partial u_2}=0\Rightarrow u_2-\frac{15\lambda(20u_1+500)}{(15u_2+400)^2}=0\end{aligned}$$

均可得出

$$\boldsymbol{u}^*=\left(-\frac{16}{5},\frac{12}{5}\right)$$

则原变量空间的设计点为 $\boldsymbol{P}^*(R^*,S^*)=(436,436)$，可靠度指标为 $\beta=4.0$。

与均值一次二阶矩法相比，改进一次二阶矩法在设计点处线性展开功能函数，从而使得物理意义相同而数学表达式不同的问题具有了统一的解。由于设计点是对失效概率贡献最大的点,因此在设计点处线性展开比在均值点处线性展开对失效概率的近似具有更高的精度。对于极限状态方程非线性程度不大的情况,改进一次二阶矩法能给出近似精度较高的结果。由于工程上有很多问题满足改进一次二阶矩法的适用范围,从而改进一次二阶矩法在工程上被广泛运用,并在此基础上形成了一定的设计标准。

改进一次二阶矩方法的缺点可以归纳如下:①不能反映功能函数的非线性对失效概率的影响,对于图 3-4 所示的 4 种情况,它们的失效域有很大差异,但采用改进一次二阶矩法得到的结果都是一样的。②在功能函数的非线性程度较大的情况下,迭代算法受初始点影响较大;对具有多个设计点的问题,改进一次二阶矩方法可能会陷入局部最优,甚至不收敛。③对功能函数的解析表达式有一定的依赖性。一次二阶矩法是一种基于功能函数梯度的方法,而隐式函数的梯度比较难求,特别是基于有限元模型的隐式情况,梯度的计算量相当大。

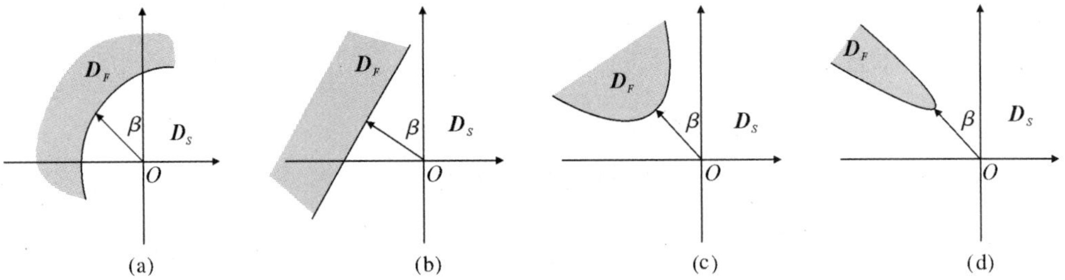

图 3-4 改进一次二阶矩法对不同非线性问题近似的示意图

3.2 二次二阶矩方法

首先,在独立标准正态空间用 AFOSM 求解一次可靠度指标 β_F 及设计点$\boldsymbol{u}^*(u_1^*, u_2^*, \cdots, u_n^*)$,在此基础上将极限状态函数 $g(\boldsymbol{u})$在设计点$\boldsymbol{u}^*$处用泰勒级数展开成二次形式 $G(\boldsymbol{u})$:

$$G(\boldsymbol{u}) = \beta_F - \boldsymbol{\alpha}^{\mathrm{T}}\boldsymbol{u} + \frac{1}{2}(\boldsymbol{u}-\boldsymbol{u}^*)^{\mathrm{T}}\boldsymbol{B}(\boldsymbol{u}-\boldsymbol{u}^*) \tag{3.28}$$

其中

$$\boldsymbol{\alpha} = \frac{\nabla g(\boldsymbol{u}^*)}{|\nabla g(\boldsymbol{u}^*)|} = \frac{1}{|\nabla g(\boldsymbol{u}^*)|}\left[\left.\frac{\partial g}{\partial u_1}\right|_{\boldsymbol{u}^*}, \left.\frac{\partial g}{\partial u_2}\right|_{\boldsymbol{u}^*}, \cdots, \left.\frac{\partial g}{\partial u_n}\right|_{\boldsymbol{u}^*}\right]$$

$$\boldsymbol{B} = \frac{\nabla^2 g(\boldsymbol{u}^*)}{|\nabla g(\boldsymbol{u}^*)|} = \frac{1}{|\nabla g(\boldsymbol{u}^*)|}\begin{bmatrix} \left.\frac{\partial^2 g}{\partial u_1^{\ 2}}\right|_{\boldsymbol{u}^*} & \left.\frac{\partial^2 g}{\partial u_1 \partial u_2}\right|_{\boldsymbol{u}^*} & \cdots & \left.\frac{\partial^2 g}{\partial u_1 \partial u_n}\right|_{\boldsymbol{u}^*} \\ \left.\frac{\partial^2 g}{\partial u_2 \partial u_1}\right|_{\boldsymbol{u}^*} & \left.\frac{\partial^2 g}{\partial u_2^{\ 2}}\right|_{\boldsymbol{u}^*} & \cdots & \left.\frac{\partial^2 g}{\partial u_2 \partial u_n}\right|_{\boldsymbol{u}^*} \\ \vdots & \vdots & & \vdots \\ \left.\frac{\partial^2 g}{\partial u_n \partial u_1}\right|_{\boldsymbol{u}^*} & \left.\frac{\partial^2 g}{\partial u_n \partial u_2}\right|_{\boldsymbol{u}^*} & \cdots & \left.\frac{\partial^2 g}{\partial u_n^{\ 2}}\right|_{\boldsymbol{u}^*} \end{bmatrix}$$

式中:一次可靠度指标 $\beta_F = \boldsymbol{\alpha}^{\mathrm{T}}\boldsymbol{u}^*$。

为了叙述方便,引入平均曲率半径进行表示:

$$R = (n-1)/K_S \tag{3.29}$$

式中：n 为基本随机变量的维数；K_S 为极限状态曲面在设计点处的主曲率之和，有

$$K_S = \sum_{j=1}^{n} b_{jj} - \boldsymbol{\alpha}^{\mathrm{T}} \boldsymbol{B} \boldsymbol{\alpha} \tag{3.30}$$

式中：b_{jj} 为矩阵 $\boldsymbol{B}$ 中的第 j 行第 j 列元素。在 $\boldsymbol{u}$ 空间里二次形式的极限状态曲面可以简单表示为

$$G(\boldsymbol{u}) = -(u_n - \beta_F) + \frac{1}{2R}\sum_{j=1}^{n-1} u_j^{\,2} \tag{3.31}$$

此时的失效域如图 3－5 所示。

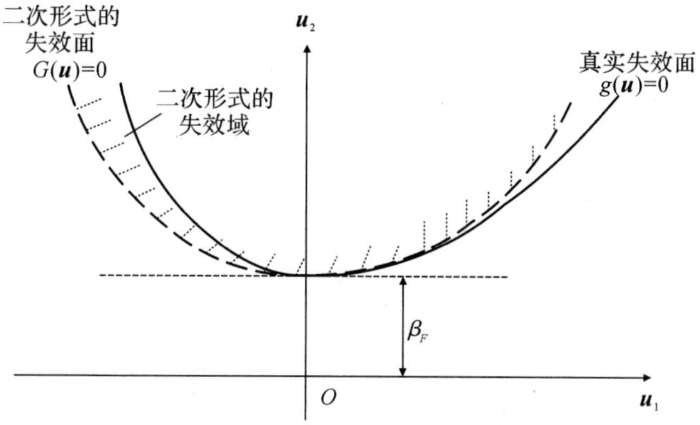

图 3－5　二次二阶矩法的失效域示意图

相应的二次可靠度指标 β_S 为

$$\beta_S = \frac{\mu_g}{\sigma_g} = \frac{\beta_F + \dfrac{n-1}{2R}}{\sqrt{1 + \dfrac{n-1}{2R^2}}} = \frac{\beta_F + (n-1)/2R}{\sqrt{1 + (n-1)/2R^2}} \tag{3.32}$$

失效概率为

$$P_{\mathrm{f}} = \Phi(-\beta_S) \tag{3.33}$$

【例 3－4】 在独立的标准正态空间中，高阶非线性函数

$$g(\boldsymbol{u}) = 2 - 0.1u_1^2 + 0.06u_1^3 - u_2$$

采用 FOSM 和 SOSM 求解 β_F 和 β_S。

解　所求得的可靠度指标结果见表 3－1，其中误差列是与大样本随机模拟的近似精确解（3.438×10^{-2}）相比的相对误差。

表 3－1　例 3－4 的可靠度指标及失效概率对照

方法	可靠度指标	失效概率/10^{-2}	相对误差/(%)
FOSM	2.0	2.275	9.90
AFOSM	2.0	2.275	9.90
SOSM	1.881	2.997	3.35
MCS	1.820	3.438	—

二次二阶矩方法实现的 Matlab 代码如下：

SOSM. m

```
clear all
syms u1 u2 beta0  %% 符号变量
U=[u1,u2];  vn=length(U);
g=2-0.1*u1.^2+0.06*u1.^3-u2;
miu=[0,0];  sd=[1,1];
P=miu;  k=1; l=0; %% l表示迭代次数
delta=10; temp(k)=-1;%%temp 表示 beta 的初始值,delta 表示两次迭代 beta 的差值
while delta>0.01 %%精度要求
    l=l+1;
    for i=1:vn
        Lamda_1(i)=subs(diff(g,U(i)),U,P)*sd(i);
    end
    Lamda=-double(Lamda_1./sqrt(sum(Lamda_1.^2)));  %% Lamda
    p=miu+sd.*Lamda*beta0;
    fun=subs(g,U,p);
    k=k+1;
    Beta_F=min(double(solve(fun,beta0)));                %%  求解关于 beta 的方程
    P=miu+sd.*Lamda* Beta_F                              %%  新设计点
    delta=abs(temp- Beta_F);
    temp(k)= Beta_F;
end
Pf_F=normcdf(-Beta_F)                                    %%一次可靠度指标及失效概率

for i=1:vn
    Alpha0(i)=subs(diff(g,U(i)),U,P)                     %%  一阶导
    for j=1:vn
        Hessen(i,j)=subs(diff(diff(g,U(i)),U(j)),U,P);
    end
end                                                      %%  二阶导 Hessen 矩阵
B=double(Hessen./sqrt(sum(Alpha0.^2)));                  %%  Hessen 矩阵的归一化
Alpha=double(Alpha0./sqrt(sum(Alpha0.^2)));              %%  一阶导的归一化
b=0;
for i=1:vn
    b=b+B(i,i);
end
beta=(Alpha)'*P
Ks=double(b-(Alpha)*B*(Alpha)')                          %%  主曲率之和 Ks
R=(vn-1)/Ks;                                             %%  平均曲率半径 R
Beta_S=(Beta_F +(vn-1)/(2*R))/sqrt(1+(vn-1)/(2*R^2))     %%  二次可靠度指标
Pf_S=normcdf(-Beta_S)                                    %%  失效概率
```

二次二阶矩方法不仅保留了一次二阶矩的全部信息，还考虑了功能函数中的非线性项的影响，故计算精度较一次二阶矩显著提高。需注意的是：SOSM 必须在独立的标准正态空间中进行分析。

3.3　非正态变量等价正态化变换

FOSM 和 SOSM 只能处理基本变量为标准正态分布的情况，但在实际分析计算中，基本变量不一定服从正态分布。对于基本变量为非正态分布的情况，Rackwitz 和 Fiessler 提出了一种等价正态变换算法，称为 RF 法（雷非法）。

假定非正态随机变量 x 服从某一分布，其分布函数为 $F_X(x)$，密度函数为 $f_X(x)$。为找到非正态变量 x 的等价正态变量 $x'\sim N(\mu_{x'},\sigma_{x'}^2)$，必然要确定两个分布参数 $\mu_{x'}$ 和 $\sigma_{x'}$，RF 法提出了在特定点 x^* 处的等价变换条件：

$$F_X(x^*)=\Phi\left(\frac{x^*-\mu_{x'}}{\sigma_{x'}}\right) \tag{3.34}$$

$$f_X(x^*)=\Phi'\left(\frac{x^*-\mu_{x'}}{\sigma_{x'}}\right)=\frac{1}{\sigma_{x'}}\varphi\left(\frac{x^*-\mu_{x'}}{\sigma_{x'}}\right) \tag{3.35}$$

式中：$\Phi(\cdot)$ 和 $\varphi(\cdot)$ 分别为标准正态分布的分布函数和密度函数；$\Phi'(\cdot)$ 表示标准正态分布函数的导函数。等价正态变换的示意图如图 3－6 所示。

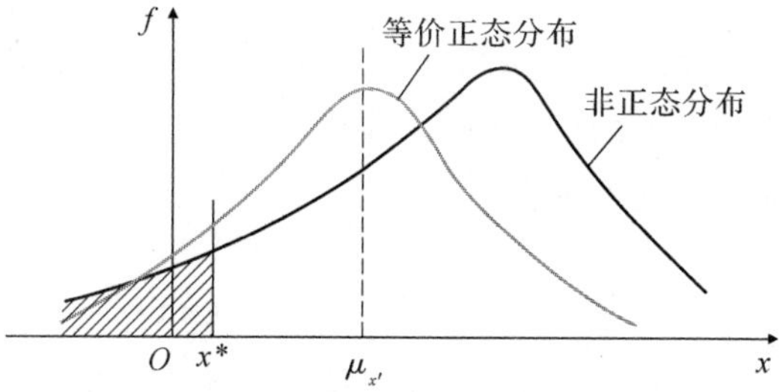

图 3－6　非正态分布的等价正态变换图

依据这两个条件，可以确定等价正态变量 x' 的两个基本分布参数 $\mu_{x'}$ 和 $\sigma_{x'}$。对条件取反函数有

$$\frac{x^*-\mu_{x'}}{\sigma_{x'}}=\Phi^{-1}[F_X(x^*)] \tag{3.36}$$

进而得到 $\mu_{x'}$ 和 $\sigma_{x'}$ 的关系为

$$\mu_{x'}=x^*-\sigma_{x'}\cdot\Phi^{-1}[F_X(x^*)] \tag{3.37}$$

将式(3.36)代入式(3.35)，可求得参数 $\sigma_{x'}$ 为

$$\sigma_{x'}=\frac{\varphi\{\Phi^{-1}[F_X(x^*)]\}}{f_X(x^*)} \tag{3.38}$$

再将式(3.38)代入式(3.37)，可得 $\mu_{x'}$。

具有含有非正态变量功能函数的可靠性问题

$$Z = g(x_1, x_2, \cdots, x_n) \tag{3.39}$$

式中：基本变量 $x_1, x_2, \cdots, x_n$ 之间相互独立，分别服从某一分布，且 x_i 对应的分布函数和密度函数分别为 $F_i(x_i)$ 和 $f_i(x_i)(i=1,2,\cdots,n)$。

依据式(3.37)和式(3.38)，可得到 x_i 的等价正态随机变量 x'_i 的均值 $\mu_{x'_i}$ 和标准差 $\sigma_{x'_i}$ 分别为

$$\mu_{x'_i} = x_i^* - \sigma_{x'_i} \cdot \Phi^{-1}[F_i(x_i^*)] \tag{3.40}$$

$$\sigma_{x'_i} = \frac{\varphi\{\Phi^{-1}[F_i(x_i^*)]\}}{f_i(x_i^*)} \tag{3.41}$$

为保证等价前、后失效概率具有较高的近似精度，对于服从非正态分布的变量 x_i，可将等价变换的特定点 x_i^* 取为设计点的第 i 个分量。得到了等价正态随机变量 x'_i后，可按照 AFOSM 法求解可靠度指标，即 HLRF 算法。

HLRF 算法对含有非正态变量的功能函数进行可靠性分析时，必须先有设计点，然而设计点未知，因此需要用迭代的方法求解最终的可靠性分析结果。HLRF 算法的具体计算步骤如下：

(1)选定初始设计点 $\boldsymbol{P}^*(x_1^*, x_2^*, \cdots, x_n^*)$ 为均值点，利用式(3.40)和式(3.41)计算 x_i 的等价正态随机变量 x'_i 的均值 $\mu_{x'_i}$ 和标准差 $\sigma_{x'_i}$。

(2)计算 x_i^* 处的偏导数 $(\partial g/\partial x_i)_{\boldsymbol{P}^*}$，进而求解 λ_i。

(3)将 $x_i^* = x_i'^* = \mu_{x'_i} + \sigma_{x'_i}\lambda_i\beta$ 代入 $g(x_1^*, x_2^*, \cdots, x_n^*)=0$，得到关于 β 的方程。

(4)求解所得方程，求出 β 值。

(5)将所得 β 代入 $x_i^* = \mu_{x'_i} + \sigma_{x'_i}\lambda_i\beta$，得到新的设计点 $\boldsymbol{P}^*(x_1^*, x_2^*, \cdots, x_n^*)$。

(6)重复上述步骤，直到前、后两次求得的设计点或可靠度指标相对误差满足精度要求。

【例 3-5】 横截面积为矩形的梁结构承受轴向力 F 和弯矩 M，以结构最大应力不超过其屈服强度 Q 为判据建立的极限状态方程为

$$g(F, M, Q) = 1 - \frac{4M}{bh^2Q} - \frac{F^2}{(bhQ)^2}$$

式中，截面参数 b 和 h 为常数，$b=8.5$，$h=25$，相互独立随机变量 F, M, Q 的分布参数和分布类型见表 3-2。

表 3-2 例 3-5 随机变量的数字特征和分布类型

变 量	分布类型	均 值	标准差
F	正态	500	100
M	正态	2 000	400
Q	对数正态	5	0.5

解 功能函数中包含有非正态随机变量，需要采用 HLRF 算法求解其可靠度指标。

迭代得到设计点 $\boldsymbol{P}^*(683.79,\ 2307.53,\ 4.2018)$，可靠度指标为 $\beta=2.615$，失效概率为 $P_f=0.004\ 46$。

对于含有非正态变量情况下的 HLRF 方法的 Matlab 代码如下：

HLRF.m

```
clear all
syms F M Q beta0
X=[F,M,Q];%%%%Q 对数正态分布
b=8.5;  h=25;
M=1-4*M/b/h/h/Q-F.^2/(b*h*Q).^2;
miu=[500,2000,5];
sd=[100,400,0.5];
para_miu=miu;para_sd=sd;
para3_miu=log(miu(3)^2/sqrt(sd(3)^2+miu(3)^2));
para3_sd=sqrt( log(sd(3)^2/miu(3)^2+1) );%%%%对数正态分布 PDF 中的分布参数
P=miu;  l=0; %% l 表示迭代次数
delta=10; temp=-1; %%temp 表示 beta 的初始值,delta 表示两次迭代 beta 的差值
while delta>0.01 %%精度要求
    l=l+1;
    para_sd(3)=normpdf( norminv(logncdf(P(3),para3_miu,para3_sd)) )/lognpdf...
    (P(3),para3_miu,para3_sd);
    para_miu(3)=P(3)- para_sd(3)*norminv(logncdf(P(3),para3_miu,para3_sd));
    %%当量正态化
    for i=1:length(X)
        Lamda_1(i)=subs(diff(M,X(i)),X,P)*para_sd(i);
    end
    Lamda=-double(Lamda_1./sqrt(sum(Lamda_1.^2)));   %%  Lamda
    p=para_miu+para_sd.*Lamda*beta0;
    fun=subs(M,X,p);
    Beta=min( abs(double(solve(fun,beta0))) );      %%  求解关于 beta 的方程
    P=para_miu+para_sd.*Lamda*Beta;                 %%  新设计点
    delta=abs(temp-Beta);
    temp=Beta;
end
Pf=normcdf(-Beta)
```

▶拓　展

结构可靠度近似解析法的发展简史(不完全按照时间顺序):

1969 年,Cornell 首次提出可靠度指标的概念;

1973 年,Ditlevsen 首先认识到均值一次二阶矩方法缺乏不变性;

1974 年,Hasofer 和 Lind 提出改进一次二阶矩法及设计点的概念;

1978 年,Rackwitz 和 Fiessler 提出著名的 HLRF 算法;

1983 年,Shinozuka 首次将设计点的确定表达为约束优化问题;

1991 年,Liu Peiling 和 Armen Der Kiureghian 提出 modified HLRF 算法;

1995 年,Zhang Yan 和 Armen Der Kiureghian 提出 improved HLRF 算法;

1984 年,Breitung 提出了 SOSM 的渐进表达式;

1987 年,Armen Der Kiureghian 等给出了 SOSM 的近似表达式;

1988 年,Hohenbichler 和 Rackwitz 提出了 SOSM 的简化形式;

1990 年,Tvedt 给出了 SORM 的精确表达式。

第 4 章 可靠性分析的数字模拟法

数字模拟方法的基本思路：根据样本来推断总体的某些统计规律。由大数定律可知，当样本量较大时，总体的统计规律可以由样本统计量来替代。Monte Carlo 模拟法是最基础的可靠性数字模拟方法，该方法将求解失效概率的多维积分转化为数学期望的形式，然后用样本均值来估计数学期望。这种方法在样本量趋于无穷时可得到失效概率的精确解，但其计算量非常大，尤其是针对小失效概率问题，以至于该方法在实际工程问题中很难直接应用。在理论研究中，Monte Carlo 模拟法的解常作为标准解来检验其他新方法的准确性。为了减少 Monte Carlo 模拟法的计算工作量，研究人员又提出了一系列改进的数字模拟技术。本章将介绍 Monte Carlo 模拟法、重要抽样法、截断抽样法、方向抽样法、子集模拟法的基本思想、求解步骤和算例验证等。

4.1 Monte Carlo 模拟法

Monte Carlo 模拟法又称为随机抽样法、概率模拟法或统计试验法。该方法是通过随机模拟或统计试验来进行结构可靠性分析的。由于它是以概率论和数理统计为基础的，故以赌城 Monte Carlo 来命名。

4.1.1 Monte Carlo 模拟法的理论基础

根据概率论的辛钦大数定律可知，设 $X_1, X_2, \cdots, X_n$ 是来自同一总体 X 的简单随机样本，它们是独立同分布的，具有均值 μ 和方差 σ^2，则对于任意的 $\varepsilon>0$，有

$$\lim_{n\to\infty} P\left\{\left|\frac{1}{n}\sum_{i=1}^{n} X_i - \mu\right| < \varepsilon\right\} = 1 \tag{4.1}$$

即样本均值 $\frac{1}{n}\sum_{i=1}^{n} X_i$ 依概率收敛于总体的均值 μ。

另外，设随机事件 A 发生的概率为 $P(A)$，在 n 次独立试验中，事件 A 发生的频数为 m，则随机事件 A 发生的频率 $f_n(A)=m/n$，对于任意 $\varepsilon>0$，有

$$\lim_{n\to\infty} P\left\{\left|\frac{m}{n} - P(A)\right| < \varepsilon\right\} = 1$$

即随机事件发生的频率依概率收敛于事件发生的概率。

Monte Carlo 模拟法用于可靠性分析的理论依据就是上述两条大数定律。Monte Carlo 模拟法进行可靠性分析时，首先要将求解的问题转化成某个概率模型的期望值，然后对概率模型进行随机抽样，在计算机上通过模拟试验获取足够的随机样本，进而进行统计求解。当随机样本的容量为无穷大时，就可得到可靠性问题的精确解。

4.1.2　Monte Carlo 模拟法的分析原理

设功能函数为

$$Z = g(\boldsymbol{x}) = g(x_1, x_2, \cdots, x_n) \tag{4.3}$$

则极限状态方程 $g(x_1, x_2, \cdots, x_n) = 0$ 将结构的基本变量空间分为失效域 $\boldsymbol{D}_F$ 和安全域 $\boldsymbol{D}_S$ 两部分，失效概率 P_f 可表示为

$$P_f = \int\cdots\int_{g(\boldsymbol{x})\leqslant 0} f_{\boldsymbol{X}}(x_1, x_2, \cdots, x_n)\mathrm{d}x_1\mathrm{d}x_2\cdots\mathrm{d}x_n \tag{4.4}$$

其中，$f_{\boldsymbol{X}}(x_1, x_2, \cdots, x_n)$是基本随机变量 $\boldsymbol{x}(x_1, x_2, \cdots, x_n)$的联合概率密度函数。

当各基本变量相互独立时，则式(4.4)可写为

$$P_f = \int\cdots\int_{g(\boldsymbol{x})\leqslant 0} f_{X_1}(x_1) f_{X_2}(x_2)\cdots f_{X_n}(x_n)\mathrm{d}x_1\mathrm{d}x_2\cdots\mathrm{d}x_n \tag{4.5}$$

其中，$f_{X_i}(x_i)(i=1,2,\cdots,n)$为随机变量 x_i 的概率密度函数。

通常，式(4.4)和式(4.5)只在极其特殊的情况(如线性极限状态方程和正态基本变量情况)能够得出解析的积分结果，对于一般的多维数问题及复杂或隐式积分域问题，失效概率的积分式是没有解析解的，此时可采用 Monte Carlo 模拟法来进行可靠性分析。

将失效概率的积分表达式(基本变量的联合概率密度函数在失效域的积分)改写为下式所示的失效域指示函数 $I_F(\boldsymbol{x})$的数学期望形式：

$$\begin{aligned} P_f &= \int\cdots\int_{g(\boldsymbol{x})\leqslant 0} f_{\boldsymbol{X}}(x_1, x_2, \cdots, x_n)\mathrm{d}x_1\mathrm{d}x_2\cdots\mathrm{d}x_n \\ &= \int\cdots\int_{R^n} I_F(\boldsymbol{x}) f_{\boldsymbol{X}}(x_1, x_2, \cdots, x_n)\mathrm{d}x_1\mathrm{d}x_2\cdots\mathrm{d}x_n \\ &= E[I_F(x)] \end{aligned} \tag{4.6}$$

式中：$I_F(\boldsymbol{x}) = \begin{cases} 1, \boldsymbol{x}\in\boldsymbol{D}_F \\ 0, \ \boldsymbol{x}\notin\boldsymbol{D}_F \end{cases}$ 为失效域的指示函数；R^n 为 n 维变量空间；$E[\cdot]$为数学期望算子。

式(4.6)表明，失效概率可表达为失效域指示函数的数学期望，依据大数定律，失效域指示函数的数学期望可以由失效域指示函数的样本均值来估计。

因此，Monte Carlo 模拟法的求解思路：由基本随机变量的联合概率密度函数 $f_{\boldsymbol{X}}(\boldsymbol{x})$抽取 N 个基本变量的随机样本 $\boldsymbol{x}_j(j=1,2,\cdots,N)$，将随机样本代入功能函数 $g(\boldsymbol{x})$，统计落入失效域 $\boldsymbol{D}_F=\{\boldsymbol{x}:g(\boldsymbol{x})\leqslant 0\}$的样本点数 N_f，用失效发生的频率 N_f/N 近似代替失效概率 P_f，就可以得到失效概率估计值 $\hat{P}_f$：

$$\hat{P}_{\mathrm{f}} = \frac{1}{N}\sum_{j=1}^{N} I_F(\boldsymbol{x}_j) = \frac{N_{\mathrm{f}}}{N} \tag{4.7}$$

用直接 Monte Carlo 模拟法进行可靠性分析的适用范围很广，且对于复杂的隐式功能函数问题，十分易于编程实现。然而，对于工程上常见的小概率事件(P_{f} 值很小)，必须抽取大量的样本才能得到收敛的结果，抽样效率极低。针对小概率问题中 Monte Carlo 法计算效率低的问题，研究人员提出了一系列改进的数字模拟技术，其中重要抽样法是最常用的改进数字模拟方法，其以抽样效率高且计算方差小而得到广泛应用。重要抽样法将在第 4.3 节进行介绍。

由于数字模拟方法涉及抽取已知概率密度函数的随机样本，因此接下来的第 4.2 节介绍随机数的抽样原理。

4.2 随机数的产生

在可靠性分析的数字模拟实现过程中，需要产生服从各种概率分布的随机变量的样本。目前，已经有很多种获得随机数的方法，如随机数表法、物理方法、数学方法等。随机数表法是将随机事件产生的随机数整理成表供使用，美国兰德(Rand)公司曾制出百万量级的随机数表。随机数表法由于费时、占用内存大、表长有限等缺陷而不适于计算机使用，已逐渐被淘汰。物理方法是指采用物理随机数发生器，把具有随机性质的物理过程直接变换成随机数，如以放射性物质为随机源的随机数发生器，或以晶体管的固有噪声为随机源的随机数发生器。物理方法可以产生真正的随机数，但是这种随机过程不能重复出现，无法重现随机数的模拟过程。目前产生随机数最常采用的是数学方法，其原理是利用数学迭代公式来产生随机数。由于这种方法产生的随机数是用算法产生的，因而本质上是确定性的，并且有一定的循环周期，所以只是近似具备随机性质。通常把这样得到的随机数称为伪随机数。但是只要产生伪随机数的递推公式的参数选择合适，那么由此产生的随机数也可以具有较好的随机性，完全满足实际可靠性数字模拟的要求。

4.2.1 随机变量的抽样

已知功能函数中输入随机变量是相互独立的，其中随机变量 x 的概率密度函数和分布函数分别为 $f(x)$和 $F(x)$，常采用以概率积分变换定理为基础的反变换法进行随机变量的抽样。

由于随机变量分布函数在[0, 1]区间上均匀取值，为得到分布函数为 $F(x)$的随机变量 x 的随机样本，首先产生[0, 1]区间上均匀分布的独立随机样本 r_i，然后由反分布函数 $F^{-1}(r_i)$就可以得到随机变量 x 的样本值为

$$x_i = F^{-1}(r_i) \tag{4.8}$$

这种方法是通过对分布函数进行反变换来得到随机变量的样本的，因而取名为反变换法。反变换法的原理可用图 4-1 加以说明。随机变量的分布函数 $F(x)$的取值范围为[0, 1]。现以在[0, 1]上均匀分布的随机变量作为 $F(x)$的取值规律，则落在 Δx 内的样本个数的概率就

是 ΔF；从而随机变量 x 在区间 Δx 内出现概率的平均值为 $\Delta F/\Delta x$；当 Δx 趋于 0 时，其概率密度函数就等于 $\mathrm{d}F/\mathrm{d}x$，即符合原来给定的概率密度函数。

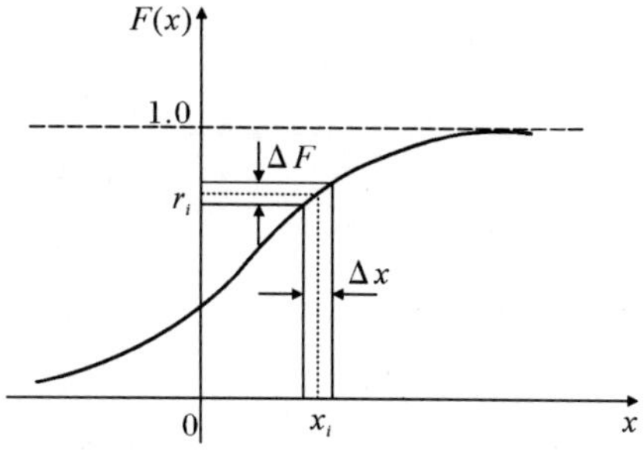

图 4-1　分布函数的反变换法原理

用反变换法进行随机抽样的常见分布变量的抽样公式见表 4-1。

表 4-1　常见分布的随机变量的抽样公式

分布名称和数学符号表达	概率密度函数 $f_X(x)$	抽样公式
[0，1]均匀分布 $U(0,1)$	$f_X(x)=\begin{cases}1, & 0\leqslant x\leqslant 1\\ 0, & \text{其他}\end{cases}$	r（表示由随机数发生器产生的[0，1]区间的均匀独立随机样本）
[a，b]均匀分布 $U(a,b)$	$f_X(x)=\begin{cases}\dfrac{1}{b-a}, & a\leqslant x\leqslant b\\ 0, & \text{其他}\end{cases}$	$(b-a)r+a$
指数分布 $\mathrm{Exp}(\lambda)$	$f_X(x)=\begin{cases}\lambda \mathrm{e}^{-\lambda x}, & x>0\\ 0, & \text{其他}\end{cases}$	$-\dfrac{1}{\lambda}\ln(1-r)$或$-\dfrac{1}{\lambda}\ln(r)$
标准正态分布 $N(0,1)$	$f_X(x)=\dfrac{1}{\sqrt{2\pi}}\mathrm{e}^{-x^2/2}$，$-\infty<x<\infty$	$\sqrt{-2\ln(r_1)}\cos(2\pi r_2)$或$\sqrt{-2\ln(r_1)}\sin(2\pi r_2)$
正态分布 $N(\mu,\sigma^2)$	$f_X(x)=\dfrac{1}{\sqrt{2\pi}\sigma}\mathrm{e}^{-\frac{(x-\mu)^2}{2\sigma^2}}$，$-\infty<x<\infty$	$x_{SN}\sigma+\mu$ x_{SN}（为标准正态分布的随机数）
对数正态分布 $LN(\mu,\sigma^2)$	$f_X(x)=\dfrac{1}{\sqrt{2\pi}\sigma x}\mathrm{e}^{-\frac{(\ln x-\mu)^2}{2\sigma^2}}$，$x>0$	$\exp(x_{SN}\sigma+\mu)$

目前，Matlab 中已具备抽取常见分布随机数的工具箱，见表 4-2。

表 4-2　MATLAB 中随机数产生函数表

函数名	调用形式	注 释
unifrnd	unifrnd（ A,B,m,n)	[A,B]均匀分布(连续) 随机数
unidrnd	unidrnd(N,m,n)	[1,N]均匀分布(离散)随机整数
exprnd	exprnd(Lambda,m,n)	参数为 Lambda 的指数分布随机数
normrnd	normrnd(MU,SIGMA,m,n)	参数为 MU,SIGMA 的正态分布随机数

续表

函数名	调用形式	注释
chi2rnd	chi2rnd(N,m,n)	自由度为 N 的卡方分布随机数
trnd	trnd(N,m,n)	自由度为 N 的 t 分布随机数
frnd	frnd(N_1, N_2,m,n)	自由度为(N_1, N_2)的 F 分布随机数
gamrnd	gamrnd(A, B,m,n)	参数为 A, B 的伽马分布随机数
betarnd	betarnd(A, B,m,n)	参数为 A, B 的贝塔分布随机数
lognrnd	lognrnd(MU, SIGMA,m,n)	参数为 MU, SIGMA 的对数正态分布随机数
nbinrnd	nbinrnd(R, P,m,n)	参数为 R,P 的负二项式分布随机数
ncfrnd	ncfrnd(N_1, N_2, delta,m,n)	参数为 N_1,N_2,delta 的非中心 F 分布随机数
nctrnd	nctrnd(N, delta,m,n)	参数为 N,delta 的非中心 t 分布随机数
ncx2rnd	ncx2rnd(N, delta,m,n)	参数为 N,delta 的非中心卡方分布随机数
raylrnd	raylrnd(B,m,n)	参数为 B 的瑞利分布随机数
weibrnd	weibrnd(A, B,m,n)	参数为 A, B 的威布尔分布随机数
binornd	binornd(N,P,m,n)	参数为 N, P 的二项分布随机数
geornd	geornd(P,m,n)	参数为 P 的几何分布随机数
hygernd	hygernd(M,K,N,m,n)	参数为 M,K,N 的超几何分布随机数
poissrnd	poissrnd(Lambda,m,n)	参数为 Lambda 的泊松分布随机数

此外,Matlab 中有通用函数抽取各种分布的随机数:

$$\text{random}('\text{name}', A_1, A_2, A_3, m, n)$$

其中:name 的取值见表 4-3;A_1, A_2, A_3 为分布的参数;m, n 指定随机数的行和列。

表 4-3 常见分布函数表

name 的取值			函数说明
'beta'	或	'Beta'	贝塔分布
'bino'	或	'Binomial'	二项分布
'chi2'	或	'Chisquare'	卡方分布
'exp'	或	'Exponential'	指数分布
'f'	或	'F'	F 分布
'gam'	或	'Gamma'	伽马分布
'geo'	或	'Geometric'	几何分布
'hyge'	或	'Hypergeometric'	超几何分布
'logn'	或	'Lognormal'	对数正态分布
'nbin'	或	'Negative Binomial'	负二项式分布
'ncf'	或	'Noncentral F'	非中心 F 分布
'nct'	或	'Noncentral t'	非中心 t 分布
'ncx2'	或	'Noncentral Chi-square'	非中心卡方分布

续 表

name 的取值			函数说明
'norm'	或	'Normal'	正态分布
'poiss'	或	'Poisson'	泊松分布
'rayl'	或	'Rayleigh'	瑞利分布
't'	或	'T'	T 分布
'unif'	或	'Uniform'	均匀分布
'unid'	或	'Discrete Uniform'	离散均匀分布
'weib'	或	'Weibull'	威布尔分布

4.2.2　n 维正态相关随机向量的抽样

设 n 维正态随机变量 $\boldsymbol{x}(x_1,x_2,\cdots,x_n)$ 的联合概率密度函数为

$$f_{\boldsymbol{X}}(\boldsymbol{x}) = (2\pi)^{-n/2}\ |\boldsymbol{C}_x|^{-1/2}\exp\left[-\frac{1}{2}(\boldsymbol{x}-\boldsymbol{\mu}_x)\boldsymbol{C}_x^{-1}\ (\boldsymbol{x}-\boldsymbol{\mu}_x)^{\mathrm{T}}\right] \tag{4.9}$$

式中：均值向量 $\boldsymbol{\mu}_x=(\mu_{x_1}\ \mu_{x_2}\cdots\ \mu_{x_n})$；$\boldsymbol{x}$、$\boldsymbol{\mu}_x$、$(\boldsymbol{x}-\boldsymbol{\mu}_x)$ 均是 n 维向量；协方差阵

$$\boldsymbol{C}_x=\begin{bmatrix}\sigma_{x_1}^2 & \mathrm{Cov}(x_1,x_2) & \cdots & \mathrm{Cov}(x_1,x_n)\\ \mathrm{Cov}(x_2,x_1) & \sigma_{x_2}^2 & \cdots & \mathrm{Cov}(x_2,x_n)\\ \vdots & \vdots & & \vdots\\ \mathrm{Cov}(x_n,x_1) & \mathrm{Cov}(x_n,x_2) & \cdots & \sigma_{x_n}^2\end{bmatrix}$$

$|\boldsymbol{C}_x|$ 为协方差矩阵的行列式值；$\boldsymbol{C}_x^{-1}$ 为协方差矩阵的逆矩阵。

根据线性代数原理可以证明，由式(4.9)确定的 n 维正态联合概率密度函数，必然存在一个正交矩阵 $\boldsymbol{A}$，使得 n 维随机向量 $\boldsymbol{y}=(y_1\ y_2\cdots\ y_n)$ 有

$$f_{\boldsymbol{X}}(\boldsymbol{A}\boldsymbol{y}+\boldsymbol{\mu}_x) = (2\pi)^{-n/2}\ (\lambda_1\lambda_2\cdots\lambda_n)^{-1/2}\exp\left(-\frac{1}{2}\sum_{i=1}^{n}\frac{y_i^2}{\lambda_i}\right) \tag{4.10}$$

式中：λ_1、λ_2、$\cdots$、λ_n 是 $\boldsymbol{C}_x$ 的特征根；$\boldsymbol{A}$ 为正交矩阵。

通过如下变换，将相关的 n 维随机向量 $\boldsymbol{x}(x_1\ x_2\cdots\ x_n)$ 转化为 n 维不相关的随机向量 $\boldsymbol{y}(y_1\ y_2\cdots\ y_n)$：

$$\boldsymbol{y} = \boldsymbol{A}^{\mathrm{T}}(\boldsymbol{x}-\boldsymbol{\mu}_x) \tag{4.11}$$

式中，$\boldsymbol{A}$ 的列向量等于协方差矩阵 $\boldsymbol{C}_x$ 的正交特征向量。

$\boldsymbol{y}$ 的协方差阵 $\boldsymbol{C}_y$ 和均值向量 $\boldsymbol{\mu}_y$ 分别为

$$\boldsymbol{C}_y = \boldsymbol{A}^{\mathrm{T}}\boldsymbol{C}_x\boldsymbol{A} = \begin{bmatrix}\lambda_1 & 0 & \cdots & 0\\ 0 & \lambda_2 & \cdots & 0\\ \vdots & \vdots & & \vdots\\ 0 & 0 & \cdots & \lambda_n\end{bmatrix} \tag{4.12}$$

$$\boldsymbol{\mu}_y = (0\ 0\ \cdots\ 0) \tag{4.13}$$

将式(4.11)进行反变换后可得

$$\boldsymbol{x} = \boldsymbol{A}\boldsymbol{y} + \boldsymbol{\mu}_x \tag{4.14}$$

对 n 维正态相关变量随机抽样时，需要先抽取 n 维相互独立的正态变量 $\boldsymbol{y}$，均值向量为

$\boldsymbol{\mu}_y=(0\ 0\ \cdots\ 0)$，方差向量为$\boldsymbol{\sigma}_y^2=(\lambda_1\ \lambda_2\cdots\ \lambda_n)$的随机样本，然后将样本代入式(4.14)，就可以得到 n 维正态相关变量 $\boldsymbol{x}$ 的随机样本了。

4.2.3 具有联合分布的 n 维非正态相关随机向量的抽样

假设随机向量 $\boldsymbol{x}(x_1\ x_2\cdots\ x_n)$具有联合分布函数 $F_X(x_1,x_2,\cdots,x_n)$，其可以表示为一系列条件分布函数的乘积形式：

$$F_X(x_1,x_2,\cdots,x_n)=F_{X_1}(x_1)F_{X_2\mid X_1}(x_2)\cdots F_{X_n\mid X_1\cdots X_{n-1}}(x_n) \tag{4.15}$$

式中：$F_{X_i\mid X_1\cdots X_{i-1}}(i=2,\cdots,n)$为条件分布函数。

联合分布相关非正态随机向量的抽样一般采用 Rosenblatt 变换法。Rosenblatt 变换定义 $\boldsymbol{r}$ 与 $\boldsymbol{x}$ 的变换关系，其中随机向量 $\boldsymbol{r}(r_1\ r_2\cdots\ r_n)$在[0, 1]区间服从均匀分布：

$$\left.\begin{aligned} r_1 &= F_{X_1}(x_1) \\ r_2 &= F_{X_2\mid X_1}(x_2) \\ &\cdots\cdots \\ r_n &= F_{X_n\mid X_1\cdots X_{n-1}}(x_n)\end{aligned}\right\} \tag{4.16}$$

利用反变换法可以将随机变量 x_i 转化为独立的标准正态变量 y_i，对应的变换表达式为

$$\left.\begin{aligned} y_1 &= \Phi^{-1}(F_{X_1}(x_1))=\Phi^{-1}(r_1) \\ y_2 &= \Phi^{-1}(F_{X_2\mid X_1}(x_2))=\Phi^{-1}(r_2) \\ &\cdots\cdots \\ y_n &= \Phi^{-1}(F_{X_n\mid X_1\cdots X_{n-1}}(x_n))=\Phi^{-1}(r_n)\end{aligned}\right\} \tag{4.17}$$

对于含相关随机变量的问题，虽然 Rosenblatt 变换是常用的方法之一，但是它存在不可避免的缺点：①通常随机向量 $\boldsymbol{x}$ 的联合概率密度函数或联合分布函数很难得到；②Rosenblatt 变换需要反复计算嵌套的分布函数，常常引起计算困难；③Rosenblatt 变换不具有唯一性，它取决于条件分布函数中随机变量的顺序。由于 Rosenblatt 变换的上述缺点，该变换在结构可靠性领域并没有得到广泛应用。

4.3 重要抽样法

重要抽样法是基于 Monte Carlo 模拟法的一种最常用的改进数字模拟方法，以抽样效率高且计算方差小而得到广泛应用。重要抽样法通过采用重要抽样密度函数来代替原来的抽样密度函数，使得落入失效域的样本点数增加，以此来获得高的抽样效率和快的收敛速度。

4.3.1 重要抽样法的基本原理和计算公式

重要抽样法通过引入重要抽样密度函数 $h_{\boldsymbol{X}}(\boldsymbol{x})$，可将失效概率的积分表达式变换为

$$P_{\mathrm{f}}=\int\cdots\int_{D_F} f_{\boldsymbol{X}}(\boldsymbol{x})\mathrm{d}\boldsymbol{x}=\int\cdots\int_{R^n} I_F(\boldsymbol{x})f_{\boldsymbol{X}}(\boldsymbol{x})\mathrm{d}\boldsymbol{x}$$

$$= \int \cdots \int_{R^n} I_F(\boldsymbol{x}) \frac{f_{\boldsymbol{X}}(\boldsymbol{x})}{h_{\boldsymbol{X}}(\boldsymbol{x})} h_{\boldsymbol{X}}(\boldsymbol{x}) \mathrm{d}\boldsymbol{x} = E\left[I_F(\boldsymbol{x}) \frac{f_{\boldsymbol{X}}(\boldsymbol{x})}{h_{\boldsymbol{X}}(\boldsymbol{x})} \right] \tag{4.18}$$

式中：R^n 为 n 维变量空间；$f_{\boldsymbol{X}}(\boldsymbol{x})$为基本随机变量的联合概率密度函数；$h_{\boldsymbol{X}}(\boldsymbol{x})$为重要抽样密度函数。

重要抽样法构造重要抽样密度函数的基本原则：使得对失效概率贡献大的样本以较大的概率出现，这样可以减小估计值的方差。重要抽样法需要解决的关键问题是构造重要抽样密度函数，根据数理统计的知识可知，最优的重要抽样密度函数 $h_{\boldsymbol{X}}^{\text{opt}}(\boldsymbol{x}) = \dfrac{I_F(\boldsymbol{x}) f_{\boldsymbol{X}}(\boldsymbol{x})}{P_{\mathrm{f}}}$ 时，所得失效概率的估计方差为零。然而失效概率未知，因此直接构造最优的重要抽样密度函数是不可行的。

由于设计点是失效域中对失效概率贡献最大的点，因此将重要抽样的密度函数中心放在极限状态方程的设计点，可以使得按重要抽样密度函数抽取的样本点有较大的比率落在对失效概率贡献较大的区域，进而使得失效概率数字模拟算法的结果能够较快收敛。二维标准正态空间中重要抽样密度函数示意如图 4-2 所示。

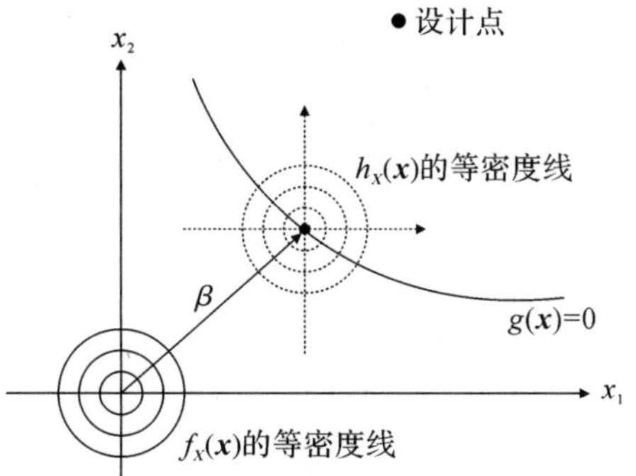

图 4-2 标准正态空间中重要抽样密度函数 $h_{\boldsymbol{X}}(\boldsymbol{x})$与原抽样密度 $f_{\boldsymbol{X}}(\boldsymbol{x})$的对照

由重要抽样密度函数 $h_{\boldsymbol{X}}(\boldsymbol{x})$抽取 N 个样本点 $\boldsymbol{x}_j\ (j=1,2,\cdots,N)$，则式(4.18)数学期望形式表达的失效概率可由下式的样本均值来估计，即

$$\hat{P}_{\mathrm{f}} = \frac{1}{N} \sum_{j=1}^{N} \left[I_F(\boldsymbol{x}_j) \frac{f_{\boldsymbol{X}}(\boldsymbol{x}_j)}{h_{\boldsymbol{X}}(\boldsymbol{x}_j)} \right] \tag{4.19}$$

4.3.2 重要抽样法的计算步骤

重要抽样法求解结构失效概率的具体实施步骤如下：

(1)用 AFOSM 法或其他优化算法计算极限状态方程的设计点 $\boldsymbol{P}^*$。

(2)依据以设计点 $\boldsymbol{P}^*$ 为抽样中心构造的重要抽样密度函数 $h_{\boldsymbol{X}}(\boldsymbol{x})$产生 N 个随机样本点 $\boldsymbol{x}_j\ (j=1,2,\cdots,N)$。

(3)将随机样本 $\boldsymbol{x}_j$ 代入功能函数 $g(\boldsymbol{x})$，根据状态指示函数 $I_F(\boldsymbol{x}_j)$对$\dfrac{f_{\boldsymbol{X}}(\boldsymbol{x}_j)}{h_{\boldsymbol{X}}(\boldsymbol{x}_j)}$进行累加。

(4)按式(4.19)求得失效概率估计值 $\hat{P}_{\mathrm{f}}$。

重要抽样法的流程图如图 4-3 所示。

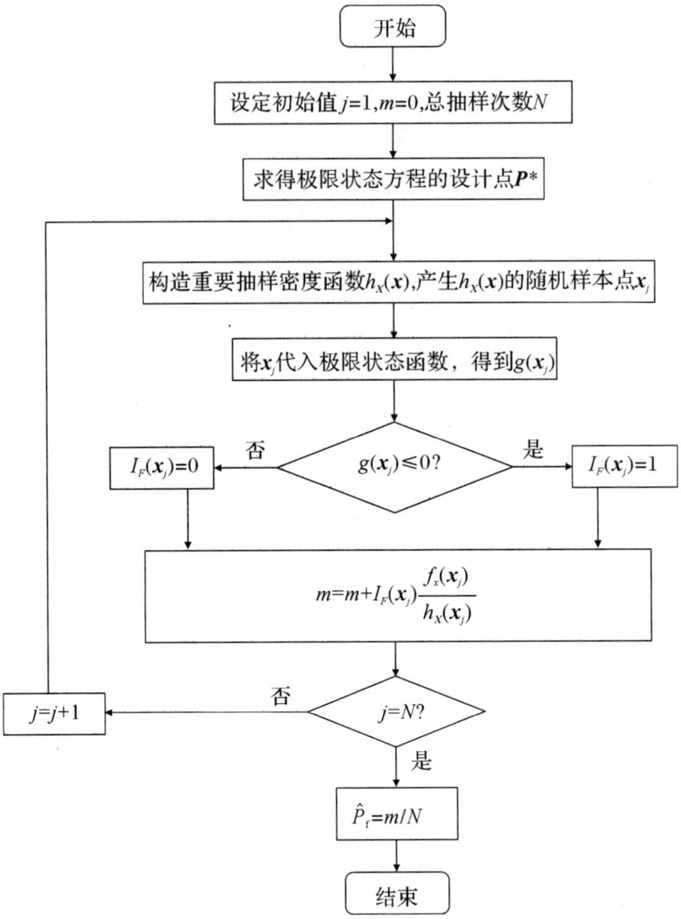

图 4-3　重要抽样法的流程图

【例 4-1】 受拉杆的强度 R 和受承受的应力 S 均为相互独立的正态随机变量，均值分别为 500 N/mm^2 和 400 N/mm^2，标准差为 20 N/mm^2 和 15 N/mm^2，其余量方程为：①$M_1=R-S$；②$M_2=\ln R-\ln S$；③$M_3=\frac{R}{S}-1$。用 Monte Carlo 模拟法和重要抽样法求 3 个余量方程的失效概率，并了解失效概率估计值随抽样点数的变化情况。

解 由 Monte Carlo 模拟法和重要抽样法求得的失效概率见表 4-4，根据抽样点数 N 绘制失效概率估计值的收敛曲线于图 4-4。

表 4-4　Monte Carlo 模拟法和重要抽样法求得的失效概率列表

余量方程	方 法	失效概率/10^{-5}	抽样点数
$M_1=R-S$	Monte Carlo 模拟法	3.123	10^8
	重要抽样法	3.221	5 000
$M_2=\ln R-\ln S$	Monte Carlo 模拟法	3.084	10^8
	重要抽样法	3.164	5 000
$M_3=\frac{R}{S}-1$	Monte Carlo 模拟法	3.135	10^8
	重要抽样法	3.187	5 000

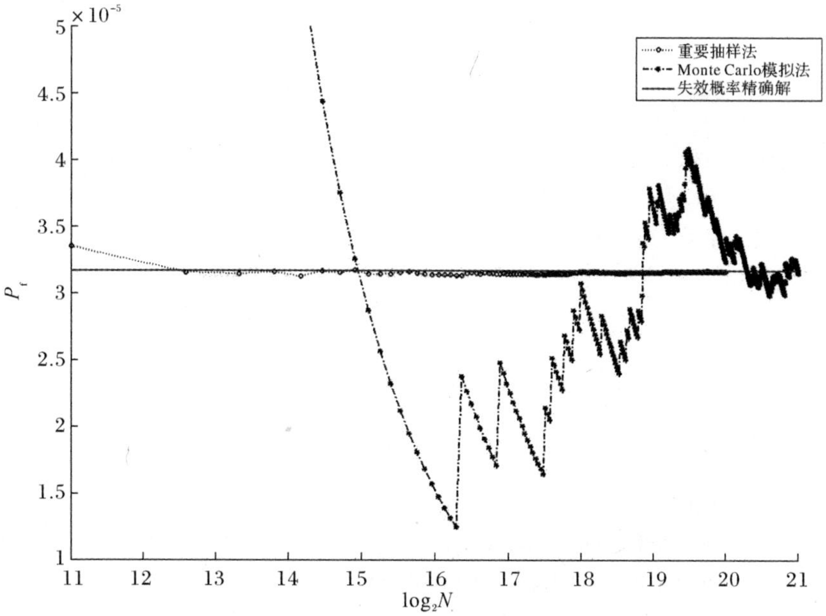

图 4-4　失效概率估计值的收敛图

可以看出，通常获取收敛的 Monte Carlo 模拟法的失效概率估计值所需的样本点数约为 $\frac{10^2 \sim 10^4}{P_f}$，而重要抽样法所需的样本点数比 Monte Carlo 模拟法要低 3～4 个量级。

用符号表示功能函数，将随机样本代入功能函数，Monte Carlo 模拟法和重要抽样法的 Matlab代码如下：

MC-symbol. m

```
clear all
syms R S
X=[R,S]
M=R-S;  %M=log(R)-log(S);  %M=R./S-1;
miu=[500,400];  sd=[20,15];
Nf =0;%%统计失效点数目
N_MC=10^6;%%总抽样次数
for i=1: N_MC
    yy=normrnd(miu,sd);%%随机样本
    LSF_g= subs(M,X,yy);%%函数值
    if (LSF_g<0)
        Nf= Nf +1;
    end
end
Pf=Nf * 1.0/ N_MC
```

IS-symbol. m

```
clear all
syms R S
X=[R,S]
M=R-S;  %M=log(R)-log(S);  %M=R./S-1;
miu=[500,400];  sd=[20,15];
Despoint=[436,436];%%%%设计点
N_IS=5000;%%%总抽样点数
m=0.0;
for i=1: N_IS
    yy=normrnd(Despoint,sd);  %%%%%随机样本
    LSF_g= subs(M,X,yy);
    if (LSF_g<0)
        for j=1:length(X)
            fx(j)=normpdf(yy(j),miu(j),sd(j));
            hx(j)=normpdf(yy(j),Despoint(j),sd(j));
        end
        m=m+prod(fx)/prod(hx);
    end
end
Pf=m/ N_IS
```

上述程序中采用的方法是将随机样本一一代入符号表达式中计算功能函数值，计算效率非常低，可采用方程或矩阵的形式进行求解计算，可以大大提高失效概率估计的速度，见以下程序：

MC-function. m

```
clear all
format long;
N=10^8;  %%总抽样次数
% g=@(x)x(:,1)-x(:,2);
% g=@(x)x(:,1)./x(:,2)-1;
g=@(x)log(x(:,1))-log(x(:,2));   %%安全余量方程
miu=[500,400];  sd=[20,15];
vn=length(miu);
for i=1:vn
    X(:,i)=normrnd(miu(i),sd(i),N,1);  %%随机样本
end
I=g(X)<=0;%指示函数
Pf=nnz(I)/N  %失效概率
```

IS-function. m

```
clear all
format long;
N=5000;  %%总抽样次数
miu=[500 400];  sd=[20 15];%变量的均值和标准差
%  g=@(x)x(:,1)-x(:,2);
%  g=@(x)x(:,1)./x(:,2)-1;
g=@(x)log(x(:,1))-log(x(:,2));    %%  安全余量方程
MPP =miu;                         %%  初始设计点选为均值点
beta0=0;
while (1)
    dg=[mydiff1(g, MPP, 1) mydiff1(g, MPP, 2) ]; %%自定义的偏导数
    temp=(dg.^2) * (sd.^2)';
    Lamda=-dg. * sd/sqrt(temp);             %%  Lamda 方向余弦
    G=@(beta)g(miu+sd. * Lamda * beta);     %%  嵌套调用函数
    beta=fzero(G,0);                        %%  求解 beta
    MPP=miu+sd. * Lamda * beta;             %%  新设计点
    if abs(beta-beta0)<=1e-3                %%  精度要求
        break;
    end
    beta0=beta;
end
MPP %设计点
x1=normrnd(MPP(1),sd(1),N,1);  x2=normrnd(MPP(2),sd(2),N,1);  %%重要抽样样本
PDF_f1=normpdf(x1, miu(1), sd(1)); PDF_f2=normpdf(x2, miu(2), sd(2)); %%原密度函数
PDF_f = PDF_f1. * PDF_f2;  %%联合概率密度函数
PDF_h1=normpdf(x1,MPP(1),sd(1)); PDF_h2=normpdf(x2,MPP(2),sd(2)); %%重要抽样密度
PDF_h= PDF_h1. * PDF_h2;  %%重要抽样密度函数

% g=x1-x2;  %功能函数
% g=x1./x2-1;  %功能函数
g=log(x1)-log(x2);  %功能函数
Nf=g<=zeros(N,1);  %通过逻辑运算确定指示函数
m=nnz(Nf);          % Nf 中非零元素的个数
Pf= Nf' * ( PDF_f. / PDF_h)/N   %失效概率估计值
```

```
%%%% mydiff1 函数的定义
function f=mydiff1(fun, x, dim)
%%fun: the name of function, x:variable vector, dim: the dim^th variable
    n=length(x);
    if dim<1, error('dim should >=1 and int'), end;    %dim 的取值应为 n 的整数
    if dim>n, error('dim should <=%d',n), end;
    h=0.0001;    %%步长
    I= zeros(1,n);  %%初始零向量
    I(dim)=1;   %%第 dim^th 为 1,其他为零
    f=( -fun(x+2*h*I)+8*fun(x+h*I) -8*fun(x-h*I) +fun(x-2*h*I) )/(12*h);
     %%差分格式
end
```

与 Monte Carlo 模拟法相比,重要抽样法作为一种改进的 Monte Carlo 模拟法,其对于功能函数的形式、变量的维数及其分布形式均无特殊要求,通过将抽样中心转移至设计点,使更多的样本落入失效域,提高了抽样效率,但是构造重要抽样密度函数的缺点是依赖于其他方法来寻找设计点,模拟退火等寻优方法可以利用计算失效概率的样本点信息逐步逼近设计点。

4.4 β 球截断抽样法和 β 球截断重要抽样法

β 球截断抽样法和 β 球截断重要抽样法的基本思想是:在独立标准正态空间中,以原点为球心、以可靠度指标为半径的 β 球内的样本点一定处于安全域内,通过避免 β 球内安全样本点的功能函数计算,达到在保证计算精度的同时加速可靠性估计的目的。

4.4.1 独立标准正态空间中 β 球的概率特性

由概率论知识可知,n 维独立的标准正态随机变量 $X_1, X_2, \cdots, X_n$,即 $X_i \sim N(0,1)(i=1, 2, \cdots, n)$,有下式的概率特征成立:

$$\| \boldsymbol{X} \|^2 = \sum_{i=1}^{n} X_i^2 \sim \chi^2(n) \tag{4.20}$$

服从自由度为 n 的卡方分布,其概率密度函数 $f_{\chi^2(n)}(x)$ 和累积分布函数 $F_{\chi^2(n)}(x)$ 分别为

$$f_{\chi^2(n)}(x) = \begin{cases} \dfrac{1}{2^{n/2}\Gamma\left(\dfrac{n}{2}\right)} x^{\frac{n}{2}-1} \mathrm{e}^{-\frac{x}{2}}, & x \geqslant 0 \\ 0, & x < 0 \end{cases} \tag{4.21}$$

$$F_{\chi^2(n)}(x) = \int_{-\infty}^{x} f_{\chi^2(n)}(\tau)\mathrm{d}\tau \tag{4.22}$$

设 $g(\boldsymbol{x})$ 为 n 维独立标准正态变量 $\boldsymbol{x}(x_1, x_2, \cdots, x_n)$ 空间的功能函数。第 3 章中指明在独

立标准正态空间中，可靠度指标 β 为坐标原点到极限状态面 $g(\boldsymbol{x})=0$ 的最短距离，即

$$\left.\begin{aligned}\beta^2 &= \min\left(\sum_{i=1}^{n} x_i^2\right)\\ \text{s.t.}\ \ g(x_1,x_2,\cdots,x_n) &= 0\end{aligned}\right\}\tag{4.23}$$

显然，方程 $x_1^2+x_2^2+\cdots+x_n^2=\beta^2$ 定义了 n 维变量空间 R^n 中以原点为球心且以 β 为半径的 n 维超球，通常称其为 β 球。β 球将空间 R^n 划分为 $\|\boldsymbol{x}\|^2<\beta^2$ 和 $\|\boldsymbol{x}\|^2\geqslant\beta^2$ 两部分，如图 4-5所示。由于 β 为坐标原点到极限状态面 $g(\boldsymbol{x})=0$ 的最短距离，所以 $\|\boldsymbol{x}\|^2<\beta^2$ 确定的区域必在安全域 $\boldsymbol{D}_S=\{\boldsymbol{x}:g(\boldsymbol{x})>0\}$ 内。

由于 $\sum_{i=1}^{n} x_i^2 \sim \chi^2(n)$，所以样本点落在 β 球内部的概率 $P\{\|\boldsymbol{x}\|^2<\beta^2\}$ 和落在 β 球外部的概率 $P\{\|\boldsymbol{x}\|^2\geqslant\beta^2\}$ 可以采用自由度为 n 的卡方分布的分布函数 $F_{\chi^2(n)}(\cdot)$ 表示为

$$P\{\|\boldsymbol{x}\|^2<\beta^2\}=F_{\chi^2(n)}(\beta^2)$$

$$P\{\|\boldsymbol{x}\|^2\geqslant\beta^2\}=1-F_{\chi^2(n)}(\beta^2)$$

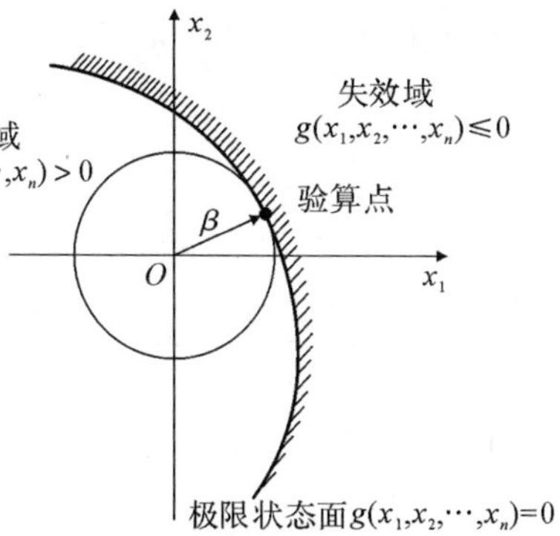

图 4-5　二维情况下 β 球示意图

4.4.2　β 球截断抽样法

1. β 球截断抽样法的原理和计算公式

在独立标准正态空间中，β 球将样本空间划分为 $\|\boldsymbol{x}\|^2<\beta^2$ 的部分和 $\|\boldsymbol{x}\|^2\geqslant\beta^2$ 的部分，由全概率公式可知，失效概率可以表示为

$$\begin{aligned}P_f &= P\{g(\boldsymbol{x})\leqslant 0 \mid \boldsymbol{x}\in R^n\}\\ &= P\{g(\boldsymbol{x})\leqslant 0 \mid \|\boldsymbol{x}\|^2<\beta^2\}P\{\|\boldsymbol{x}\|^2<\beta^2\}+\\ &\quad\ P\{g(\boldsymbol{x})\leqslant 0 \mid \|\boldsymbol{x}\|^2\geqslant\beta^2\}P\{\|\boldsymbol{x}\|^2\geqslant\beta^2\}\end{aligned}\tag{4.24}$$

又由于 $\|\boldsymbol{x}\|^2<\beta^2$ 内的样本是绝对安全的，因此 $P\{g(\boldsymbol{x})\leqslant 0\mid\|\boldsymbol{x}\|^2<\beta^2\}=0$，且有

$$P\{\|\boldsymbol{x}\|^2\geqslant\beta^2\}=P\left\{\sum_{i=1}^{n} x_i^2\geqslant\beta^2\right\}=1-F_{\chi^2(n)}(\beta^2)\tag{4.25}$$

将式(4.25)代入式(4.24)，可得

$$P_f=[1-F_{\chi^2(n)}(\beta^2)]\cdot P\{g(\boldsymbol{x})\leqslant 0\mid\|\boldsymbol{x}\|^2\geqslant\beta^2\}\tag{4.26}$$

在 β 球截去后的剩余变量空间(即 $\|\boldsymbol{x}\|^2\geqslant\beta^2$ 空间)进行随机抽样，所用的截断抽样密度

函数为

$$f_{\boldsymbol{X}}^{\mathrm{tr}}(\boldsymbol{x})=\begin{cases}\dfrac{1}{1-F_{\chi^2(n)}(\beta^2)}f_{\boldsymbol{X}}(\boldsymbol{x}), & \|\boldsymbol{x}\|^2\geqslant\beta^2\\ 0, & \|\boldsymbol{x}\|^2<\beta^2\end{cases}\tag{4.27}$$

则式(4.26)可改写为

$$\begin{aligned}P_{\mathrm{f}}&=[1-F_{\chi^2(n)}(\beta^2)]\cdot\int\cdots\int_{g(\boldsymbol{x})\leqslant 0}f_{\boldsymbol{X}}^{\mathrm{tr}}(\boldsymbol{x})\mathrm{d}\boldsymbol{x}\\&=[1-F_{\chi^2(n)}(\beta^2)]\cdot\int\cdots\int_{R^n}I_F(\boldsymbol{x})f_{\boldsymbol{X}}^{\mathrm{tr}}(\boldsymbol{x})\mathrm{d}\boldsymbol{x}\\&=[1-F_{\chi^2(n)}(\beta^2)]E[I_F(\boldsymbol{x})]\end{aligned}\tag{4.28}$$

根据截断抽样概率密度函数 $f_{\boldsymbol{X}}^{\mathrm{tr}}(\boldsymbol{x})$抽取输入变量的 M 个样本 $\boldsymbol{x}_j(j=1,2,\cdots,M)$，可得失效概率的估计值 $\hat{P}_{\mathrm{f}}$ 为

$$\hat{P}_{\mathrm{f}}=[1-F_{\chi^2(n)}(\beta^2)]\cdot\frac{1}{M}\sum_{j=1}^{M}I_F(\boldsymbol{x}_j)\tag{4.29}$$

$f_{\boldsymbol{X}}(\boldsymbol{x})$与 $f_{\boldsymbol{X}}^{\mathrm{tr}}(\boldsymbol{x})$的等密度线对比如图 4-6 所示。

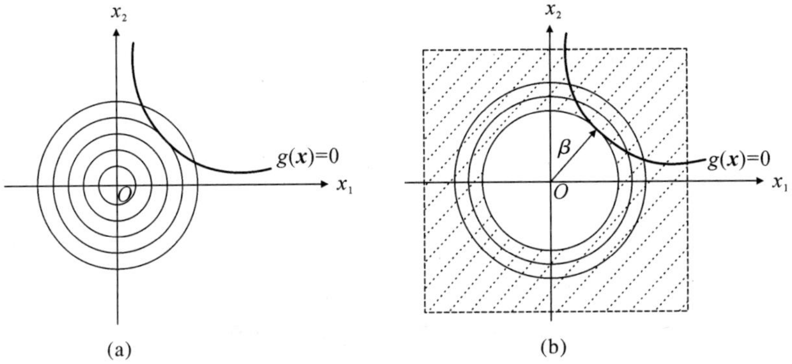

图 4-6　$f_{\boldsymbol{X}}(\boldsymbol{x})$与 $f_{\boldsymbol{X}}^{\mathrm{tr}}(\boldsymbol{x})$的等密度线对比图

(a) $f_{\boldsymbol{X}}(\boldsymbol{x})$的等密度线；(b) $f_{\boldsymbol{X}}^{\mathrm{tr}}(\boldsymbol{x})$的等密度线

2. β 球截断抽样法的计算步骤

β 球截断抽样法计算失效概率的求解步骤如下：

(1)将原始输入变量空间转换到独立标准正态空间，用 AFOSM 方法或者其他优化算法计算可靠度指标 β。

(2)构造 β 球，将输入变量空间分成球内 $\|\boldsymbol{x}\|^2<\beta^2$ 和球外 $\|\boldsymbol{x}\|^2\geqslant\beta^2$ 两部分。

(3)根据截断抽样概率密度函数 $f_{\boldsymbol{X}}^{\mathrm{tr}}(\boldsymbol{x})$抽取输入变量的 M 个样本 $\boldsymbol{x}_j(j=1,2,\cdots,M)$。

(4)计算 M 个样本对应的功能函数值，对指示函数的值 $I_F(\boldsymbol{x}_j)(j=1,2,\cdots,M)$进行累加，由式(4.29)求得失效概率的估计值 $\hat{P}_{\mathrm{f}}$。

在实际操作中，也可以直接根据输入变量的联合概率密度函数 $f_{\boldsymbol{X}}(\boldsymbol{x})$抽取 N 个样本 $\boldsymbol{x}_j(j=1,2,\cdots,M)$，判断出落在球外 $\|\boldsymbol{x}\|^2\geqslant\beta^2$ 的 M 个样本，这 M 个样本即为 $f_{\boldsymbol{X}}^{\mathrm{tr}}(\boldsymbol{x})$的样本，且有

$$1-F_{\chi^2(n)}(\beta^2)=P\{\|\boldsymbol{x}\|^2\geqslant\beta^2\}\approx\frac{M}{N}$$

β 球截断抽样法求解失效概率的流程图如图 4－7 所示。

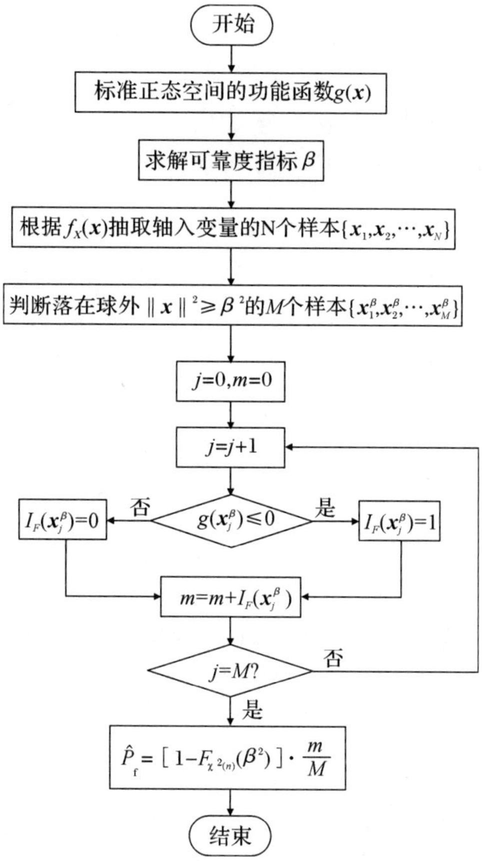

图 4－7　β 球截断抽样法求解失效概率的流程图

4.4.3　β 球截断重要抽样法

β 球截断抽样法是通过对独立标准正态空间中的概率密度函数 $f_X(\boldsymbol{x})$ 依据 β 球进行截断后形成的一种抽样方法，而 β 球截断重要抽样法则是对独立标准正态空间中的重要抽样密度函数 $h_X(\boldsymbol{x})$ 依据 β 球进行截断后形成的一种抽样方法。

基于设计点的重要抽样密度函数的抽样中心在设计点处，那么按 $h_X(\boldsymbol{x})$ 所产生的样本仍然有较大数量的样本点落在结构的安全域内。β 球截断重要抽样法是构造样本点落在 β 球外的截断重要抽样密度函数，在传统重要抽样法的基础上进一步减少在结构安全域的抽样，提高抽样效率。

1. β 球截断重要抽样法的计算公式

在 n 维独立标准正态空间中，可靠度指标为坐标原点到极限状态面的最短距离，也就是说失效域肯定位于以坐标原点为球心、以可靠度指标为半径的 β 球之外。定义 β 球外区域的指示函数 $I_\beta(\boldsymbol{x})$ 为

$$I_\beta(\boldsymbol{x}) = \begin{cases} 1, & \|\boldsymbol{x}\|^2 \geqslant \beta^2 \\ 0, & \|\boldsymbol{x}\|^2 < \beta^2 \end{cases} \tag{4.30}$$

则被 β 球截断的重要抽样概率密度函数 $h_{\boldsymbol{X}}^{\mathrm{tr}}(\boldsymbol{x})$ 为

$$h_{\boldsymbol{X}}^{\mathrm{tr}}(x)=\begin{cases}\dfrac{h_{\boldsymbol{X}}(\boldsymbol{x})}{\int\cdots\int_{R^n} I_\beta(\boldsymbol{x})h_{\boldsymbol{X}}(\boldsymbol{x})\mathrm{d}\boldsymbol{x}}, & \|\boldsymbol{x}\|^2\geqslant\beta^2\\ 0, & \|\boldsymbol{x}\|^2<\beta^2\end{cases}\tag{4.31}$$

$h_{\boldsymbol{X}}(\boldsymbol{x})$ 和 $h_{\boldsymbol{X}}^{\mathrm{tr}}(\boldsymbol{x})$ 的等密度线对比如图 4-8 所示。

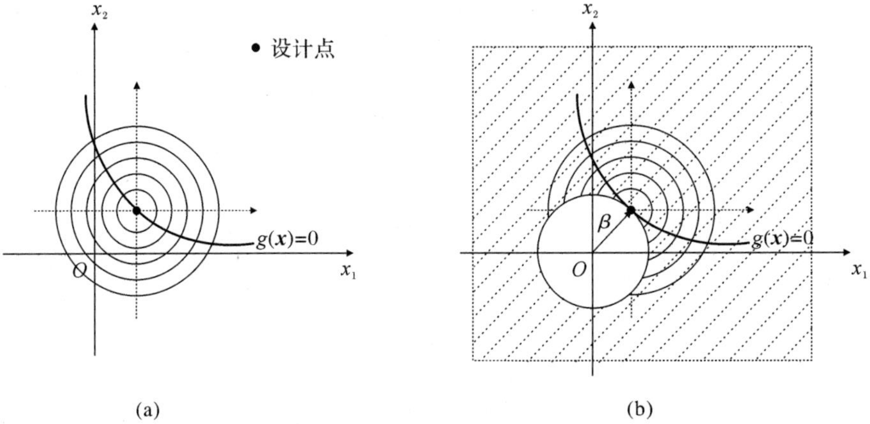

图 4-8　$h_{\boldsymbol{X}}(\boldsymbol{x})$ 和 $h_{\boldsymbol{X}}^{\mathrm{tr}}(\boldsymbol{x})$ 的等密度线对比图

(a)$h_{\boldsymbol{X}}(\boldsymbol{x})$ 的等密度线；(b)$h_{\boldsymbol{X}}^{\mathrm{tr}}(\boldsymbol{x})$ 的等密度线

重要抽样法求解失效概率的公式为

$$P_{\mathrm{f}}=\int\cdots\int_{R^n} I_F(\boldsymbol{x})\,\frac{f_{\boldsymbol{X}}(\boldsymbol{x})}{h_{\boldsymbol{X}}(\boldsymbol{x})}h_{\boldsymbol{X}}(\boldsymbol{x})\mathrm{d}\boldsymbol{x}\tag{4.32}$$

由于区域 $\|\boldsymbol{x}\|^2\geqslant\beta^2$ 内包含失效域 $\boldsymbol{D}_F=\{\boldsymbol{x}:g(\boldsymbol{x})\leqslant0\}$，所以在式(4.32)中引入区域 $\|\boldsymbol{x}\|^2\geqslant\beta^2$ 的指示函数 $I_\beta(\boldsymbol{x})$，可得 β 球截断重要抽样法求解失效概率的计算公式为

$$P_{\mathrm{f}}=\int\cdots\int_{R^n} I_F(\boldsymbol{x})I_\beta(\boldsymbol{x})\,\frac{f_{\boldsymbol{X}}(\boldsymbol{x})}{h_{\boldsymbol{X}}(\boldsymbol{x})}h_{\boldsymbol{X}}(\boldsymbol{x})\mathrm{d}\boldsymbol{x}=E\left[I_F(\boldsymbol{x})I_\beta(\boldsymbol{x})\,\frac{f_{\boldsymbol{X}}(\boldsymbol{x})}{h_{\boldsymbol{X}}(\boldsymbol{x})}\right]\tag{4.33}$$

根据重要抽样密度函数 $h_{\boldsymbol{X}}(\boldsymbol{x})$ 抽取输入变量 $\boldsymbol{x}$ 的 N 个样本 $\{\boldsymbol{x}_1,\boldsymbol{x}_2,\cdots,\boldsymbol{x}_N\}$，则 β 球截断重要抽样法得到的失效概率的估计值 $\hat{P}_{\mathrm{f}}$ 为

$$\hat{P}_{\mathrm{f}}=\frac{1}{N}\sum_{j=1}^{N}\frac{I_F(\boldsymbol{x}_j)I_\beta(\boldsymbol{x}_j)f_{\boldsymbol{X}}(\boldsymbol{x}_j)}{h_{\boldsymbol{X}}(\boldsymbol{x}_j)}\tag{4.34}$$

式(4.34)表明，β 球截断重要抽样法估计失效概率时，对于落入 β 球内的样本点 $\boldsymbol{x}_j$，由于其对应的指示函数 $I_\beta(\boldsymbol{x}_j)=0$，所以无需再计算其功能函数值。也就是说，引入 β 球外区域的指示函数 $I_\beta(\boldsymbol{x})$，相当于对 $h_{\boldsymbol{X}}(\boldsymbol{x})$ 进行了截断，$I_\beta(\boldsymbol{x})=1$ 的样本相当于根据密度函数 $h_{\boldsymbol{X}}^{\mathrm{tr}}(\boldsymbol{x})$ 抽取的样本。

β 球截断重要抽样法在估计失效概率时，只需计算落入 β 球外区域的重要抽样样本对应的功能函数值即可估计出失效概率；而传统重要抽样法必须计算出所有重要抽样样本的功能函数值，才能估计出失效概率，因此 β 球截断重要抽样方法比传统重要抽样方法计算效率更高。

2. β 球截断重要抽样法的计算步骤

β 球截断重要抽样法求解失效概率的计算步骤如下：

(1)将原始输入变量空间转换到独立标准正态空间中，用 AFOSM 法或者其他优化算法求得设计点 $\boldsymbol{P}^*$ 及可靠度指标 β。

(2)以设计点为抽样中心构造重要抽样密度函数 $h_{\boldsymbol{X}}(\boldsymbol{x})$，并根据 $h_{\boldsymbol{X}}(\boldsymbol{x})$ 抽取输入变量 $\boldsymbol{x}$ 的 N 个样本 $\{\boldsymbol{x}_1,\boldsymbol{x}_2,\cdots,\boldsymbol{x}_N\}$。

(3)计算每个样本 $\boldsymbol{x}_j=\{\boldsymbol{x}_{j1},\boldsymbol{x}_{j2},\cdots,\boldsymbol{x}_{jn}\}$ 到原点的距离 $\sum_{i=1}^{n}\boldsymbol{x}_{ji}^2$。若 $\sum_{i=1}^{n}\boldsymbol{x}_{ji}^2\geqslant\beta^2$，则 $\boldsymbol{x}_j$ 为 $h_{\boldsymbol{X}}^{\text{tr}}(\boldsymbol{x})$ 的样本点，即 $I_\beta(\boldsymbol{x}_j)=1$，否则 $I_\beta(\boldsymbol{x}_j)=0$。若 $I_\beta(\boldsymbol{x}_j)=1$，计算 $\boldsymbol{x}_j$ 对应的功能函数值 $g(\boldsymbol{x}_j)$，根据 $g(\boldsymbol{x}_j)$ 确定指示函数 $I_F(\boldsymbol{x}_j)$ 的值，对 $I_F(\boldsymbol{x}_j)I_\beta(\boldsymbol{x}_j)\dfrac{f_{\boldsymbol{X}}(\boldsymbol{x}_j)}{h_{\boldsymbol{X}}(\boldsymbol{x}_j)}$ 进行累加。

(4)由式(4.34)求得失效概率的估计值 $\hat{P}_{\mathrm{f}}$。

β 球截断重要抽样法求解失效概率的流程图如图 4-9 所示。

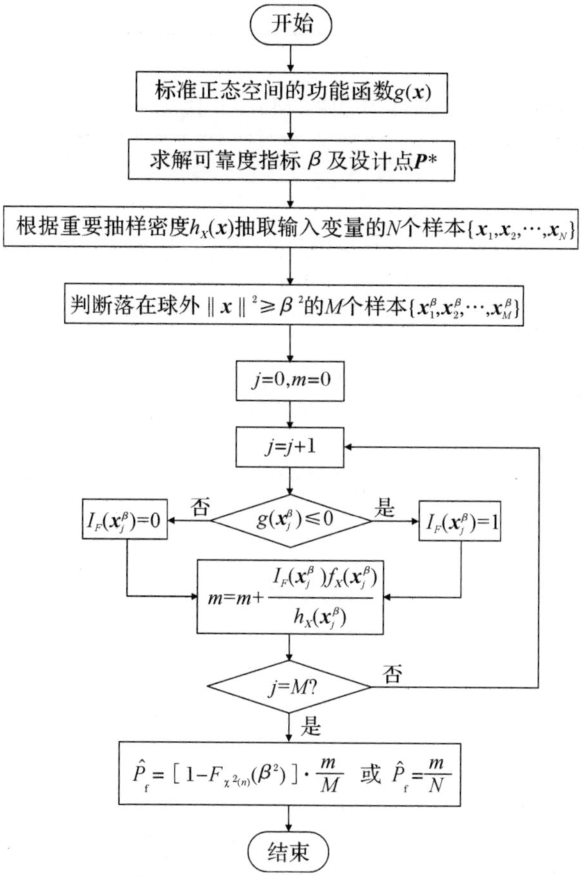

图 4-9 β 球截断重要抽样法求解失效概率的流程图

【例 4-2】 某内压圆筒形容器所用材料为 15 MnV(低合金高强度结构钢)，输入随机变量为内径 D、内压强 P、壁厚 t 以及屈服强度 σ_{s}。设输入随机变量相互独立且服从正态分布，其分布参数见表 4-5。对于常见的内压圆筒形薄壁容器受二向应力，即轴向应力 $S_{\mathrm{L}}=PD/4t$ 和周向应力 $S_{\mathrm{t}}=PD/2t$。建立内压圆筒的功能函数为 $g=\sigma_{\mathrm{S}}-S_{\mathrm{eq}}$，其中 S_{eq} 为等价应力，选用第一强度理论确定的等价应力为 $S_{\mathrm{eq}}=\max\{S_{\mathrm{L}},S_{\mathrm{t}}\}=PD/2t$。结构的失效概率计算结果见表

4－6。

表 4－5　例 4－2 的输入变量分布参数

随机变量	均值	标准差
D/mm	460	7
P/MPa	20	2.4
t/mm	19	0.8
σ_s/MPa	392	31.4

表 4－6　例 4－2 的失效概率计算结果

	Monte Carlo	β球截断抽样	重要抽样	β球截断重要抽样
N	10^7	259 196	2×10^4	13 544
$\hat{P}_f/10^{-4}$	4.590 0	4.561 0	4.547 4	4.572 8

β球截断抽样和β球截断重要抽样方法的 Matlab 代码如下：

Beta-Tr-MC. m

```
clear all
miu=[460,20,19,392];sd=[7,2.4,0.8,31.4];
g=@(x) x(:,4)-x(:,2) * x(:,1)/(2 * x(:,3));
MPP=miu;  beta0=0; %%初始设计点为均值,β的迭代初值为 0
while(1)
    dg=[mydiff1(g, MPP,1) mydiff1(g, MPP,2) mydiff1(g, MPP,3) mydiff1(g, MPP,4)];%%求导
    temp=dg.^2 * (sd.^2)';
    Lamda=-dg. * sd/sqrt(temp);
    G=@(beta1) g(miu+sd. * Lamda * beta1);
    beta1=fzero(G,0);
    MPP =miu+sd. * Lamda * beta1;
    if(abs(beta1-beta0)<=1e-6)  %%精度要求
        break;
    end
    beta0=beta1
end     %AFOSM 求 β
N=10^6;
x1=normrnd(miu(1),sd(1),N,1);x2=normrnd(miu(2),sd(2),N,1);
x3=normrnd(miu(3),sd(3),N,1);x4=normrnd(miu(4),sd(4),N,1);  %随机样本
disX=((x1-miu(1))/sd(1)).^2+((x2-miu(2))/sd(2)).^2+((x3-miu(3))/sd(3)).^2+ ...
((x4-miu(4))/sd(4)).^2;  %%距离
Beta_out=find(disX >=beta1^2 * ones(N,1));   %%β 球外的样本
M=nnz(Beta_out)    %%β 球外的点数
x=[x1(Beta_out),x2(Beta_out),x3(Beta_out),x4(Beta_out)];
g=@(x) x(:,4)-x(:,2). * x(:,1). /(2 * x(:,3));
Nf=g(x)<=zeros(M,1);  %%失效域的样本点
Pf=nnz(Nf)/N          %失效概率估计值
```

Beta-Tr-IS. m

```
clear all
miu=[460,20,19,392];
sd=[7,2.4,0.8,31.4];
g=@(x) x(:,4)-x(:,2)*x(:,1)/(2*x(:,3));
MPP=miu;   beta0=0; %%初始设计点为均值,β的迭代初值为 0
while(1)
    dg=[mydiff1(g, MPP,1) mydiff1(g, MPP,2) mydiff1(g, MPP,3) mydiff1(g, MPP,4)];
    %%求导
    temp=dg.^2*(sd.^2)';
    Lamda=-dg.*sd/sqrt(temp);
    G=@(beta1) g(miu+sd.*Lamda*beta1);
    beta1=fzero(G,0);
    MPP =miu+sd.*Lamda*beta1;
    if(abs(beta1-beta0)<=1e-6)  %%精度要求
        break;
    end
    beta0=beta1
end      %AFOSM 求 β 和设计点
N=2*10^4;
x1=normrnd(MPP(1),sd(1),N,1); x2=normrnd(MPP(2),sd(2),N,1);
x3=normrnd(MPP(3),sd(3),N,1); x4=normrnd(MPP(4),sd(4),N,1);  %%重要抽样样本
disX=((x1-miu(1))/sd(1)).^2+((x2-miu(2))/sd (2)).^2+((x3-miu(3))/sd(3)).^2+...
((x4-miu(4))/sd(4)).^2;
m=find(disX>=beta1^2*ones(N,1));                  %%β球外的样本
M=nnz(m)                                          %%β球外的样本点数
x1=x1(m,:);x2=x2(m,:);x3=x3(m,:);x4=x4(m,:);
x=[x1 x2 x3 x4];
g=@(x) x(:,4)-x(:,2).*x(:,1)./(2*x(:,3)); %%功能函数
Nf=g(x)<=zeros(M,1);                              %%失效域的样本
PDF_f1=normpdf(x1, miu(1), sd(1)); PDF_f2=normpdf(x2, miu(2), sd(2)); %%原密度函数
PDF_f3=normpdf(x3, miu(3), sd(3)); PDF_f4=normpdf(x4, miu(4), sd(4));
PDF_f = PDF_f1.* PDF_f2.* PDF_f3.* PDF_f4;  %%联合概率密度函数
PDF_h1=normpdf(x1,MPP(1),sd(1)); PDF_h2=normpdf(x2,MPP(2),sd(2)); %%重要抽样密度
PDF_h3=normpdf(x3,MPP(3),sd(3)); PDF_h4=normpdf(x4,MPP(4),sd(4));
PDF_h= PDF_h1.* PDF_h2.* PDF_h3.* PDF_h4;  %%重要抽样密度函数
Pf= Nf'*( PDF_f./ PDF_h)/N          %%失效概率估计值
```

4.5 方向抽样法

方向抽样法利用了独立的标准正态空间良好的分布特性，因此在使用方向抽样进行可靠性分析之前需将变量空间标准正态化。在标准正态空间中，笛卡儿坐标系下任意随机向量 $\boldsymbol{x}(x_1\ x_2\ \cdots\ x_n)$ 可以用极坐标表示为 $\boldsymbol{x}=R\boldsymbol{A}$，其中 R 为极半径，$\boldsymbol{A}$ 为向量 $\boldsymbol{x}$ 对应的单位方向向量。

4.5.1 方向抽样法的计算公式

在如图 4-10 的极坐标系下，失效概率的计算公式可以改写为

$$\begin{aligned} P_{\mathrm{f}} &= \int\cdots\int_{g(\boldsymbol{x})\leqslant 0} f_X(\boldsymbol{x})\mathrm{d}\boldsymbol{x} = \int_{\boldsymbol{A}}\int_{g(r\boldsymbol{a})\leqslant 0} \varphi_{R\boldsymbol{A}}(r,\boldsymbol{a})\mathrm{d}r\mathrm{d}\boldsymbol{a} \\ &= \int_{\boldsymbol{A}}\int_{R\geqslant r(\boldsymbol{a})} \varphi_{R|\boldsymbol{A}}(r)\cdot f_{\boldsymbol{A}}(\boldsymbol{a})\mathrm{d}r\mathrm{d}\boldsymbol{a} \\ &= \int_{\boldsymbol{A}}\left\{\int_{R\geqslant r(\boldsymbol{a})} \varphi_{R|\boldsymbol{A}}(r)\mathrm{d}r\right\}\cdot f_{\boldsymbol{A}}(\boldsymbol{a})\mathrm{d}\boldsymbol{a} \end{aligned} \tag{4.35}$$

式中：$\varphi_{R|\boldsymbol{A}}(r,\boldsymbol{a})$ 为 R 和 $\boldsymbol{A}$ 的联合概率密度函数；$f_{\boldsymbol{A}}(\cdot)$ 是单位方向向量 $\boldsymbol{A}$ 的概率密度函数，由于 $\boldsymbol{x}$ 服从 n 维独立标准正态分布，所以 $f_{\boldsymbol{A}}(\cdot)$ 服从单位球面上的均匀分布；$\varphi_{R|\boldsymbol{A}}(r)$ 是在抽样方向 $\boldsymbol{A}=\boldsymbol{a}$ 上随机变量 R 的条件概率密度函数，$R\geqslant r(\boldsymbol{a})$ 定义了 $\boldsymbol{A}=\boldsymbol{a}$ 时的失效域。

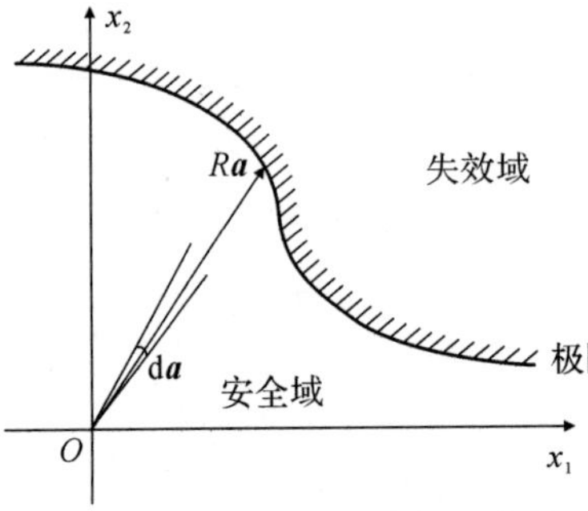

图 4-10 极坐标示意图

假设在抽样方向 $\boldsymbol{A}=\boldsymbol{a}$ 上从原点到失效面的距离是 $r(\boldsymbol{a})$，由于是在独立的标准正态空间中，所以在抽样方向 $\boldsymbol{A}=\boldsymbol{a}$ 上的失效概率 $\int_{R\geqslant r(\boldsymbol{a})}\varphi_{R|\boldsymbol{A}}(r)\mathrm{d}r$ 可以由自由度为 n 的卡方分布的分布函数 $F_{\chi^2(n)}(\cdot)$ 求得，即

$$\int_{R\geqslant r(\boldsymbol{a})}\varphi_{R|\boldsymbol{A}}(r)\mathrm{d}r = P\{R\geqslant r(\boldsymbol{a})\} = 1-F_{\chi^2(n)}[r^2(\boldsymbol{a})] \tag{4.36}$$

将式(4.36)代入式(4.35)，可得到在极坐标系下以数学期望形式表达的失效概率计算公式，即

$$P_{\mathrm{f}} = E_{\boldsymbol{A}}\{1-F_{\chi^2(n)}[r^2(\boldsymbol{a})]\} \tag{4.37}$$

式中：$E_{\boldsymbol{A}}[\cdot]$ 表示概率密度函数为 $f_{\boldsymbol{A}}(\boldsymbol{a})$ 下的数学期望算子。

抽取 $f_{\boldsymbol{A}}(\boldsymbol{a})$ 的样本 $\boldsymbol{a}_j(j=1,2,\cdots,N)$，如图 4-11 所示用样本均值代替总体的数学期望，

则结构失效概率估计值 $\hat{P}_f$ 的计算公式为

$$\hat{P}_f = \frac{1}{N}\sum_{j=1}^{N}\{1 - F_{\chi^2_{(n)}}[r^2(\boldsymbol{a}_j)]\} \tag{4.38}$$

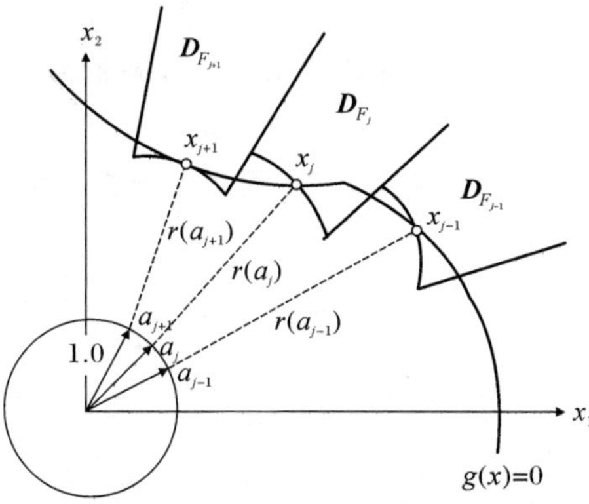

图 4-11　**方向抽样法的示意图**

方向抽样法估计失效概率的具体步骤如下：

(1)产生服从单位球上均匀分布的随机单位方向向量 $\boldsymbol{a}_j(j=1,2,\cdots,N)$。

(2)求解在抽样方向 $\boldsymbol{a}_j$ 上从原点到极限状态面的距离 $r(\boldsymbol{a}_j)$，可通过求非线性方程 $g[r(\boldsymbol{a}_j)\cdot\boldsymbol{a}_j]=0$ 的解或通过插值来实现。

(3)重复步骤(1)和(2)N 次，用式(4.38)估算失效概率 $\hat{P}_f$。

相应的计算流程图如图 4-12 所示。

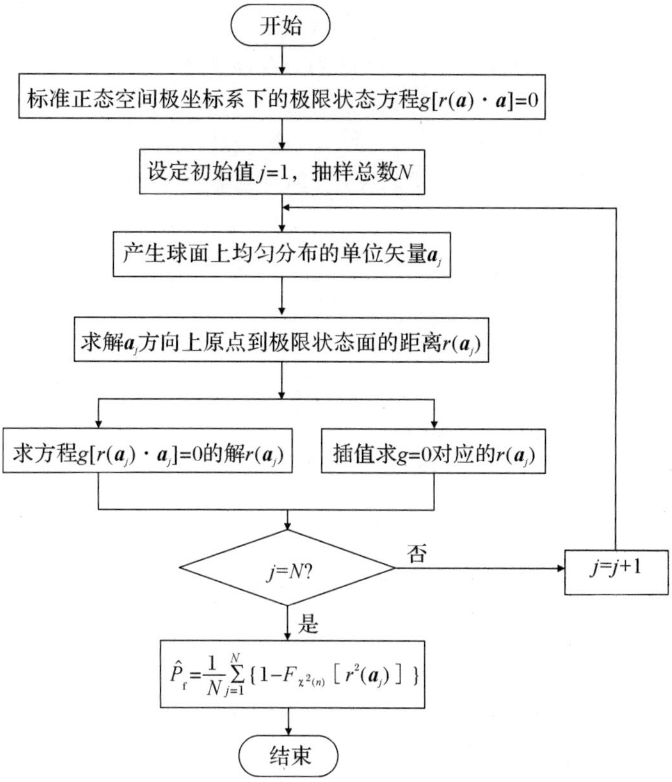

图 4-12　**方向抽样法的流程图**

方向抽样模拟法可以用求解非线性方程或插值来代替一维的随机抽样，从而达到使原随机变量空间的维数降低一维的目的。对于极限状态面接近球面的情况，方向抽样模拟法的效率和精度有较大优势，而对于线性极限状态面，方向抽样法则没有优势。

【例 4-3】 考虑功能函数 $g(\boldsymbol{x})=-15x_1+x_2^2-3x_2+x_3^2+5x_3+40$，其中 $x_i\ (i=1,2,3)$ 均为服从相互独立的标准正态分布。使用 Monte Carlo 模拟法(MCS)和方向抽样法(DS)所得的可靠性分析结果见表 4-7。

表 4-7 例 4-3 的可靠性分析结果

方 法	$\hat{P}_f$	N
MCS	0.004 280	10^5
DS	0.004 218	3 000

方向抽样法的 Matlab 代码如下：

DS.m

```
clear all
format long
vn=3;miu=[0,0,0];sd=[1,1,1];
gx=@(x) -15.*x(:,1)+x(:,2).^2-3.*x(:,2)+x(:,3).^2+5.*x(:,3)+40;%原空间功能函数
g=@(y) gx(y.*sd+miu); %转换成标准正态空间的功能函数
N=3000;%样本量
for i=1:N
    x(i,:)=normrnd(0,1,1,vn);  %标准正态随机样本
    a(i,:)=x(i,:)./norm(x(i,:));  %均匀分布的单位向量样本
end
for i=1:N
    G=@(r0) g(r0*a(i,:));%通过求解非线性方程的零点来求距离 r0
    [r0,fval,exitflag,output]=fsolve(G,0);
    N_call(i)=output.funcCount;
    r(i)=r0;
    if abs(fval)>0.1
        r(i)=10;
    end
end
pf=(1-chi2cdf(r.^2,vn)).;
Pf=sum(pf)/N %估计失效概率
```

4.5.2 均匀分布单位方向向量样本的产生方法

方向抽样法需要抽取 n 维单位球面上的均匀分布方向向量样本，下面简单介绍不同维度的单位方向向量的抽样思路。

1. 二维均匀分布的单位方向向量样本

对于二维问题，极坐标系下均匀分布的单位方向矢量 $\boldsymbol{a}_j=\{\cos\theta_j,\sin\theta_j\}(0\leqslant\theta_j\leqslant 2\pi)$，将单位圆周等分 N 份，则 $\theta_j=2\pi/N\times j(j=1,2,\cdots,N)$，程序代码如下：

2D_dv.m

```
N=1000;%样本量
theta=0:2*pi/N:2*pi;%theta 为 1 行 N+1 列的向量
theta=theta(2:N+1);%theta 取第 2 到第 N+1 列的所有元素 1*N
theta=theta';%将 theta 转换成列向量 N×1
a=[cos(theta) sin(theta)];%均匀分布的单位方向向量 N×2
```

2. 三维均匀分布的单位方向向量样本

对于三维问题，直接坐标系中单位球面 $x^2+y^2+z^2=1$ 的极坐标表达形式为

$$\left.\begin{aligned} x &= \cos\varphi\cos\theta \\ y &= \sin\varphi\cos\theta,\ 0\leqslant\varphi\leqslant 2\pi,\ -\pi/2\leqslant\theta\leqslant\pi/2 \\ z &= \sin\theta \end{aligned}\right\} \tag{4.39}$$

为了确定球面上的均匀分布点，首先将区间$[-\pi/2,\pi/2]$等分为$(m_\theta-1)$个区间，其中 m_θ 为指定参数，则每个小区间的大小为 $\pi/(m_\theta-1)$，这样就定义了一系列的等纬度圆，即

$$x^2+y^2=1-z^2=\cos^2\theta_i$$

式中
$$\theta_i=-\pi/2+\pi(i-1)/(m_\theta-1),\ (i=1,2,\cdots,m_\theta)$$

将第 i $(i=1,2,\cdots,m_\theta)$个等纬度圆均分为 m_{φ_i} 个圆弧，其中 m_{φ_i} 通过下面的整型公式 INT(·)给定：

$$m_{\varphi_i}=\mathrm{INT}[2(m_\theta-1)\cos\theta_i] \tag{4.40}$$

则第 i 个等纬度圆上均匀分布点对应的角度 φ_{ij} 为

$$\varphi_{ij}=2\pi/m_{\varphi_i}\times j,\quad i=1,2,\cdots,m_\theta,\quad j=1,2,\cdots,m_{\varphi_i}$$

总的样本点数 $N=\sum\limits_{i=1}^{m_\theta}m_{\varphi_i}$。

最后，将角度 φ_{ij} 和 θ_i 代入式(4.39)，即可得到单位球面上均匀分布的点坐标(单位方向矢量的各个分量)。由于要多次计算余弦和正弦值，所以产生均匀分布样本点的速度比较慢。

三维均匀分布单位方向向量的产生代码如下：

3D_dv.m

```
m_theta=20;%等维度圆的数量
theta=-pi./2:pi/(m_theta+1):pi./2;%theta 为 1 行 m_theta+2 列的向量
theta=theta(2:m_theta+1);%theta 取第 2 到第 m_theta+1 列的所有元素 1×m_theta
m_fai=floor(2*(m_theta-1)*cos(theta));%每个等维度圆上的圆弧数
N=sum(m_fai);%N 为总的样本点数
```

```
a=[];%a为储存样本的矩阵
for i=1:m_theta
    for j=1:m_fai(i)
        fai=2*pi/i*j;%第i个等纬度圆上均匀分布点对应的角度
        x=cos(fai).*cos(theta(i));%x坐标值
        y=sin(fai).*cos(theta(i));%y坐标值
        z=sin(theta(i));%z坐标值
        a=[a;[x y z]];
    end
end
```

3. 高维均匀分布的单位方向向量样本

对于变量维数 $n\geqslant3$ 的问题，可以利用独立的标准正态随机变量的性质间接产生单位球面上均匀分布的方向向量样本，程序代码如下：

```
nD_dv.m
N=1000;%样本量
n=4;%变量维数
for j=1:N
    x(j,:)=normrnd(0,1,1,n); %随机产生独立标准正态向量x
    a(j,:)=x(j,:)./norm(x(j,:));%将x单位正则化得到样本a
end
```

4.6 子集模拟法

对于工程上常见的高维小概率问题，子集模拟法(Subset Simulation, SubSim)通过引入合理的中间失效事件，将小失效概率表达为一系列较大的条件失效概率的乘积，而较大的条件失效概率可利用马尔可夫链模拟的条件样本点来高效估计，大大提高可靠性分析的计算效率。

子集模拟可靠性分析的基本原理包括利用概率论的乘法定理将失效概率转换成一系列条件概率的乘积、条件样本的模拟、条件失效概率的估计、中间失效事件的自适应引入等，以下将进行详细介绍。

4.6.1 失效概率的条件概率表达式

大部分工程可靠性分析问题的失效概率很小，为了能够高效地求解小失效概率问题，Au SK发展了子集模拟方法，该方法通过引入合理的中间失效事件(见图 4-13)，将小失效概率问题转化为一系列较大的条件概率的乘积。

对于功能函数 $g(\boldsymbol{x})$定义的失效域 $\boldsymbol{D}_F=\{\boldsymbol{x}:g(\boldsymbol{x})\leqslant0\}$，可引入 $b_1>b_2>\cdots>b_m=0$ 的一系列临界值 $b_1,b_2,\cdots,b_m$，由引入的这些临界值可构成具有嵌套关系的失效事件 $\boldsymbol{D}_{F_k}=\{\boldsymbol{x}:$

$g(\boldsymbol{x})\leqslant b_k\}(k=1,2,\cdots,m)$，此时有 $\boldsymbol{D}_{F_1}\supset\boldsymbol{D}_{F_2}\supset\cdots\supset\boldsymbol{D}_{F_m}=\boldsymbol{D}_F$，并且有 $\boldsymbol{D}_{F_k}=\bigcap_{i=1}^{k}\boldsymbol{D}_{F_i}$，依据概率论中乘法定理及事件的包含关系，可得失效概率计算公式为

$$\begin{aligned} P_f &= P(\boldsymbol{D}_F) = P(\bigcap_{i=1}^{m}\boldsymbol{D}_{F_i}) = P(\boldsymbol{D}_{F_m} \mid \bigcap_{i=1}^{m-1}\boldsymbol{D}_{F_i})\cdot P(\bigcap_{i=1}^{m-1}\boldsymbol{D}_{F_i}) \\ &= P(\boldsymbol{D}_{F_m} \mid \boldsymbol{D}_{F_{m-1}})\cdot P(\boldsymbol{D}_{F_{m-1}} \mid \bigcap_{i=1}^{m-2}\boldsymbol{D}_{F_i})\cdot P(\bigcap_{i=1}^{m-2}\boldsymbol{D}_{F_i}) \\ &\cdots \\ &= P(\boldsymbol{D}_{F_1})\cdot\prod_{i=2}^{m}P(\boldsymbol{D}_{F_i} \mid \boldsymbol{D}_{F_{i-1}}) \end{aligned} \tag{4.41}$$

令 $P_1=P(\boldsymbol{D}_{F_1})$，$P_i=P(\boldsymbol{D}_{F_i}|\boldsymbol{D}_{F_{i-1}})(i=2,3,\cdots,m)$，则式(4.41)可改写为

$$P_f = \prod_{i=1}^{m}P_i \tag{4.42}$$

显然，由式(4.42)可知，当取 $m=4$ 且 P_i 为10^{-1}量级时，P_f 可以达到10^{-4}量级，采用直接数字模拟法来求解10^{-4}量级的小概率问题的计算工作量是很大的，而求解10^{-1}量级的概率问题的计算效率非常高。从上述变换的过程可知，通过子集模拟，可以将小概率转化为较大的条件概率的乘积，从而提高数字模拟计算的效率。

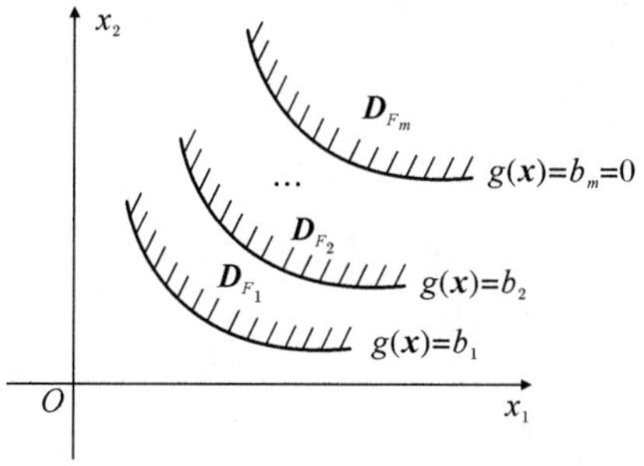

图 4-13　子集模拟引入中间失效事件的示意图

4.6.2　条件失效概率的估计与条件样本点的模拟方法

式(4.42)中的第一项 P_1 的估计值 $\hat{P}_1$ 可以通过直接 Monte Carlo 模拟法来计算，而条件失效概率 P_i 的估计值 $\hat{P}_i(i=2,3,\cdots,m)$则可以通过抽取条件样本点进行估计，则有

$$\hat{P}_1 = \frac{1}{N_1}\sum_{j=1}^{N_1}I_{F_1}[\boldsymbol{x}_j^{(1)}] \tag{4.43}$$

$$\hat{P}_i = \frac{1}{N_i}\sum_{j=1}^{N_i}I_{F_i}[\boldsymbol{x}_j^{(i)}] \quad (i=2,3,\cdots,m) \tag{4.44}$$

式中：$I_{F_i}[\boldsymbol{x}_j^{(i)}](i=1,2,\cdots,m)$为指示函数，当样本点 $\boldsymbol{x}_j^{(i)}\in\boldsymbol{D}_{F_i}$ 时，$I_{F_i}[\boldsymbol{x}_j^{(i)}]=1$，否则$I_{F_i}[\boldsymbol{x}_j^{(i)}]=0$；$\boldsymbol{x}_j^{(1)}$ 是从基本随机变量的联合概率密度函数 $f_{\boldsymbol{X}}(\boldsymbol{x})$中抽取的 N_1 个独立同分布样本中的第 j 个样本；$\boldsymbol{x}_j^{(i)}(i=2,3,\cdots,m)$是从基本随机变量的条件概率密度函数 $q(\boldsymbol{x}|\boldsymbol{D}_{F_{i-1}})=I_{F_{i-1}}(\boldsymbol{x})\cdot$

$f_{\boldsymbol{X}}(\boldsymbol{x})/P(\boldsymbol{D}_{F_{i-1}})$中抽取的 N_i 个独立同分布样本中的第 j 个样本。

尽管服从分布 $q(\boldsymbol{x}|\boldsymbol{D}_{F_{i-1}})$的条件样本点 $\boldsymbol{x}_j^{(i)}(i=2,3,\cdots,m,j=1,2,\cdots,N_i)$可以直接由 Monte Carlo 法抽取，但是这种抽样方法的效率很低，大约需要 $1/\prod_{k=1}^{i-1}P_k$ 次抽样才可能得到 $\boldsymbol{D}_{F_{i-1}}$ 区域的一个条件样本点，而采用马尔可夫链模拟则可以高效地抽取条件样本点。Au SK 采用马尔可夫链蒙特卡罗模拟(Markov Chain Monte Carlo，MCMC)的条件样本点来估计条件失效概率。

4.6.3 条件样本点的 MCMC 模拟和条件失效概率的估计

MCMC 能够快速模拟感兴趣区域的样本点，在子集模拟可靠性分析中，MCMC 用于模拟服从条件概率密度函数 $q(\boldsymbol{x}|\boldsymbol{D}_{F_{i-1}})$的条件样本点 $\boldsymbol{x}_j^{(i)}$，并用之来估计条件失效概率 $P_i=P(\boldsymbol{D}_{F_i}|\boldsymbol{D}_{F_{i-1}})(i=2,3,\cdots,m)$的具体实施步骤如下：

1. 定义马尔可夫链的极限(平稳)分布

当需要模拟失效域 $\boldsymbol{D}_{F_{i-1}}$ 中条件样本点 $\boldsymbol{x}_j^{(i)}(i=2,3,\cdots,m,j=1,2,\cdots,N_i)$时，定义马尔可夫链的极限分布为 $\boldsymbol{D}_{F_{i-1}}$ 区域的条件概率密度分布 $q(\boldsymbol{x}|\boldsymbol{D}_{F_{i-1}})=I_{F_{i-1}}(\boldsymbol{x})f_{\boldsymbol{X}}(\boldsymbol{x})/P(\boldsymbol{D}_{F_{i-1}})$。

2. 选择合理的建议分布 $f^*(\boldsymbol{\varepsilon}|\boldsymbol{x})$

建议分布 $f^*(\boldsymbol{\varepsilon}|\boldsymbol{x})$控制着马尔可夫链过程中一个状态向另一个状态的转移，具有对称性的正态分布和均匀分布均可以作为马尔可夫链的建议分布，为描述简单，选择具有对称性的 n 维超多面体上的均匀分布为建议分布，即

$$f^*(\boldsymbol{\varepsilon}\mid\boldsymbol{x})=\begin{cases}1/\prod_{k=1}^{n}l_k, & |\varepsilon_k-x_k|\leqslant l_k/2,\quad k=1,2,\cdots,n\\ 0, & \text{其他}\end{cases}\tag{4.45}$$

式中：ε_k 和 x_k 分别为 n 维向量 $\boldsymbol{\varepsilon}$ 和 $\boldsymbol{x}$ 的第 k 个分量；l_k 是以 $\boldsymbol{x}$ 为中心的 n 维超多面体 x_k 方向上的边长，它决定了下一个样本偏离当前样本的最大允许距离，在给定链长的情况下，l_k 将影响着马尔可夫链样本覆盖区域的大小。l_k 越大，样本覆盖的区域也越大，但是过大的 l_k 会导致重复样本的数量增大；而太小的 l_k 会增加样本的相关性。这些都将影响马尔可夫链的收敛。考虑到下一个样本到当前样本的最大允许距离为三倍的变量标准差，可取经验值 $l_k=6\sigma_k N_i^{-1/(n+4)}$。

3. 选取马尔可夫链初始状态 $\boldsymbol{x}_0^{(i)}$

一般要求马尔可夫链的初始状态 $\boldsymbol{x}_0^{(i)}$ 服从极限分布 $q(\boldsymbol{x}|\boldsymbol{D}_{F_{i-1}})$，可依据工程经验或数值方法确定失效域 $\boldsymbol{D}_{F_{i-1}}$ 中的一点作为 $\boldsymbol{x}_0^{(i)}$。

4. 确定马尔可夫链的第 j 个状态 $\boldsymbol{x}_j^{(i)}$

马尔可夫链的第 j 个状态 $\boldsymbol{x}_j^{(i)}$ 是在前一个状态 $\boldsymbol{x}_{j-1}^{(i)}$ 的基础上，由建议分布和 Metropolis-

Hastings 准则确定的。由建议分布 $f^*(\boldsymbol{\varepsilon}|\boldsymbol{x}_{j-1})$产生备选状态 $\boldsymbol{\varepsilon}$，计算备选状态 $\boldsymbol{\varepsilon}$ 的条件概率密度函数 $q(\boldsymbol{\varepsilon}|\boldsymbol{D}_{F_{i-1}})$与马尔可夫链前一个状态的条件概率密度函数 $q(\boldsymbol{x}_{j-1}^{(i)}|\boldsymbol{D}_{F_{i-1}})$的比值 $r=q(\boldsymbol{\varepsilon}|\boldsymbol{D}_{F_{i-1}})/q(\boldsymbol{x}_{j-1}^{(i)}|\boldsymbol{D}_{F_{i-1}})$，然后依据 Metropolis-Hastings 准则，以 $\min(1,r)$的概率接受备选状态 $\boldsymbol{\varepsilon}$ 作为马尔可夫链的第 j 个状态 $x_j^{(i)}$，以 $1-\min(1,r)$的概率接受状态 $\boldsymbol{x}_{j-1}^{(i)}$作为马尔可夫链的第 j 个状态点 $\boldsymbol{x}_j^{(i)}$，即

$$\boldsymbol{x}_j^{(i)}=\begin{cases}\boldsymbol{\varepsilon}, & \min(1,r)>\text{random}[0,1]\\ \boldsymbol{x}_{j-1}^{(i)}, & \min(1,r)\leqslant\text{random}[0,1]\end{cases}\tag{4.46}$$

其中，random[0,1]为[0, 1]区间均匀分布的随机数。

5. 产生 N_i 个服从 $q(\boldsymbol{x}|\boldsymbol{D}_{F_{i-1}})$的条件样本点

重复步骤 4，产生 N_i 个马尔可夫链的状态$\{\boldsymbol{x}_1^{(i)},\boldsymbol{x}_2^{(i)},\cdots,\boldsymbol{x}_{N_i}^{(i)}\}$作为失效域 $\boldsymbol{D}_{F_i}$ 中概率密度为 $q(\boldsymbol{x}|\boldsymbol{D}_{F_{i-1}})$的条件样本点。

6. 条件失效概率 P_i 的估计值 $\hat{P}_i$ 的求解

将马尔可夫链模拟得到的条件样本点代入式(4.44)，即可得到条件失效概率 P_i 的估计值 $\hat{P}_i(i=2,3,\cdots,m)$。

4.6.4　子集模拟可靠性分析方法的中间失效事件的选择

中间失效事件$\{\boldsymbol{D}_{F_1},\boldsymbol{D}_{F_2},\cdots,\boldsymbol{D}_{F_m}\}$的选择在子集模拟可靠性分析过程中起着重要作用。如果引入的中间失效事件较多(m 值很大)，即 $b_i(i=1,2,\cdots,m)$下降缓慢，则对应的条件失效概率比较大，可以用较少的条件样本进行估计，但总的抽样点数 $N=\sum_{i=1}^{m}N_i$ 将会增加。反之，若引入的中间事件较少，则对应的条件失效概率比较小，估计每个较小的条件失效概率将需要较多的条件样本点，这样也会增加总的抽样点数。对于中间失效事件的选择，需要在模拟条件失效概率的抽样点数 N_i 和中间失效事件的个数 m 上采取折中的方法，这种折中的思想可以通过设定条件概率值 p_0 并进行自动分层的方法来实现，自动分层的示意如图 4-14 所示，具体实现过程如下：

(1)用直接 Monte Carlo 模拟法产生 N 个服从联合概率密度函数 $f_{\boldsymbol{X}}(\boldsymbol{x})$的相互独立的样本 $\boldsymbol{x}_j^{(1)}(j=1,2,\cdots,N)$。

(2)通过功能函数 $g(\boldsymbol{x})$得到这 N 个样本点对应的响应值 $g(\boldsymbol{x}_j^{(1)})(j=1,2,\cdots,N)$，把这 N 个响应值从大到小排序，记为 $g(\boldsymbol{x}_{[1]}^{(1)})>g(\boldsymbol{x}_{[2]}^{(1)})>\cdots>g(\boldsymbol{x}_{[N]}^{(1)})$，取第$(1-p_0)N$ 个响应值作为中间事件 $\boldsymbol{D}_{F_1}=\{\boldsymbol{x}:g(\boldsymbol{x})\leqslant b_1\}$的临界值 b_1，即 $b_1=g(\boldsymbol{x}_{[(1-p_0)N]}^{(1)})$，同时可知 $\boldsymbol{D}_{F_1}$ 区域失效概率的估计值 $\hat{P}_1=\hat{P}(\boldsymbol{D}_{F_1})=p_0$。

(3)将落在 $\boldsymbol{D}_{F_{i-1}}(i=2,3,\cdots,m)$域内的 p_0N 个样本作为初始马尔可夫样本点，利用 MCMC模拟 N 个服从密度函数 $q(\boldsymbol{x}|\boldsymbol{D}_{F_{i-1}})$的条件样本点 $\boldsymbol{x}_j^{(i)}(i=2,3,\cdots,m,j=1,2,\cdots,N)$。

(4)通过功能函数 $g(\boldsymbol{x})$ 得到这 N 个条件样本对应的响应值 $g(\boldsymbol{x}_j^{(i)})$($i=2,3,\cdots,m$, $j=1,2,\cdots,N$),并对响应值进行从大到小排序,记为 $g(\boldsymbol{x}_{[1]}^{(i)})>g(\boldsymbol{x}_{[2]}^{(i)})>\cdots>g(\boldsymbol{x}_{[N]}^{(i)})$,取第 $(1-p_0)\times N$ 个响应值作为中间事件 $\boldsymbol{D}_{F_i}=\{\boldsymbol{x}:g(\boldsymbol{x})\leqslant b_i\}$ 的临界值 b_i,即 $b_i=g(\boldsymbol{x}_{[(1-p_0)N]}^{(i)})$,同时得到 $\boldsymbol{D}_{F_{i-1}}$ 发生的条件下 $\boldsymbol{D}_{F_i}$ 的条件失效概率的估计值 $\hat{P}_i=\hat{P}(\boldsymbol{D}_{F_i}|\boldsymbol{D}_{F_{i-1}})=p_0$ 和 $\boldsymbol{D}_{F_i}$ 区域的失效概率估计值 $\hat{P}(\boldsymbol{D}_{F_i})=p_0^i$。

(5)重复步骤(3)和步骤(4)过程,直到某一层(记为 m 层)的功能函数值从大到小排序后的第 $(1-p_0)N$个响应值 $g(\boldsymbol{x}_{[(1-p_0)N]}^{(m)})$值小于 0,则令 $b_m=0$,自动分层结束。统计服从密度函数 $q(\boldsymbol{x}|\boldsymbol{D}_{F_{m-1}})$的条件样本点中落入失效域 $\boldsymbol{D}_F$ 中的个数 N_f,则条件失效概率的估计值 $\hat{P}_m=\hat{P}(\boldsymbol{D}_{F_m}|\boldsymbol{D}_{F_{m-1}})=N_f/N$。

(6)分层结束后即可得到失效概率估计值 $\hat{P}_f$ 为

$$\hat{P}_f = p_0^{(m-1)} \times \frac{N_f}{N} \tag{4.47}$$

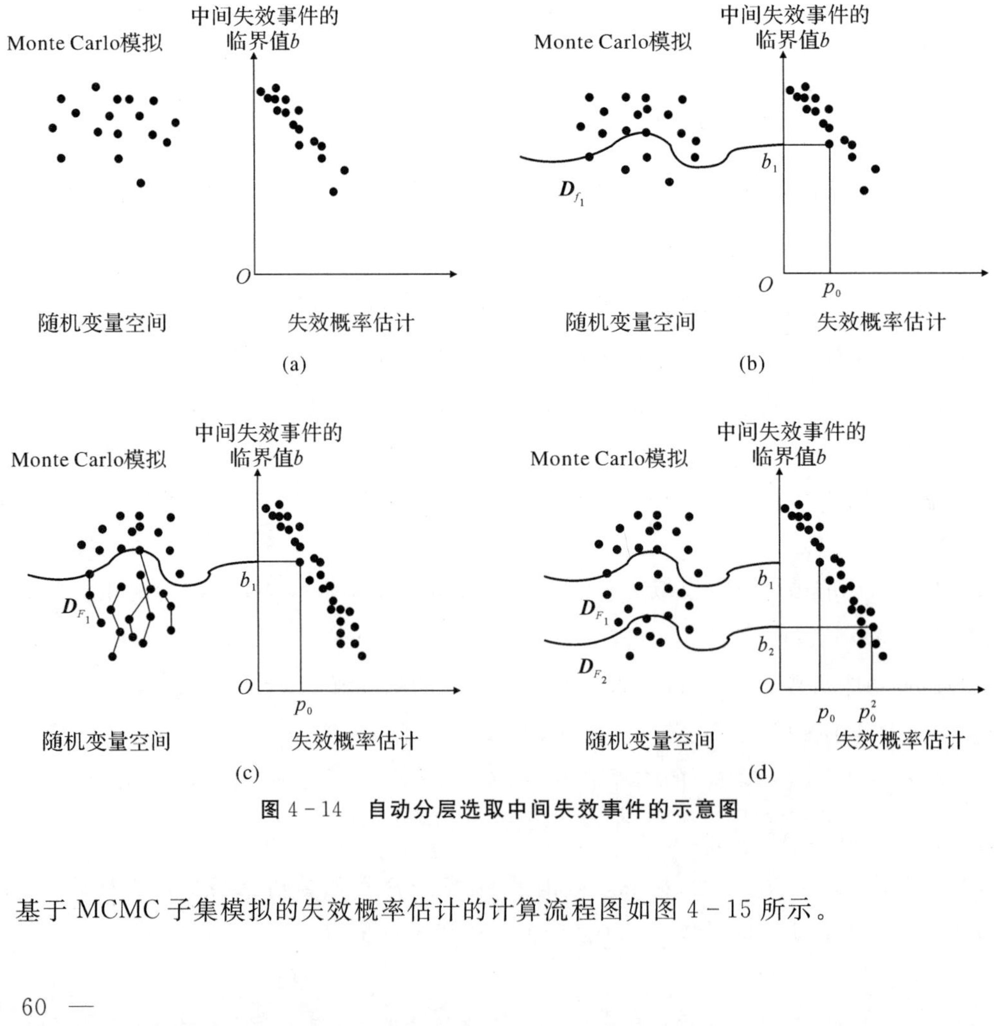

图 4-14　自动分层选取中间失效事件的示意图

基于 MCMC 子集模拟的失效概率估计的计算流程图如图 4-15 所示。

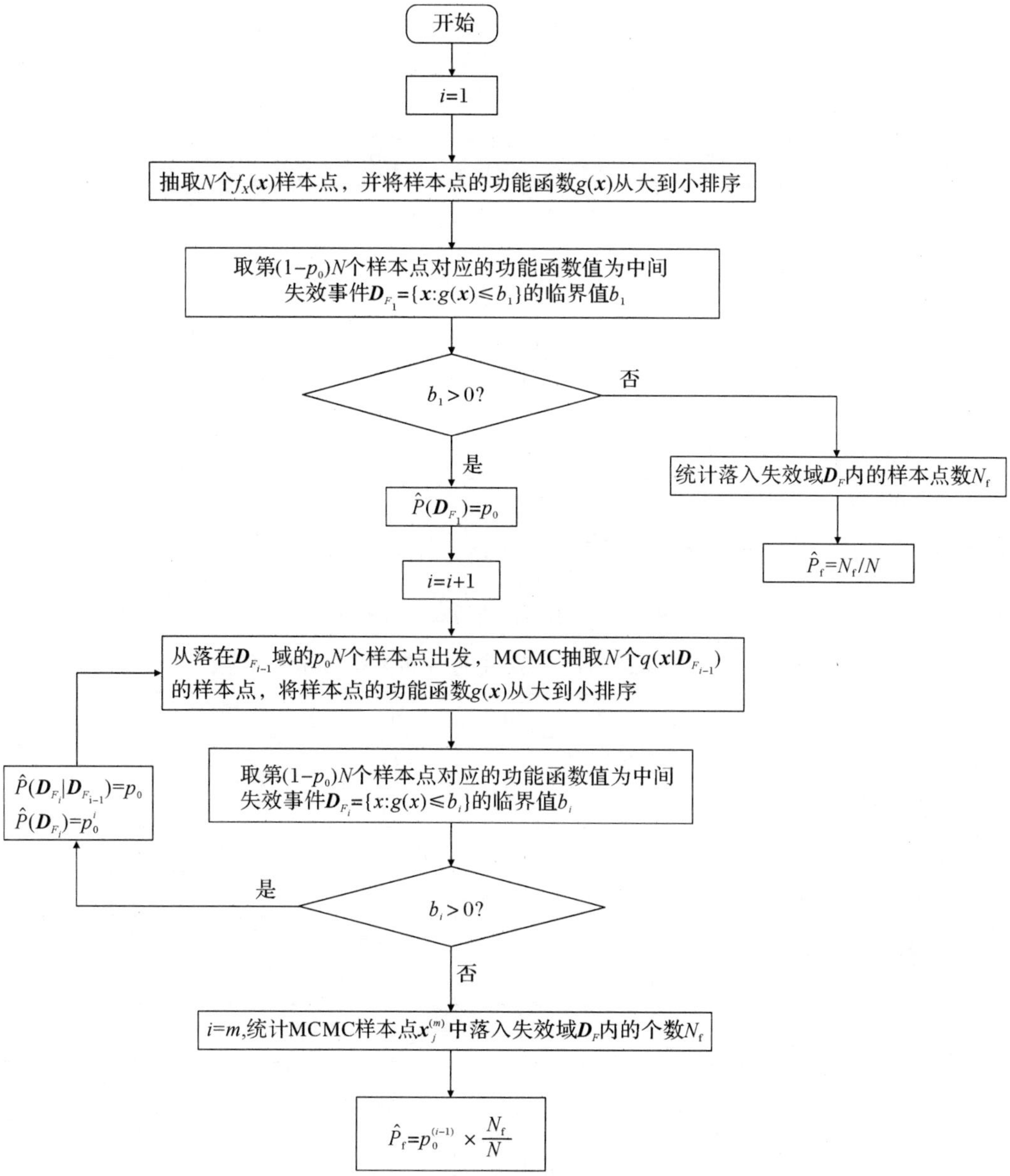

图 4-15　子集模拟可靠性分析的流程图

【例 4-4】 图 4-16 所示为屋架结构，屋架的上弦杆和其他压杆采用钢筋混凝土杆，下弦杆和其他拉杆采用钢杆。设屋架承受均布载荷 q 作用，将均布载荷 q 化成节点载荷后有 $P=ql/4$。结构力学分析可得 C 点沿垂直地面方向的位移为 $\Delta_C=\frac{ql^2}{2}\left(\frac{3.81}{A_CE_C}+\frac{1.13}{A_SE_S}\right)$，其中 A_C、E_C、A_S、E_S 和 l 分别为混凝土和钢杆的横截面积、弹性模量、长度。考虑屋架的安全性和适用性，以屋架顶端 C 点的向下挠度不大于 3 cm 为约束条件。根据约束条件可给出结构的功能函数 $g=0.03-\Delta_C$。假设输入变量相互独立且均服从正态分布，其分布参数见表4-8。采用 Monte Carlo 模拟法(MCS)、重要抽样法(IS)和子集模拟法(SubSim)计算的屋架结构的可靠性结果见表 4-9。

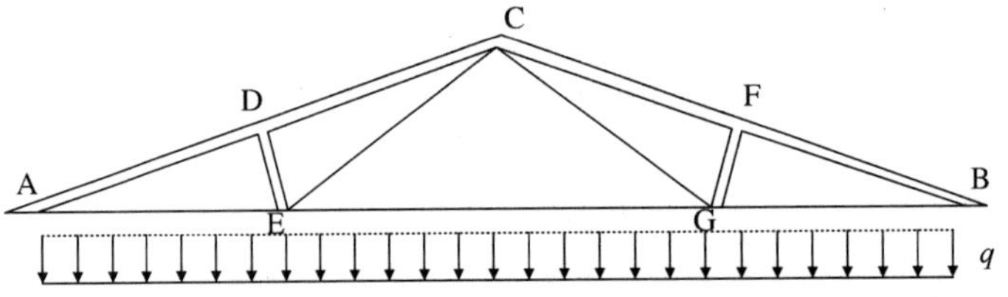

(a)

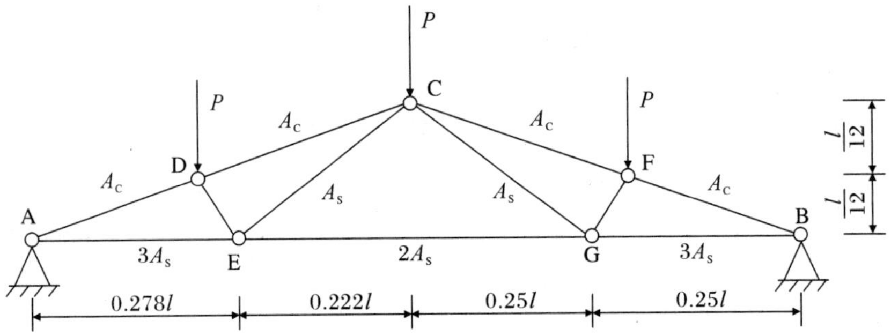

(b)

图 4-16 屋架结构的简单示意图

表 4-8 屋架结构随机变量的分布类型和分布参数

随机变量	分布类型	均 值	标准差
均布载荷 $q/(\mathrm{N\cdot m^{-1}})$	正态	20 000	1 400
杆长 l/m	正态	12	0.12
截面积 A_S/m^2	正态	9.82×10^{-4}	5.892×10^{-5}
截面积 A_C/m^2	正态	0.04	0.004 8
抗拉强度 E_S/MPa	正态	1×10^{11}	6×10^{9}
抗压强度 E_C/MPa	正态	2×10^{10}	1.2×10^{9}

表 4-9 例 4-4 的可靠性分析结果

	$\hat{P}_f$	N
MCS	9.455×10^{-3}	10^6
IS	9.353×10^{-3}	20 000
SubSim	9.810×10^{-3}	54 781

基于 MCMC 的子集模拟方法的 Matlab 代码如下：

SS-MCMC.m

```
clear all
format long
miu=[20000,12,0.04,9.82e-4,2e10,1e11];
sd=[1400,0.12,0.0048,5.892e-5,1.2e9,6e9];
vn=length(miu);
```

```
g=@(x) 0.030-(x(:,1). * x(:,2).^2. * (3.81./(x(:,3). * x(:,5))+1.13./(x(:,4). * x(:,6)))/2);
f1=@(x) 1/sqrt(2 * pi * sd(1)^2) * exp(-(x(:,1)-miu(1)).^2/(2 * sd(1)^2));
f2=@(x) 1/sqrt(2 * pi * sd(2)^2) * exp(-(x(:,2)-miu(2)).^2/(2 * sd(2)^2));
f3=@(x) 1/sqrt(2 * pi * sd(3)^2) * exp(-(x(:,3)-miu(3)).^2/(2 * sd(3)^2));
f4=@(x) 1/sqrt(2 * pi * sd(4)^2) * exp(-(x(:,4)-miu(4)).^2/(2 * sd(4)^2));
f5=@(x) 1/sqrt(2 * pi * sd(5)^2) * exp(-(x(:,5)-miu(5)).^2/(2 * sd(5)^2));
f6=@(x) 1/sqrt(2 * pi * sd(6)^2) * exp(-(x(:,6)-miu(6)).^2/(2 * sd(6)^2));
fx=@(x) f1(x). * f2(x). * f3(x). * f4(x). * f5(x). * f6(x);  %输入变量的联合概率密度函数
pf=1; p0=0.1; Ncall=0;
N=4200;m=1;%%   第一层
for i=1:vn
    X1(:,i)=normrnd(miu(i),sd(i),N,1);   %MCS 抽样
end
Y1=g(X1);
[B,I]=sort(Y1,'descend');       %降序排列
b=B(floor((1-p0) * N));
if b <0
  b=0;
else;
end
I1=(Y1-b)<=zeros(N,1);
P1=nnz(I1)/N;                        %第一层的失效概率
pf=pf * P1;
Ncall=Ncall+N;

while (b>0)
  m=m+1;
  m1=find(Y1<=b); X_F1=X1(m1,:); % %自适应分层(第 m 层)
  M=30;
  for i=1:vn
        lk(:,i)=6 * sd(i) * (M^(-1/(vn+4)));
  end
  X2=[];
  for j=1:length(m1)
       [z]=Makov_MH(vn,M,X_F1(j,:),lk,g,b,fx);  % MCMC 抽样
       X2=[X2;z];
  end
  N=length(X2(:,1));
  Y2=g(X2);
  [B,I]=sort(Y2,'descend');       %降序排列
  b=B(floor((1-p0) * N));
```

```
    if b<0
      b=0;
    else;
    end
    I2=(Y2-b)<=zeros(N,1);
    P2=nnz(I2)/N;                    %第 m 层的失效概率
    pf=pf * P2;
    Ncall=Ncall+N;
end
Pf=pf    %失效概率

%%%%%%%%%%%%%%   Makov_MH:自定义函数产生 MCMC 样本
function [z]=Makov_MH(n,N,z,lk,g,b,fx)
  for k=1:(N-1)
    for r=1:n
      e(:,r)=unifrnd(z(k,r)-lk(:,r)/2,z(k,r)+lk(:,r)/2,1,1);
    end
    Ie=g(e)<=b;  Ik_1=g(z(k,:))<=b;
    r=Ie * fx(e)/(Ik_1 * fx(z(k,:)));
    A=[1 r];
    if min(A)>random('unif',0,1)
      z(k+1,:)=e;
    else
      z(k+1,:)=z(k,:);
    end
  end
end
```

值得注意的是：子集模拟通过引入合理的中间失效事件，将较小的失效概率表达为一系列较大的条件失效概率的乘积，并利用 MCMC 模拟条件样本点来估计条件失效概率，大大提高了计算效率。子集模拟方法对变量的维数、极限状态方程的非线性程度均没有限制，是一种适用于非线性程度较高的小失效概率可靠性问题的分析方法。

第 5 章　模型替代法

近似解析和数字模拟可靠性分析方法在处理大型复杂结构隐式极限状态方程时遭遇挑战，研究人员希望发展一种可以通过少量运算便能得到在概率上替代真实隐式极限状态方程的显式表达，即建立极限状态方程的代理模型。常见的模型替代法有响应面法、Kriging 模型、支持向量机模型等。

5.1　响 应 面 法

最早出现用于可靠性分析的模型替代法是响应面法(Response Surface Method,RSM)。由于响应面法具有很强的操作性，且易于直接与有限元结合，因而它在工程中有着广泛的适用性。响应面法的基本思想就是：通过一系列确定性试验，用多项式函数来近似隐式极限状态函数，通过合理选取试验点和迭代策略，来保证多项式函数能够在概率上收敛于真实隐式极限状态函数。

从响应面法的基本原理中可以看到，响应面法的实现过程中应该解决以下几方面的问题：响应面函数形式的选取，试验样本点的抽取方式，响应面待定系数的求解方法，响应面可靠性分析的迭代策略。

5.1.1　响应面函数形式的选取

从数学上，对形式和阶数都未知的隐式极限状态函数，给出一种完美的具有广泛适应性的响应面函数是不现实的。目前运用得较多的响应面形式是线性多项式和完全/不完全二次多项式。

设所研究的隐式极限状态方程为 $g(\boldsymbol{x})=0$，其中 $\boldsymbol{x}=(x_1\ x_2 \cdots\ x_n)$ 为 n 维基本变量，采用如下的线性响应面 $\bar{g}(\boldsymbol{x})=0$ 来近似 $g(\boldsymbol{x})=0$，则有

$$\bar{g}(\boldsymbol{x}) = b_0 + \sum_{i=1}^{n} b_i x_i = 0 \tag{5.1}$$

线性响应面函数中有 $n+1$ 个待定系数 $\boldsymbol{b}=(b_0\ b_1 \cdots\ b_n)$。

显然线性响应面不能够反映隐式极限状态方程的非线性，但它也有独特的优点：①线性响应面中的待定系数少，从而拟合响应面所需的试验点就少，进而可以减少工作量；②对于真实极限状态方程的非线性程度不大，或是非线性程度较大但基本随机变量的变异性很小的情况

(工程中是较为多见的),线性响应面就可以得到精度较高的结果。

如果响应面形式中包含二次项,可以一定程度上反映隐式极限状态方程的非线性。如果真实极限状态方程的阶数不是很高,这种二次响应面确实可以得到比较满意的结果。为了较好地折中考虑计算工作量与计算精度,Bucher 提出可采用不含交叉项的二次多项式作为非线性响应面函数的形式:

$$\bar{g}(\boldsymbol{x}) = b_0 + \sum_{i=1}^{n} b_i x_i + \sum_{j=1}^{n} b_{n+j} x_j^2 \tag{5.2}$$

式(5.2)中含有 $2n+1$ 个待定系数 $\boldsymbol{b}=(b_0\ b_1 \cdots\ b_n\ b_{n+1} \cdots\ b_{2n})$。

5.1.2 试验样本点的抽取方式

在响应面函数中的待定系数 $\boldsymbol{b}$ 需要由一系列试验点确定,因此用来拟合响应面的试验样本点的选取是响应面法研究的重要内容。

当前,已有的取点方式主要有 Bucher 设计、两水平因子设计、中心复合设计、随机抽样和梯度投影法等。Bucher 设计是目前运用最广的一种抽样方式,它围绕抽样中心,并沿坐标轴正负方向分别偏离一定距离来选取样本点,偏离距离一般取为 a 倍基本变量 x_i 的标准差 σ_{x_i},其中 a 称为插值系数,一般取为 1~3 之间的常数。两水平因子设计和中心复合设计也是有效的抽样方式,但由于这两种抽样方式抽取的样本点个数随着基本变量维数的增加呈指数级增长,因此在高维复杂结构的可靠性分析中用得较少。上述方法的抽样示意图如 5-1 所示。随机抽样是一种较早提出的抽样方式,现已经证实了这种抽样的效率极低。梯度投影法的提出,引发了人们对抽样方式的思考,突破了人们以前总是从统计试验角度出发选取样本的局限,但是这种抽样方式选取的样本点,在拟合响应面时,常常会造成回归矩阵的奇异,这会影响响应面对极限状态函数的拟合精度。

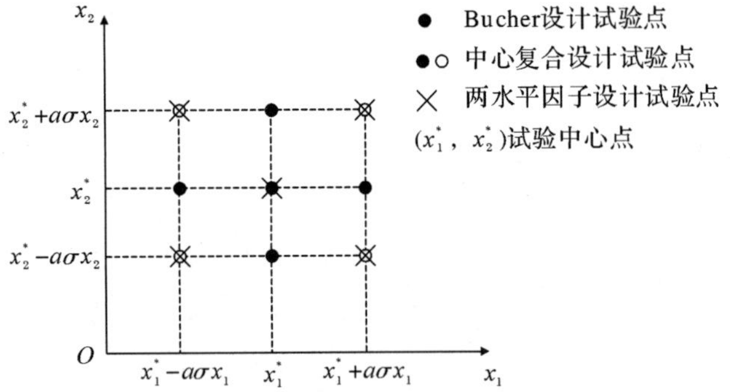

图 5-1 二维情况下 Bucher 设计、两水平因子设计和中心复合设计抽样示意图

5.1.3 响应面待定系数的求解方法

目前确定响应面待定系数的最常用的方法是最小二乘法(Least Square Method,LSM)。

1. 响应面的回归分析

线性响应面函数式(5.1)中的 $n+1$ 个待定系数 $\boldsymbol{b}=(b_0\ b_1 \cdots\ b_n)$,可以通过抽取 $m(m \geqslant n+$

1)个样本点 $\boldsymbol{x}_i(x_{i1},x_{i2},\cdots,x_{in})(i=1,2,\cdots,m)$,运用最小二乘法求解:

$$\boldsymbol{b}=(\mathbf{A}^{\mathrm{T}}\mathbf{A})^{-1}\mathbf{A}^{\mathrm{T}}\boldsymbol{y} \tag{5.3}$$

式中:$\boldsymbol{y}=[g(\boldsymbol{x}_1)\ g(\boldsymbol{x}_2)\ \cdots\ g(\boldsymbol{x}_m)]^{\mathrm{T}}$ 为试验点对应的响应量;$\mathbf{A}$ 为由 m 个试验点构成的 $m\times(n+1)$ 阶的回归系数矩阵,有

$$\mathbf{A}=\begin{bmatrix}1 & x_{11} & \cdots & x_{1n}\\ 1 & x_{21} & \cdots & x_{2n}\\ \vdots & \vdots & & \vdots\\ 1 & x_{m1} & \cdots & x_{mn}\end{bmatrix}_{m\times(n+1)}$$

非线性响应面函数式(5.2)中的 $2n+1$ 个待定系数 $\boldsymbol{b}=(b_0,\ b_1,\ \cdots,\ b_n,\ \cdots,\ b_{2n})$,可以通过抽取 $m(m\geqslant 2n+1)$ 个样本点 $\boldsymbol{x}_i(x_{i1},\ x_{i2},\ \cdots,\ x_{in})(i=1,2,\cdots,m)$,运用式(5.3)求解待定系数 $\boldsymbol{b}$,此时回归系数矩阵为

$$\mathbf{A}=\begin{bmatrix}1 & x_{11} & \cdots & x_{1n} & x_{11}^2 & \cdots & x_{1n}^2\\ 1 & x_{21} & \cdots & x_{2n} & x_{21}^2 & \cdots & x_{2n}^2\\ \vdots & \vdots & & \vdots & \vdots & & \vdots\\ 1 & x_{m1} & \cdots & x_{mn} & x_{m1}^2 & \cdots & x_{mn}^2\end{bmatrix}_{m\times(2n+1)}$$

在 Matlab 软件中,也可以直接采用'inv(**A**) * ***y***'或'mldivide(**A**, ***y***)'或'**A**\ ***y***'或'linsolve(**A**, ***y***,opts)'等语句来实现待定系数的求解。

2. 加权响应面的回归分析

在式(5.3)中,所有试验点在构建响应面时的权重都是一样的,而响应面可靠性分析方法的最终目的是用 $\bar{g}(\boldsymbol{x})=0$ 来近似 $g(\boldsymbol{x})=0$,也就是说试验点越靠近真实极限状态方程 $g(\boldsymbol{x})=0$,在构建响应面时越会起到更重要的作用,因此可以采用加权回归的统计思想来求解待定系数 $\boldsymbol{b}$。试验点的权数决定了其在回归分析中所起的作用,越重要的点应赋以越大的权。

构造权数的最简单的方法是通过各试验点 $\boldsymbol{x}_i(i=1,\cdots,m)$ 处的真实功能函数值的绝对值 $|g(\boldsymbol{x}_i)|$ 大小来赋权,$|g(\boldsymbol{x}_i)|$ 越小即 $\boldsymbol{x}_i$ 越接近 $g(\boldsymbol{x})=0$,给 $\boldsymbol{x}_i$ 赋的权就越大,反之则越小。考虑试验点与 $g(\boldsymbol{x})=0$ 的贴近程度,可以构建功能函数分式型权数(称为 weight1)

$$\left.\begin{aligned} g_{\text{best}}&=\min_{i=1}^{m}|g(\boldsymbol{x}_i)|\\ w_i&=\frac{g_{\text{best}}}{|g(\boldsymbol{x}_i)|}\end{aligned}\right\} \tag{5.4}$$

和功能函数指数型权数(称为 weight2)

$$\left.\begin{aligned} g_{\text{best}}&=\min_{i=1}^{m}|g(\boldsymbol{x}_i)|\\ w_i&=\exp\left[-\frac{g(\boldsymbol{x}_i)-g_{\text{best}}}{g_{\text{best}}}\right]\end{aligned}\right\} \tag{5.5}$$

此外,由于可靠性分析精度的提高依赖于响应面对真实极限状态方程在设计点区域的拟合精度,而设计点是标准正态空间失效域内的联合概率密度函数最大点,因此,还可以构建功能函数与密度函数比值型权数(称为 weight3)

$$\left.\begin{aligned} h_i &= |\, g(\boldsymbol{x}_i)/f_{\boldsymbol{X}}(\boldsymbol{x}_i)\, | \\ h_{\text{best}} &= \min_{i=1}^{m} h_i \\ w_i &= h_{\text{best}}/h_i \end{aligned}\right\} \tag{5.6}$$

式中，$f_{\boldsymbol{X}}(\boldsymbol{x}_i)$是各试验点 $\boldsymbol{x}_i$ 处的联合概率密度函数值。weight3 同时考虑了试验点与 $g(\boldsymbol{x})=0$ 的贴近程度和该试验点的概率密度函数值。显然，试验点越接近 $g(\boldsymbol{x})=0$ 并且具有越大的概率密度值，该点就越重要，赋予越大的权，它充分体现了提高响应面法可靠性分析精度的要求。

以 $w_i(i=1,\cdots,m)$表示每个试验点的权数，则 $\boldsymbol{W}=\begin{bmatrix} w_1 & & & \\ & w_2 & & \\ & & \ddots & \\ & & & w_m \end{bmatrix}$表示的 m 个试验点的权数构成的 $m\times m$ 阶对角阵称为权重矩阵，考虑每个试验点在回归分析中的权数后，就可以采用加权最小二乘法求得待定系数 $\boldsymbol{b}$：

$$\boldsymbol{b} = (\boldsymbol{A}^{\mathrm{T}}\boldsymbol{W}\boldsymbol{A})^{-1}\boldsymbol{A}^{\mathrm{T}}\boldsymbol{W}\boldsymbol{y} \tag{5.7}$$

5.1.4 （加权）响应面可靠性分析的迭代策略

传统的响应面法，在每次迭代中都选取新的试验点，而前面迭代中产生的点在后续计算中都被抛弃。这样做会浪费大量的关于极限状态函数的有用信息，特别是在响应面即将收敛的几次迭代中，产生的试验点已经非常接近真实失效面了。在此考虑重复利用试验点，通过加权最小二乘法来确定响应面中的待定系数的策略，这样既不会浪费已有试验点中的有用信息，又不至于引入劣质试验点使响应面的拟合精度变差。

在正态变量空间进行响应面可靠性分析的迭代步骤如下：

(1)选定经典的响应面函数形式 $\bar{g}^{(1)}(\boldsymbol{x})$和第一步迭代的初始设计点 $\boldsymbol{x}_D^{(1)}=\{x_{D1}^{(1)},x_{D2}^{(1)},\cdots,x_{Dn}^{(1)}\}$为均值点$\boldsymbol{\mu}_{\boldsymbol{x}}$。

(2)第 $k(k\geqslant 2)$次迭代时，以第 $k-1$ 次的设计点 $(\boldsymbol{x}_D^{(k-1)},g(\boldsymbol{x}_D^{(k-1)}))$与均值点$(\boldsymbol{\mu}_{\boldsymbol{x}},g(\boldsymbol{\mu}_{\boldsymbol{x}}))$线性插值得到的 $g(\boldsymbol{x}_c^{*(k)})\approx 0$ 的点 $\boldsymbol{x}_c^{*(k)}$ 为抽样中心点，并围绕 $\boldsymbol{x}_c^{*(k)}$ 选取新增试验点$(x_1^{*(k)},x_2^{*(k)},\cdots,x_i^{*(k)}\pm a^{(k)}\sigma_{x_i},\cdots,x_n^{*(k)})$ ($a^{(k)}$为第 k 次迭代的插值系数，随着迭代过程的收敛，$a^{(k)}$可取越来越小的数值；$i=1,\cdots,n$)共 $2n$ 个，加上 $\boldsymbol{x}_c^{*(k)}$ 共 $2n+1$ 个新增试验点，再加上前面$(k-1)$次迭代中的$(k-1)\times(2n+1)$个试验点，共同构成第 k 次加权最小二乘回归分析的试验点。

(3)构造试验点权数的方法，计算第 k 次迭代的试验点的权数，构造试验点的权重矩阵 $\boldsymbol{W}$。

(4)运用式(5.3)或式(5.7)所示的(加权)最小二乘回归，求得第 k 次迭代的待定系数向量和响应面函数 $\bar{g}^{(k)}(\boldsymbol{x})$。

(5)由 FOSM 或重要抽样法求 $\bar{g}^{(k)}(\boldsymbol{x})$的设计点 $\boldsymbol{x}_D^{(k)}=\{x_{D1}^{(k)},x_{D2}^{(k)},\cdots,x_{Dn}^{(k)}\}$和失效概率 $P_{\mathrm{f}}^{(k)}$。

(6)反复执行第(2)～(5)步，直到前后两次算得的失效概率$|P_{\mathrm{f}}^{(k)}-P_{\mathrm{f}}^{(k-1)}|<\xi$($\xi$是预先给定的精度标准)。

如果不执行第(3)步或设置权重矩阵恒为对角单位阵，则称为传统响应面法；如果完全执行上述第(1)～(6)步，则称为加权响应面法(Weighted Response Surface Method，WRSM)。在加权响应面可靠性分析的过程中，随着迭代过程的逐渐收敛，可以减少新增的试验点，以达到提高计算效率的目的。具体实现方法是在第(2)步中，设定响应面函数的收敛判别值，当满足条件时认为响应面即将收敛，之后的迭代中可只增加一个试验样本点，即前一步迭代中的设计点，以此方法来减少新增试验点数。

5.1.5　响应面法的算例分析

【例 5-1】　指数型功能函数 $g(\boldsymbol{x})=\exp(0.2x_1+1.4)-x_2$，其中相互独立的基本变量 x_1 和 x_2 均服从标准正态分布，即 $x_i\sim N(0,1)(i=1,2)$。

失效概率：3.671×10^{-4}。

可靠度指标：3.369 8。

设计点：(-1.694 5, 2.913)。

【例 5-2】　含有倒数项的简单功能函数 $g(\boldsymbol{x})=x_1-x_2/x_3$，其中基本变量 $x_i(i=1,2,3)$ 相互独立且服从正态分布，均值向量和标准差向量分别为 $\boldsymbol{\mu}_x=(600,1000,2)$ 和 $\boldsymbol{\sigma}_x=(30,33,0.1)$。

失效概率：0.012 09。

可靠度指标：2.259 5。

设计点：(555.850, 1028.837, 1.8525)。

线性和二次响应面法的 Matlab 代码如下：

LRSM.m

```
clear all
syms  x1 x2 x3 M
M=exp(0.2*x1+1.4)-x2;X=[x1 x2];  miu=[0,0];  sd=[1,1];
%M=x1-x2./x3; X=[x1 x2 x3];  miu=[600  1000  2];  sd=[30  33  0.1];

a=3;  flag=0;  beta=1;  beta1=6;
vn=length(X);  m=vn;  n=2*m+1;
bb=[ ];  AA=[ ];
xx=miu;
miu_g=subs(M,X,miu);
while(abs(beta-beta1)>=1.0e-4)&flag<20
    flag=flag+1;
    a1=ones(n,1);  a2=xx;  temp1=[];  temp2=[];
    for i=1:vn
        temp1=xx;     temp1(i)=temp1(i)+a*sd(i);     %试验点的选取
        temp2=xx;     temp2(i)=temp2(i)-a*sd(i);
        a2=[a2; temp1; temp2];
    end
    for j=1:size(a2,1)
```

```
    bb(j)=double( subs(M,X,a2(j,:)) );
    end
    AA=[a1 a2];     % AA=[AA;A];      bb=[bb b];
    index=find(bb==min(abs(bb)));
    tb=bb;
    if tb(index)<=1e-6      % 为了避免权重系数的分母过小
        tb(index)=tb(index)+ones(size(index)) * sum(bb)./size(bb,1)./50;
        bbest=tb(index);
        best=bbest(1);
    else
        best=min(abs(tb));
    end
    W=diag(best./abs(tb));
    factors=inv(AA' * AA) * AA' * bb';        %%线性响应面法
    %factors=inv(AA' * W * AA) * AA' * W * bb'; %%加权线性响应面法
    beta1=beta;

    linear_X=[1 X];    g2= linear_X * factors;  %%响应面函数
    miu_g2=subs(g2,X,miu);  %%miu_g2
    for i=1:vn
        temp_y(i)=( subs(diff(g2,X(i)),X,miu) )^2 * sd(i)^2;   %% a^2 * sd^2
    end
    sd_g2=sqrt(sum(temp_y));
    beta=double(miu_g2/sd_g2);    %%响应面函数的可靠度指标
    pf=normcdf(-beta)
    if abs(beta-beta1)>=1.0e-4
        for i=1:length(X)
            Lamda_1(i)=subs(diff(g2,X(i)),X,xx) * sd(i);
        end
        Lamda=-double(Lamda_1./sqrt(sum(Lamda_1.^2)));   %% Lamda
        xx=miu+sd. * Lamda * beta;%%响应面函数的设计点,下一步迭代的抽样中心
    else ;
    end
    a=sqrt(a);
end
```

SRSM.m

```
clear all
syms  x1 x2 x3 M beta0
M=exp(0.2 * x1+1.4)-x2;X=[x1 x2];  miu=[0,0];  sd=[1,1];
%M=x1-x2./x3; X=[x1 x2 x3];  miu=[600  1000  2];  sd=[30  33  0.1];

a=1.5;  flag=0;  beta=1; beta1=6;
vn=length(X); m=vn;  n=2 * m+1;
bb=[];AA=[];xx=miu;
miu_g=subs(M,X,miu);
```

```
while(abs(beta-beta1)>=1.0e-3)&flag<10
    flag=flag+1;
a1=ones(n,1);  a2=xx;  temp1=[];   temp2=[];
    for i=1:vn
       temp1=xx; temp1(i)=temp1(i)+a * sd(i);
       temp2=xx; temp2(i)=temp2(i)-a * sd(i);
       a2=[a2;  temp1;  temp2];
    end
    for j=1:size(a2,1)
         bb(j)=double( subs(M,X,a2(j,:)) );
    end
     a3=a2.^2;      AA=[a1  a2  a3];
    factors=inv(AA' * AA) * AA' * bb';          %%二次响应面法
    beta1=beta;

    nonlinear_X=[1 X X.^2];    g2= nonlinear_X  * factors;    %%二次响应面函数
    P=miu;                         %%AFOSM 求解可靠度指标和设计点
    for i=1:length(X)
         Lamda_1(i)=subs(diff(g2,X(i)),X,P) * sd(i);
    end
    Lamda=-double(Lamda_1./sqrt(sum(Lamda_1.^2)));  %% Lamda
    p=miu+sd. * Lamda * beta0;
    fun=subs(g2,X,p);
    beta=min(double(solve(fun,beta0)));%% solve beta when g=0
    P=miu+sd. * Lamda * beta;              %% New design point
    temp=beta;

    while(1)
         for i=1:length(X)
              Lamda_1(i)=subs(diff(g2,X(i)),X,P) * sd(i);
         end
         Lamda=-double(Lamda_1./sqrt(sum(Lamda_1.^2)));
         p=miu+sd. * Lamda * beta0;
         fun=subs(g2,X,p);
         beta=min(double(solve(fun,beta0)));
         P=miu+sd. * Lamda * beta;              %% New design point
         if(abs(temp-beta)<1e-3)
              break
         end
         temp=beta;
    end
```

```
    pf=normcdf(-beta)
    if abs(beta-beta1)>=1.0e-3
        xx=P;                    %%新的抽样中心
    else ;
    end
    a=sqrt(a);
end
%%%%%%%%%%%%%%%%%%%%%%%%%%%%%%%%%%%%%%%%%%%%%%%%%%%%%%%%%%%%%%%%%%%%%%%%%%%%%%%%%%%%%%%%%%%%%%%%%重要抽样法进行可靠性度分析
G= nonlinear_X * factors;
pf=normcdf(-beta);  %%AFOSM结果

N=5000; l=0.0;
for i=1:N
    yy=normrnd(P,sd);  %%产生随机样本
    gg_LSF=double(subs(G,X,yy));
    if (gg_LSF<0)              %%失效概率及其变异系数的计算
        for jj=1:vn
            xxpdf_fx(jj)=normpdf(yy(jj),miu(jj),sd(jj));
            xxpdf_hx(jj)=normpdf(yy(jj),P(jj),sd(jj));
        end
        l=l+prod( xxpdf_fx)/prod(xxpdf_hx);
    end
end
pf=l*1.0/N
```

针对工程实际问题，若已经通过试验或有限元仿真分析获得了样本数据，可直接采用最小二乘法求解响应面的待定系数，然后进行可靠性分析。

【例 5-3】 桁架结构中水平和竖直杆的长度均为 L，每根杆的截面积为 A，P_1，P_2 和 P_3 为作用在桁架上的外载荷，材料的弹性模量为 E。设 L，A，E，P_1，P_2 和 P_3 为相互独立的输入变量，2 节点纵向位移 δ_{2Y} 为输出响应。已知此桁架结构的力学分析数据(见表 5-1)，先采用最小二乘法建立输入-输出的响应面函数，再以 δ_{2Y} 不超过 3 mm 为判据建立可靠性问题的极限状态函数，在表 5-2 的正态分布随机输入变量的分布参数的条件下，求解相应的失效概率。

表 5-1 十杆结构的数据集(20 组)

A/m^2	L/m	E/Pa	P_1/N	P_2/N	P_3/N	δ_{2Y}/m
0.000 909 2	1.018 1	$9.271\,5\times10^{10}$	82 830.836 1	10 942.431 8	11 097.258 6	0.000 324 2
0.001 004	0.946 2	$1.009\,1\times10^{11}$	77 432.005 2	9 962.711 8	9 982.325 7	0.001 356
0.000 971 6	0.986 2	$9.769\,7\times10^{10}$	70 758.978 8	10 291.830 6	9 640.224 7	0.001 223
0.001 039	1.061 7	$1.046\,3\times10^{11}$	80 104.658 8	9 614.369 1	10 315.379 4	0.001 194
0.000 950 2	0.893 1	$1.081\,1\times10^{11}$	75 595.792 0	9 800.946 8	10 542.187 8	0.001 605
0.001 021	1.002 0	$9.934\,1\times10^{10}$	81 385.153 6	10 508.190 2	9 821.9741	0.001 042

续 表

A/m^2	L/m	E/Pa	P_1/N	P_2/N	P_3/N	δ_{2Y}/m
0.000 988 6	1.036 3	$1.025\ 9\times10^{11}$	84 810.453 4	9 345.525 7	9 389.124 4	0.000 926 3
0.001 067	0.968 8	$9.574\ 8\times10^{10}$	78 835.072 7	10 120.568 9	10 140.833 9	0.001 267
0.000 935 1	0.977 8	$1.017\ 3\times10^{11}$	82 073.905 3	9 498.179 6	10 714.162 7	0.001 005
0.001 012	1.047 5	$9.448\ 6\times10^{10}$	76 603.947 7	10 203.200 3	9 903.399 6	0.000 902 1
0.000 980 4	1.009 9	$1.060\ 0\times10^{11}$	79 476.499 1	9 883.365 0	9 529.594 5	0.001 188
0.001 051	0.929 3	$9.853\ 9\times10^{10}$	86 500.686 8	10 663.591 4	10 224.661 8	0.001 178
0.000 961 8	1.084 1	$9.678\ 4\times10^{10}$	78 161.993 7	10 041.124 8	10 417.961 5	0.000 680 2
0.001 029	0.994 2	$1.035\ 3\times10^{11}$	83 706.463 8	9 079.261 7	9 735.497 3	0.001 251
0.000 996 5	0.958 6	$8.838\ 2\times10^{10}$	80 735.426 3	10 390.801 2	9 169.719 8	0.000 758 4
0.001 096	1.026 8	$1.001\ 3\times10^{11}$	74 182.956 9	9 712.692 5	10 060.811 1	0.001 458
0.000 896 4	1.057 7	$1.007\ 2\times10^{11}$	77 236.372 2	9 943.040 3	9 559.254 2	0.000 680 5
0.001 002	0.984 2	$9.209\ 5\times10^{10}$	82 633.009 5	10 845.863 0	10 246.545 5	0.000 751 1
0.000 969 2	0.942 6	$1.043\ 3\times10^{11}$	90 252.164 4	9 587.438 5	10 773.323 8	0.001 058
0.00 103 7	1.016 0	$9.747\ 8\times10^{10}$	79 947.981 1	10 268.912 2	9 923.280 3	0.001 054

由已知数据产生响应面的代码如下：

LSM. m

```
data_x=[20 行×6 列];
data_y=[20 行×1 列];
a1=ones(size(data_x,1),1);
%%Linear RSM of delta_2Y
A_LRSM=[a1 data_x];
Factor_LRSM=inv(A_LRSM'* A_LRSM) * A_LRSM'* data_y;
%%Noninear RSM of delta_2Y
A_SRSM=[a1   data_x data_x.^2];
Factor_SRSM=inv(A_SRSM'* A_SRSM) * A_SRSM'* data_y;
```

表 5-2　桁架结构基本随机变量的分布参数

随机变量	A	L	E	P_1	P_2	P_3
均值	0.001 m^2	1 m	100 GPa	80 kN	10 kN	10 kN
变异系数	0.05	0.05	0.05	0.05	0.05	0.05

基于线性和二次不含交叉项的响应面，分别建立极限状态方程，就可采用以下程序代码进行失效概率的求解了。

LSF_Truss.m

```
function y=LSF_Truss(factor, x)%%factor 为系数,x为样本向量或符号向量
  vn=length(x);
  m=length(factor);
  if m==vn+1
      temp1=0;
      for j=1:vn
          temp1=temp1+factor(j+1) * x(j);
      end
      y=0.003- factor(1)-temp1;
  elseif m==2 * vn+1
      temp1=0;temp2=0;
      for j=1:vn
          temp1=temp1+factor(j+1) * x(j);
          temp2=temp2+factor(j+vn+1) * x(j) * x(j);
      end
      y=0.003- factor(1)-temp1-temp2;
   end
end
```

5.2 Kriging 模型

Kriging 代理模型作为一种估计方差最小的无偏估计模型,具有全局近似与局部随机误差相结合的特点,它的有效性不依赖于随机误差的存在,对非线性程度较高和局部响应突变问题具有良好的拟合效果,因此可以采用 Kriging 代理模型进行函数全局和局部的近似。

5.2.1 Kriging 模型的基本原理

Kriging 模型可以近似表达为多项式累加与随机分布函数 $Z(\boldsymbol{x})$之和的形式,即

$$g_K(\boldsymbol{x}) = \sum_{i=1}^{p} f_i(\boldsymbol{x})\beta_i + Z(\boldsymbol{x}) \tag{5.8}$$

式中:$g_K(\boldsymbol{x})$为 Kriging 模型;$\boldsymbol{f}(\boldsymbol{x})=\{f_1(\boldsymbol{x}),f_2(\boldsymbol{x}),\cdots,f_p(\boldsymbol{x})\}$是随机向量 $\boldsymbol{x}$ 的基函数,提供了设计空间内的全局近似模型;p 表示基函数的个数;$\boldsymbol{\beta}=\{\beta_1,\beta_2,\cdots,\beta_p\}$为模型的待定系数。常见的基函数及待定系数的项数见表 5-3。

表5-3　Kriging模型的基函数及待定系数项数

阶数	基函数 $\boldsymbol{f}(\boldsymbol{x})$	$\boldsymbol{\beta}$的分量个数
零阶	$\{1\}$	1
一阶	$\{1,x_1,x_2,\cdots,x_n\}$	$n+1$
二阶	$\{1,x_1,x_2,\cdots,x_n,x_1^2,x_1x_2,\cdots,x_1x_n,x_2^n,x_2x_3,\cdots,x_2x_n,\cdots,x_n^2\}$	$(n+1)(n+2)/2$

$Z(\boldsymbol{x})$为随机过程，表示全局模拟过程中的期望为0、方差为σ^2的局部偏差，其协方差矩阵可表示为

$$\mathrm{Cov}(z(\boldsymbol{x}^{(i)}),z(\boldsymbol{x}^{(j)}))=\sigma^2\boldsymbol{R}[R(\boldsymbol{x}^{(i)},\boldsymbol{x}^{(j)})] \tag{5.9}$$

式中：$\boldsymbol{R}$为相关矩阵，沿对角线对称；$R(\boldsymbol{x}^{(i)},\boldsymbol{x}^{(j)})$表示任意两个样本点的相关函数，$i,j=1,2,\cdots,m$，$m$为训练样本集中数据个数。常用的相关函数有高斯型、EXP型、LIN型、Spherical型、Cubic型、Spline型等，其中高斯型应用最为广泛，其相关函数模型表达式为

$$R(\boldsymbol{x}^{(i)},\boldsymbol{x}^{(j)})=\exp\left(-\sum_{k=1}^{n}\theta_k\,|x_k^{(i)}-x_k^{(j)}|^2\right) \tag{5.10}$$

式中：$\theta_k(k=1,2,\cdots,n)$为未知的相关参数。

根据Kriging理论，未知点$\boldsymbol{x}$处的响应估计值可通过下式得到，即

$$g_K(\boldsymbol{x})=\boldsymbol{f}^{\mathrm{T}}(\boldsymbol{x})\hat{\boldsymbol{\beta}}+\boldsymbol{r}^{\mathrm{T}}(\boldsymbol{x})\boldsymbol{R}^{-1}[\boldsymbol{y}-\boldsymbol{f}^{\mathrm{T}}(\boldsymbol{x})\hat{\boldsymbol{\beta}}] \tag{5.11}$$

式中：$\hat{\boldsymbol{\beta}}$为$\boldsymbol{\beta}$的估计值；$\boldsymbol{y}$为训练样本数据的响应值构成的列向量；$\boldsymbol{r}(\boldsymbol{x})$为预测样本$\boldsymbol{x}$与训练样本之间的相关函数向量，可以表示为

$$\boldsymbol{r}^{\mathrm{T}}(\boldsymbol{x})=\{R(\boldsymbol{x},\boldsymbol{x}^{(1)}),R(\boldsymbol{x},\boldsymbol{x}^{(2)}),\cdots,R(\boldsymbol{x},\boldsymbol{x}^{(m)})\} \tag{5.12}$$

$\hat{\boldsymbol{\beta}}$和方差估计值$\hat{\sigma}^2$可以通过式(5.13)以及式(5.14)求得，即

$$\hat{\boldsymbol{\beta}}=[\boldsymbol{f}^{\mathrm{T}}(\boldsymbol{x})\boldsymbol{R}^{-1}\boldsymbol{f}(\boldsymbol{x})]^{-1}\boldsymbol{f}^{\mathrm{T}}(\boldsymbol{x})\boldsymbol{R}^{-1}\boldsymbol{y} \tag{5.13}$$

$$\hat{\sigma}^2=\frac{[\boldsymbol{y}-\boldsymbol{f}^{\mathrm{T}}(\boldsymbol{x})\hat{\boldsymbol{\beta}}]^{\mathrm{T}}\boldsymbol{R}^{-1}[\boldsymbol{y}-\boldsymbol{f}^{\mathrm{T}}(\boldsymbol{x})\hat{\boldsymbol{\beta}}]}{m} \tag{5.14}$$

相关参数$\boldsymbol{\theta}=\{\theta_1,\theta_2,\cdots,\theta_n\}$常用极大似然法在$\theta_k\geqslant 0(k=1,2,\cdots,n)$条件下求解下述无约束非线性优化问题来确定，即

$$\max-\frac{1}{2}[m\ln(\hat{\sigma}^2)+\ln|\boldsymbol{R}|] \tag{5.15}$$

通过求解式(5.15)的优化问题得到$\boldsymbol{\theta}^*$值，从而构成拟合精度最优的Kriging模型。

对于任意一个未知的预测点$\boldsymbol{x}$，$g_K(\boldsymbol{x})$服从正态分布，即$g_K(\boldsymbol{x})\sim N(\mu_{g_K}(\boldsymbol{x}),\sigma_{g_K}^2(\boldsymbol{x}))$，其中

$$\mu_{g_K}(\boldsymbol{x})=\boldsymbol{f}^{\mathrm{T}}(\boldsymbol{x})\hat{\boldsymbol{\beta}}+\boldsymbol{r}^{\mathrm{T}}(\boldsymbol{x})\boldsymbol{R}^{-1}(\boldsymbol{y}-\boldsymbol{f}\hat{\boldsymbol{\beta}}) \tag{5.16}$$

$$\sigma_{g_K}^2(\boldsymbol{x})=\hat{\sigma}^2\left\{1-\boldsymbol{r}^{\mathrm{T}}(\boldsymbol{x})\boldsymbol{R}^{-1}\boldsymbol{r}(\boldsymbol{x})+\frac{[1-\boldsymbol{r}^{\mathrm{T}}(\boldsymbol{x})\boldsymbol{R}^{-1}\boldsymbol{r}(\boldsymbol{x})]^2}{\boldsymbol{1}^{\mathrm{T}}\boldsymbol{R}^{-1}\boldsymbol{1}}\right\} \tag{5.17}$$

式中：$\boldsymbol{1}$为单位列向量。$\mu_{g_k}(\boldsymbol{x})$和$\sigma_{g_K}^2(\boldsymbol{x})$的计算可以通过Matlab中的工具箱DACE来实现。Kriging代理模型为准确的插值方法。在训练点$\boldsymbol{x}^{(i)}(i=1,2,\cdots,m)$处，$\mu_{g_K}(\boldsymbol{x}^{(i)})=g(\boldsymbol{x}^{(i)})$且

$\sigma_{g_K}(\boldsymbol{x}^{(i)})=0$。$\sigma^2_{g_K}(\boldsymbol{x})$表示 $g_K(\boldsymbol{x})$与 $g(\boldsymbol{x})$之间最小均方误差，初始样本点中功能函数值的误差为 0，其他输入变量样本对应的功能函数预测值的方差一般不是 0，如图 5-2 所示。当 $\sigma^2_{g_K}(\boldsymbol{x})$较大时，意味着在 $\boldsymbol{x}$ 处的估计准确度差。因此 $\sigma^2_{g_K}(\boldsymbol{x})$的预测值可以用来衡量代理模型在 $\boldsymbol{x}$ 位置处估计的准确程度，进而为更新 Kriging 代理模型提供了一个很好的指标。

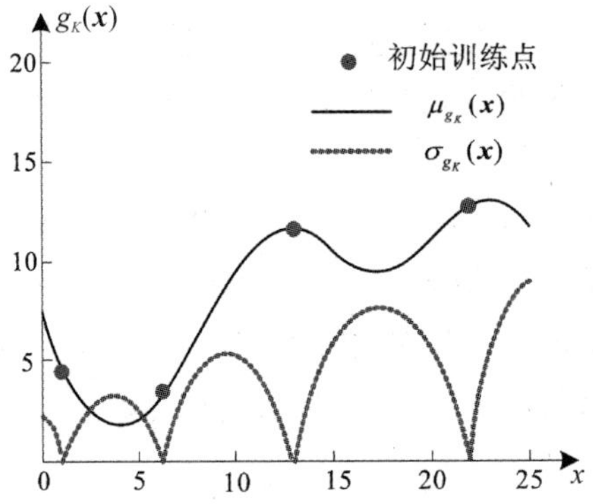

图 5-2　Kriging 预测模型示例

5.2.2　Kriging 模型的自适应学习函数

自适应 Kriging 代理模型法首先根据少量训练样本点建立粗糙的 Kriging 代理模型，其次通过自适应学习函数从备选样本集中挑选符合要求的样本点加入当前训练样本集内，以更新 Kriging 模型直到满足收敛条件，最后利用更新结束的 Kriging 代理模型来进行可靠性分析。目前自适应 Kriging 代理模型法中应用较为广泛的自适应学习函数有 EFF 学习函数(Expected Feasibility Function)、基于信息熵的 H 学习函数以及 U 学习函数。

1. EFF **学习函数**

EFF 学习函数的定义如下：

$$\mathrm{EFF}(\boldsymbol{x})=\int_{\bar{g}(\boldsymbol{x})-\varepsilon}^{\bar{g}(\boldsymbol{x})+\varepsilon}(\varepsilon-|\bar{g}(\boldsymbol{x})-g_K(\boldsymbol{x})|)f_{g_K}[g_K(\boldsymbol{x})]\mathrm{d}g_K(\boldsymbol{x}) \tag{5.18}$$

式中：$f_{g_K}[g_K(\boldsymbol{x})]$表示 Kriging 模型 $g_K(\boldsymbol{x})$的概率密度函数，均值为 $\mu_{g_K}(\boldsymbol{x})$，标准差为 $\sigma_{g_K}(\boldsymbol{x})$；$\bar{g}(\boldsymbol{x})=0$ 为失效边界；ε 与 $\sigma_{g_K}(\boldsymbol{x})$成比例，一般取为 $2\sigma_{g_K}(\boldsymbol{x})$。

EFF 学习函数从估计值变异性的角度考虑了不同备选样本对提高失效面拟合精度的贡献，EFF 越大表明将该备选样本点加入训练集合来更新 Kriging 代理模型对提高 Kriging 模型拟合精度的贡献越大。因此，在备选样本池内选出使得 EFF 最大的样本点，并将该样本点及其相应的真实功能函数值加入训练样本集中更新当前 Kriging 模型，通常情况下选择 $\max \mathrm{EFF}(\boldsymbol{x})\leqslant 0.001$ 作为基于 EFF 学习函数的 Kriging 代理模型自适应更新过程的收敛终止条件。

2. H **学习函数**

根据 Shannon 提出表示不确定性的信息熵理论，$g_K(\boldsymbol{x})$的信息熵可以表示为

$$h(\boldsymbol{x}) = -\int_{-\infty}^{\infty} \ln\{f_{g_K}[g_K(\boldsymbol{x})]\} f_{g_K}[g_K(\boldsymbol{x})] \mathrm{d}g_K(\boldsymbol{x}) \tag{5.19}$$

式中：$h(\boldsymbol{x})$表示 $g_K(\boldsymbol{x})$取值的混乱等级，定量地表示出了 $g_K(\boldsymbol{x})$的不确定性。信息熵$h(\boldsymbol{x})$的绝对值越小，预测值 $g_K(\boldsymbol{x})$的不确定性就越小。

因此，H 学习函数的定义式为

$$H(\boldsymbol{x}) = \left| -\int_{g^-(\boldsymbol{x})}^{g^+(\boldsymbol{x})} f_{g_K}[g_K(\boldsymbol{x})] \ln f_{g_K}[g_K(\boldsymbol{x})] \mathrm{d}g_K(\boldsymbol{x}) \right| \tag{5.20}$$

式中：$g^+(\boldsymbol{x}) = 2\sigma_{g_K}(\boldsymbol{x})$，$g^-(\boldsymbol{x}) = -2\sigma_{g_K}(\boldsymbol{x})$。

H 学习函数可用于表征预测功能函数值 $g_K(\boldsymbol{x})$的不确定性。在备选样本池内选出使得 H 最大的样本点，并将该样本点及其相应的真实功能函数值加入训练样本集中更新当前 Kriging 模型，通常情况下选择 $\max H(\boldsymbol{x}) \leqslant 1$ 作为 Kriging 代理模型自适应更新过程的收敛终止条件。

3. U 学习函数

U 学习函数的形式如下：

$$U(\boldsymbol{x}) = \left| \frac{\mu_{g_K}(\boldsymbol{x})}{\sigma_{g_K}(\boldsymbol{x})} \right| \tag{5.21}$$

U 学习函数考虑了 Kriging 代理模型预测值距失效面的距离以及估计值的标准差。当估计值相同时，估计值的标准差越大，U 学习函数值越小；当估计值的标准差相同时，估计值越接近 0，U 学习函数越小。靠近失效面且估计值的标准差越大的点应加入训练样本集中来更新 Kriging 模型，因此，在备选样本池内选出使得 U 值最小的样本点，并将该样本点及相应的真实功能函数值加入训练样本集中更新当前 Kriging 模型。通常情况下可以选择 $\min U(\boldsymbol{x}) \geqslant 2$ 作为基于 U 学习函数的 Kriging 代理模型自适应更新过程的收敛终止条件。

5.2.3　结合 Monte Carlo 的 Kriging 可靠性分析方法

结合 Monte Carlo 模拟的自适应 Kriging 可靠性分析方法（Monte Carlo Simulation Adaptive Kriging，MC-AK）求解失效概率的具体思路为：首先根据输入变量的联合概率密度函数产生 MC 样本池，其次利用 U 学习函数在输入变量样本池中不断挑选对失效面拟合贡献较大的点来更新 Kriging 模型，最终确保 Kriging 模型在一定的置信水平下识别输入变量 MC 样本池内样本的功能函数值的正负号，用失效频率估计失效概率。其执行的流程图如图 5 - 3 所示，具体执行步骤如下：

（1）在输入变量样本空间产生 MC 样本池 $\boldsymbol{S}_{\mathrm{MC}}$，其容量为 $\boldsymbol{N}_{\mathrm{MC}}$。样本池 $\boldsymbol{S}_{\mathrm{MC}}$ 中样本不需要调用真实功能函数进行计算，仅供自适应学习过程挑选下一步更新样本点使用。

（2）选择初始训练样本点。从样本池 S_{MC} 中随机选择 N_1 个输入变量的样本，代入真实功能函数中计算对应的功能函数值，形成初始训练集 $\boldsymbol{T}_{\mathrm{MC}}$。

（3）根据当前 $\boldsymbol{T}_{\mathrm{MC}}$ 建立 Kriging 代理模型 $g_K(\boldsymbol{x})$。利用工具箱 DACE 建立 Kriging 代理模型，选用高斯型相关函数。

（4）在 $\boldsymbol{S}_{\mathrm{MC}}$ 中识别需要更新的样本点。计算样本池 $\boldsymbol{S}_{\mathrm{MC}}$ 中样本对应的 U 学习函数值，选出

需要更新的样本点 $\boldsymbol{x}^u=\arg\min\limits_{\boldsymbol{x}\in\boldsymbol{S}_{\mathrm{MC}}} U(\boldsymbol{x})$。

(5)判别 Kriging 模型自学习过程的收敛性。当 $\min\limits_{\boldsymbol{x}\in\boldsymbol{S}_{\mathrm{MC}}} U(\boldsymbol{x})\geqslant 2$ 时，停止自适应学习过程，执行第(6)步。若 $\min\limits_{\boldsymbol{x}\in\boldsymbol{S}_{\mathrm{MC}}} U(\boldsymbol{x})<2$，则需计算 $g(\boldsymbol{x}^u)$，并将 $(\boldsymbol{x}^u, g(\boldsymbol{x}^u))$ 加入当前 $\boldsymbol{T}_{\mathrm{MC}}$ 中，返回到第(3)步更新 Kriging 模型。

(6)利用当前 Kriging 代理模型 $g_K(\boldsymbol{x})$ 估计失效概率，即

$$\hat{P}_{\mathrm{f}}=\frac{N_{g_K\leqslant 0}}{N_{\mathrm{MC}}} \tag{5.22}$$

其中，$N_{g_K\leqslant 0}$ 表示 $g_K(\boldsymbol{x}^{(j)})(j=1,2,\cdots,N_{\mathrm{MC}})$ 小于等于 0 的样本点数。

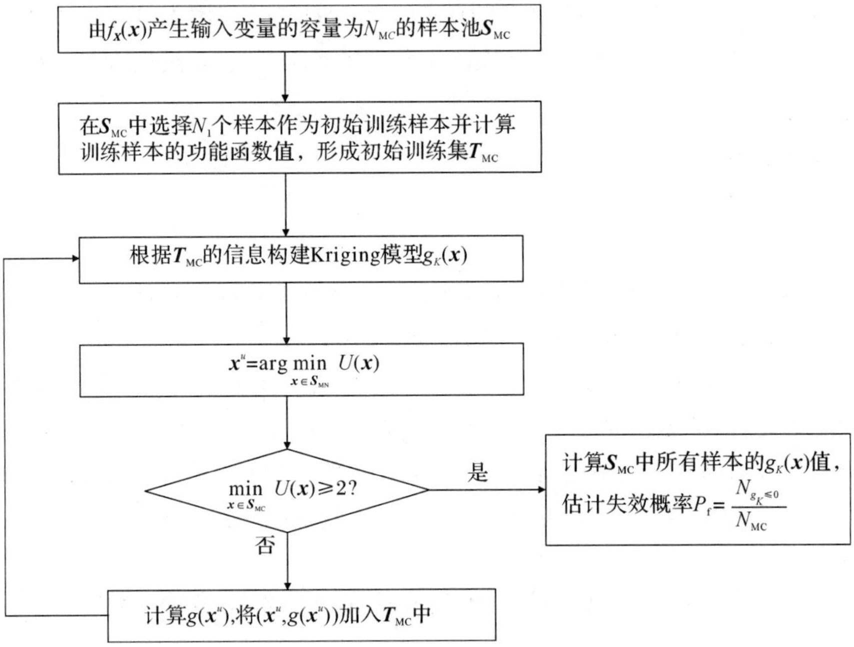

图 5-3　MC-AK 可靠性分析流程图

【例 5-4】 十杆结构如图 5-4 所示，其中水平杆和竖直杆的长度均为 L，每根杆的截面积均为 A，P_1、P_2 和 P_3 为作用在图上所示位置的外载荷，弹性模量为 E。设 L、A、E、P_1、P_2 和 P_3 为相互独立的正态分布随机变量，分布参数见表 5-4。以 2 节点纵向位移 δ_{2Y} 不超过 4 mm为判据建立极限状态函数，采用 Monte Carlo 模型法和 MC-AK 求解失效概率的结果见表 5-5。

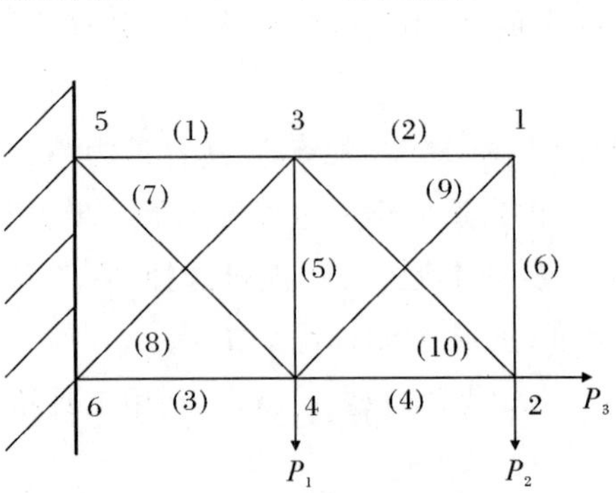

图 5-4　十杆结构示意图

表 5-4　十杆结构基本随机变量的分布参数

随机变量	L	A	E	P_1	P_2	P_3
均值	1 m	0.001 m^2	100 GPa	80 kN	10 kN	10 kN
变异系数	0.05	0.05	0.05	0.05	0.05	0.05

表 5-5　十杆结构的失效概率结果对照表

方 法	失效概率/10^{-4}	模型调用次数
Monte Carlo 模拟法	5.190 0	10^6
MC-AK	5.362 5	59

结合 Monte Carlo 的自适应 Kriging 的可靠性分析代码如下：

MC-AK.m

```
clear all
miu=[0.001 1 10^11 80000 10000 10000]; %%%变量均值
cov=[0.05 0.05 0.05 0.05 0.05 0.05]; %%%变量变异系数
sd=miu.*cov;
vn=length(miu);
N1=16;%构建初始 Kriging 模型的样本点数;
N=100000;%样本池中的样本数
p=sobolset(vn,'Skip',10000);%产生一个 n 维随机数(跳过前 10 000 个点)
PP=p(1:N,:);%提取矩阵 p 中的第 1 到 N 行所有列的元素
for i=1:vn
    PP(:,i)=norminv(PP(:,i),miu(i),sd(i));
end
P(1:N1,:)=PP(1:N1,:);
yp=Gak(P);
yP=yp'; %矩阵转置
theta=1.*ones(1,vn);
lob=1e-5.*ones(1,vn);   upb=20.*ones(1,vn);
for i=1:500 %自适应 Kriging 学习过程
if i==1   %=是赋值,==是判断两边是否相等
    x=P;
    y=yP;
    dmodel=dacefit(x,y,@regpoly0,@corrgauss,theta,lob,upb);%Kriging 工具箱 DACE
    [ug,sigmag]=predictor(PP,dmodel);
    prxi=(abs(ug))./sqrt(sigmag);   %U 函数
    [PD(i),I]=min(prxi);%返回矩阵 PD 的最小值为 I.
else
    x(N1-1+i,:)=PP(I,:);
```

```
        y(N1-1+i)=Gak(PP(I,:));
        dmodel=dacefit(x,y,@regpoly0,@corrgauss,theta,lob,upb);
        [ug,sigmag]=predictor(PP,dmodel);
        prxi=(abs(ug))./sqrt(sigmag);   %U 函数
        [PD(i),I]=min(prxi);
    end
    Cr(i)=min(prxi);
    if  Cr(i)>=2  %自适应学习停止准则
       break
    end
    clear ug sigmag
end
ye=predictor(PP,dmodel);
pfk=length(find(ye<=0))./length(ye);%失效概率估计值

%%%%十杆结构的功能函数
function Y=Gak(X)
    A=@(x)(3./x(:,1)+32^0.5./x(:,1)).*x(:,2)./(2.*x(:,3));
    B=@(x)(4./x(:,1)+32^0.5./x(:,1)).*x(:,2)./(2.*x(:,3));
    C=@(x)x(:,2)./(2.*x(:,1).*x(:,3));
    D=@(x)(-(2.*x(:,5)+x(:,4)-x(:,6))./x(:,1)-8^0.5.*(x(:,5)+x(:,4))./x(:,1)).*
    0.5^0.5.*x(:,2)./x(:,3);
    E=@(x)(2^0.5.*(x(:,6)-x(:,5))./x(:,1)-2^0.5.*x(:,5)./x(:,1)-4.*x(:,5)./x(:,
    1)).*x(:,2)./(2.*x(:,3));
    F1=@(x)(B(x).*D(x)-C(x).*E(x))./(A(x).*B(x)-C(x).^2);
    F2=@(x)(A(x).*E(x)-C(x).*D(x))./(A(x).*B(x)-C(x).^2);
    D1=@(x)(-2./x(:,1)-8^0.5./x(:,1)).*0.5^0.5.*x(:,2)./x(:,3);
    E1=@(x)(-8^0.5./x(:,1)-4./x(:,1)).*x(:,2)./(2.*x(:,3));
    F3=@(x)(B(x).*D1(x)-C(x).*E1(x))./(A(x).*B(x)-C(x).^2);
    F4=@(x)(A(x).*E1(x)-C(x).*D1(x))./(A(x).*B(x)-C(x).^2);
    M=@(x)(1-0.5^0.5.*F3(x)).*(x(:,5)-0.5^0.5.*F1(x))./x(:,1)-0.5^0.5.*F4(x).*
    (-0.5^0.5.*F2(x))./x(:,1)+(-2-0.5^0.5.*F3(x)).*(-x(:,4)-2.*x(:,5)+x(:,6)-
    0.5^0.5.*F1(x))./x(:,1)+(-1-0.5^0.5.*F4(x)).*(-x(:,5)+x(:,6)-0.5^0.5.*F2
    (x))./x(:,1)+(-1-0.5^0.5.*(F3(x)+F4(x))).*(-x(:,1)-0.5^0.5.*(F1(x)+F2
    (x)))./x(:,1)-0.5^0.5.*F4(x).*(-0.5^0.5.*F2(x))./x(:,1);
    N=@(x)2^0.5.*((2.^0.5+F3(x)).*(2.^0.5.*(x(:,4)+x(:,5))+F1(x))./x(:,1)+F3(x).
    *F1(x)./x(:,1)+(2.^0.5+F4(x)).*(2.^0.5.*x(:,5)+F2(x))./x(:,1)+F4(x).*F2(x)./x
    (:,1));
    G=@(x)0.004-(M(x)+N(x)).*x(:,2)./x(:,3);
    Y=G(X);
end
```

5.3　支持向量机模型

基于统计学习理论发展而来的支持向量机算法（Support Vector Machine，SVM）不但引入了结构风险的概念，还采用核映射的思想，其优势体现在满足了传统方法的大样本要求，有效地解决了维数灾难及局部最小化问题，在处理非线性问题上显示了卓越的性能。

5.3.1　统计学习理论

统计学习理论最早起源于 20 世纪六七十年代，其核心思想是通过控制学习机器的容量实现对其推广能力的控制。下面给出其中一些重要概念。

1. VC **维**

VC 维是统计学习理论的一个重要概念，它用以描述学习机器的复杂性和学习能力。对于两分类问题，如果存在 m 个样本能够被函数集里的函数按照所有可能的 2^m 种形式分开，则称函数集能够把 m 个样本打散。函数集的 VC 维就是能够打散的最大样本数目 m。若对于任意样本数，总有函数能将它们打散，则函数集的 VC 维是无穷大。由此可知，VC 维代表函数集的复杂度，函数集越复杂，其 VC 维越大，此时学习能力也越强；与之相反，函数集越简单，其 VC 维越小，此时学习能力也越弱。

例如，对于 2 维问题 3 个样本点的情况，图 5－5 所示的 2^3 种标记方式可以使用线性分类器进行打散，因此线性分类器的 VC 维至少是 3。

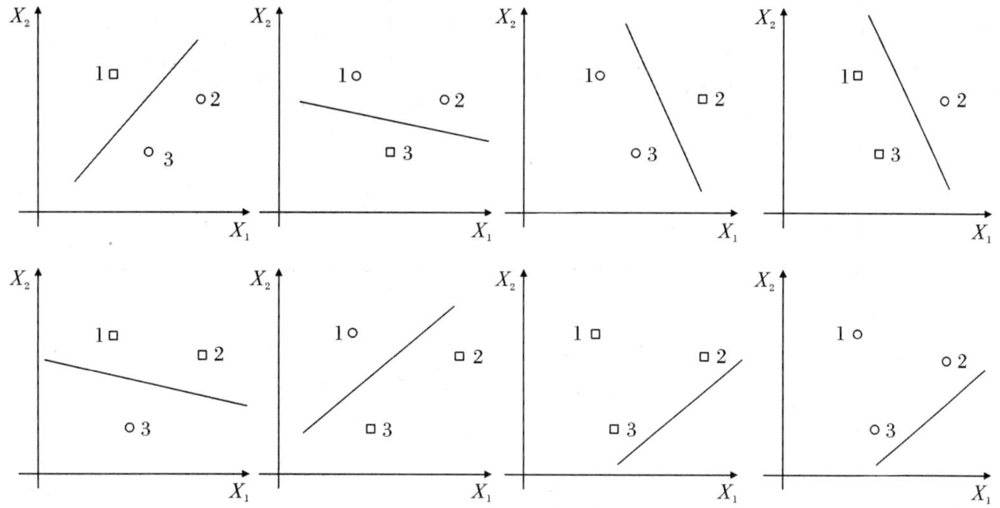

图 5－5　线性分类器打散示意图

2. **经验风险**

设输入变量 $\boldsymbol{x}$ 与输出变量 y 之间存在某种未知的依赖关系[以未知的联合累积分布函数 $F(\boldsymbol{x},y)$ 表示]，现需依据训练样本 $(\boldsymbol{x}_1,y_1),(\boldsymbol{x}_2,y_2),\cdots,(\boldsymbol{x}_l,y_l)$，从给定函数集 $g(\boldsymbol{x},\boldsymbol{w})$ 中选择

具有最佳权值向量 $\boldsymbol{w}$ 的函数对依赖关系进行估计，得到实际相应的“最佳”逼近 $g(\boldsymbol{x},\boldsymbol{w}_0)$，使得期望风险最小。期望风险 $R(\boldsymbol{w})$ 为

$$R(\boldsymbol{w}) = \int L\left[y, g(\boldsymbol{x},\boldsymbol{w})\right] \mathrm{d}F(\boldsymbol{x},y) \tag{5.23}$$

式中：$L(y,g(\boldsymbol{x},\boldsymbol{w}))$ 为损失函数。最常用的损失函数为平方型损失函数，即 $L[y,g(\boldsymbol{x},\boldsymbol{w})] = [y-g(\boldsymbol{x},\boldsymbol{w})]^2$。

由于 $F(\boldsymbol{x},y)$ 未知，因此 $R(\boldsymbol{w})$ 无法直接计算。根据大数定律(样本均值依概率收敛于总体均值)，在样本量趋于无穷大时，可采用经验风险 $R_{\mathrm{emp}}(\boldsymbol{w})$ 来近似期望风险。对于给定的 l 个训练样本 $(\boldsymbol{x}_1,y_1),(\boldsymbol{x}_2,y_2),\cdots,(\boldsymbol{x}_l,y_l)$，经验风险可根据样本给出，即

$$R_{\mathrm{emp}}(\boldsymbol{w}) = \frac{1}{l}\sum_{i=1}^{l} L[y_i, g(\boldsymbol{x}_i,\boldsymbol{w})] \tag{5.24}$$

现有的很多学习算法，如 5.1.3 节中介绍的最小二乘法，是在经验风险最小化原则的基础上提出的。在样本数有限的情况下，最小化 $R_{\mathrm{emp}}(\boldsymbol{w})$ 在很多情况下并不能够保证较好的推广能力。如果给定函数集 $g(\boldsymbol{x},\boldsymbol{w})$ 过于复杂(VC 维较大)，仅仅保证 $R_{\mathrm{emp}}(\boldsymbol{w})$ 的最小化有可能会导致过学习现象的发生。

图 5-6 所示为典型的过学习与欠学习现象，其中黑点表示训练样本点，显然，用一个二次函数就可以对所有训练点进行相对准确的拟合(图中的实线)。但是，如果函数集过于复杂，则所建立的代理模型易出现过学习现象，如图 5-6(a) 中的虚线所示，该回归模型在所有训练样本点处的预测值都与真实值吻合[即经验风险 $R_{\mathrm{emp}}(\boldsymbol{w})=0$]，但当对其他新数据进行预测时，会有很大的误差。同时，如果函数集过于简单，则所建立的代理模型易出现欠学习现象，如图 5-6(b)中的虚线所示，该回归模型为一个简单的线性模型，在训练样本处拟合不够，没有充分利用样本信息，对训练样本及其他新数据预测精度都很低。

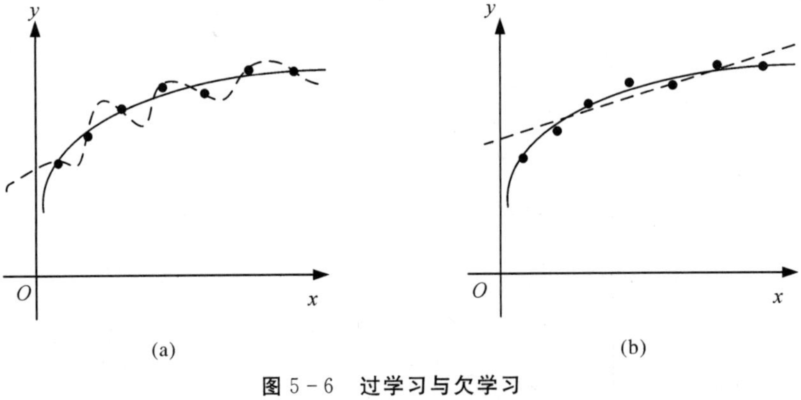

图 5-6　过学习与欠学习

(a)过学习；(b)欠学习

3. 结构风险

依据统计学习理论，经验风险 $R_{\mathrm{emp}}(\boldsymbol{w})$ 与实际风险 $R(\boldsymbol{w})$ 之间至少以 $1-\eta(0\leqslant\eta\leqslant1)$ 的概率存在以下关系：

$$R(\boldsymbol{w}) \leqslant R_{\mathrm{emp}}(\boldsymbol{w}) + \sqrt{\left|\frac{h[\ln(2l/h)+1]-\ln(\eta/4)}{l}\right|} \tag{5.25}$$

式中：h 为所选逼近函数的 VC 维；l 为样本数。式(5.25)中第一项为经验风险，第二项为置信

范围，也就是说，学习模型的实际风险是由经验风险（训练误差）和置信范围两部分组成的。不等式可简化为

$$R(\boldsymbol{w}) \leqslant R_{\text{emp}}(\boldsymbol{w}) + \Omega\left(\frac{l}{h}\right) \tag{5.26}$$

当 l/h 较大（一般指 $l/h>20$）时，置信范围 $\Omega(\cdot)$ 的值很小，可以忽略，此时经验风险接近实际风险，最小化经验风险可以得到较好的代理模型。当 l/h 较小时，置信范围较大，用经验风险代替实际风险会产生较大的误差，此时仅仅最小化经验风险得到的代理模型有出现过学习的风险。置信范围 $\Omega(\cdot)$ 是函数集 $\boldsymbol{S}$ 的 VC 维数 h 的增函数，对于一个给定的问题（样本容量固定），当所选函数集的 VC 维较大时，即使经验风险 $R_{\text{emp}}(\boldsymbol{w})$ 很小，也会使置信范围较大，导致实际风险与经验风险差别较大，导致过学习现象的发生。另外，若降低函数集的 VC 维，置信范围虽然变小了，但有可能出现欠学习现象，使经验风险 $R_{\text{emp}}(\boldsymbol{w})$ 增大，两者之间相互影响。

在有限的训练样本下，为了使实际风险 $R(\boldsymbol{w})$ 最小，必须使经验风险和置信范围之和最小，也即在保证经验风险 $R_{\text{emp}}(\boldsymbol{w})$ 的同时控制函数集的 VC 维，进而获得具有较好推广能力的学习模型。统计学习理论提供了一般性的原则——结构风险最小化原则，它更适合小样本的情况（$l/h<20$）。该原则指出：将函数集构造成一个函数子集序列 $S_1, S_2, \cdots, S_k$，使各个子集按照 VC 维 $h_i(i=1,\cdots,k)$ 的大小进行排序，即 $S_1 \subset S_2 \subset \cdots \subset S_k$；在每个子集中寻找最小的经验风险，并在子集间折中考虑经验风险与 VC 维，以实现实际风险的最小化，这种思想称为结构风险最小化准则，如图 5-7 所示。

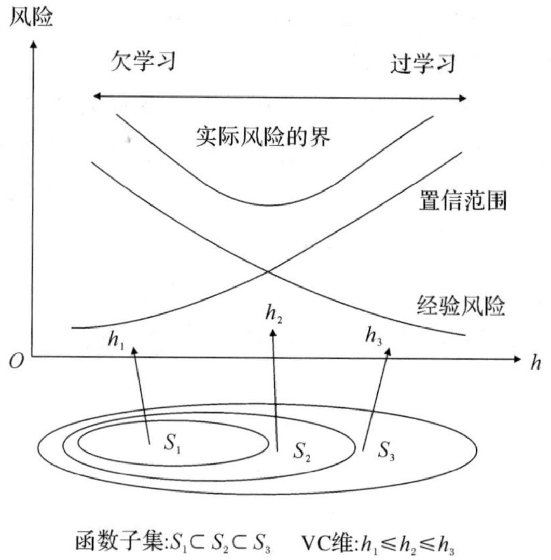

图 5-7　结构风险最小化准则示意图

结构风险最小化准则的目标是确定适当的 k（或 h_k），使代理模型置信风险与经验风险之和（即实际风险）达到最小。该准则实际上建议了一种近似精度和模型近似函数复杂度之间的折中方法。支持向量机是结构风险最小化思想的具体实现，它不像神经网络、最小二乘法等算法那样以训练误差最小为优化目标，而是以训练误差作为优化的约束条件，以置信范围值最小作为优化的目标来实现实际风险的最小化。

5.3.2 支持向量机分类算法

首先考虑线性可分情况，设存在线性可分的训练样本：

$$\boldsymbol{D}=\{(\boldsymbol{x}_1,y_1),\cdots,(\boldsymbol{x}_l,y_l)\},\quad y_i\in\{-1,+1\}$$

在可靠性分析领域，$y_i=-1$ 和 $y_i=+1$ 分别表示系统失效和安全。支持向量机分类算法的目的在于找到一个超平面使得这两类样本完全分开(见图 5-8)，且使分类超平面具有最好的推广能力。

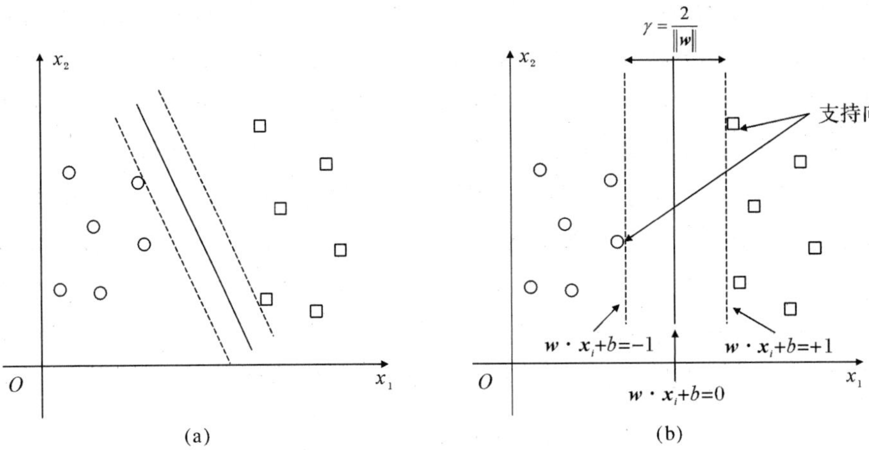

图 5-8 支持向量机分类面示意图

(a)分类间隔较小的分类面；(b)最大分类间隔分类面

由图 5-8 可以看到，能将两类样本正确分开的超平面有无数多个，但最优的只有一个，那就是分类间隔最大的超平面[图 5-8(b)中的黑色实线]。从数学角度出发，假设线性分类超平面为

$$\boldsymbol{w}\cdot\boldsymbol{X}+b=0 \tag{5.27}$$

式中：$\boldsymbol{w}=\{w_1,\cdots,w_n\}$为法向量，决定超平面的方向；$b$ 为位移项，决定了超平面与坐标原点之间的距离；$\boldsymbol{w}\cdot\boldsymbol{X}$ 表示向量 $\boldsymbol{w}$ 和 $\boldsymbol{X}$ 的内积。样本空间中任意点 $\boldsymbol{x}$ 到超平面 $\boldsymbol{w}\cdot\boldsymbol{X}+b=0$ 的距离可写为

$$r=\frac{|\boldsymbol{w}\cdot\boldsymbol{x}+b|}{\|\boldsymbol{w}\|} \tag{5.28}$$

当两类样本线性可分时，令

$$\left.\begin{aligned}\boldsymbol{w}\cdot\boldsymbol{x}_i+b\geqslant+1,\quad y_i=+1\\ \boldsymbol{w}\cdot\boldsymbol{x}_i+b\leqslant-1,\quad y_i=-1\end{aligned}\right\} \tag{5.29}$$

使得等号成立的训练样本称为“支持向量”，如图 5-8(b)所示，两个异类支持向量到超平面距离之和为

$$\gamma=\frac{2}{\|\boldsymbol{w}\|} \tag{5.30}$$

它被称为“间隔”。因此，要获得最优的超平面，需要在保证两类样本能正确区分的前提下，最

大化分类间隔$\frac{2}{\|w\|}$(等价于最小化$\frac{1}{2}\|w\|^2$)。那么最优分类超平面可以通过以下二次规划来求解，即

$$\left.\begin{aligned}&\min \frac{1}{2}\|\boldsymbol{w}\|^2\\&\text{s.t. } y_i(\boldsymbol{w}\cdot\boldsymbol{x}_i+b)\geqslant 1, i=1,\cdots,l\end{aligned}\right\}\tag{5.31}$$

上述仅仅考虑了线性可分时的情况。对于非线性问题，首先采用一个非线性映射 $\boldsymbol{X}\rightarrow\boldsymbol{\varphi}(\boldsymbol{X})$将原始数据映射到一个高维特征空间，然后在高维特征空间中进行线性分类，如图 5－9 所示。

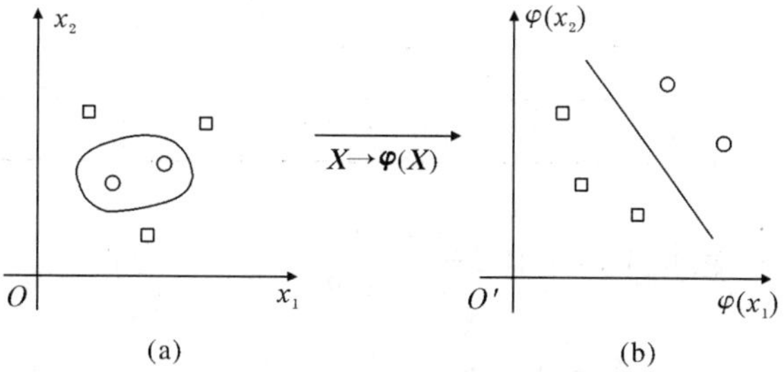

图 5－9　输入空间到特征空间的映射

(a)原输入空间；(b)高维特征空间

此外，考虑到可能存在一些样本不能被分离超平面正确分类，引入松弛变量来解决这个问题，于是式(5.31)中的优化问题转化为

$$\left.\begin{aligned}&\min \frac{1}{2}\|\boldsymbol{w}\|^2+C\sum_{i=1}^{l}\xi_i\\&\text{s.t. } y_i[\boldsymbol{w}\cdot\boldsymbol{\varphi}(\boldsymbol{x}_i)+b]\geqslant 1-\xi_i,\ \xi_i\geqslant 0, i=1,\cdots,l\end{aligned}\right\}\tag{5.32}$$

式中：C 为正则化常数，当 C 为无穷大时，式(5.32)迫使所有样本都满足约束 $y_i[\boldsymbol{w}\cdot\boldsymbol{\varphi}(\boldsymbol{x}_i)+b]\geqslant 1$；当 C 取有限值时，式(5.32)允许一些样本不满足约束。式(5.32)中目标函数第一项使样本到超平面距离尽可能大，从而提高推广能力；目标函数第二项则使训练样本分类误差尽可能小，C 对支持向量机的推广能力和训练误差做出折中。$\xi_i(i=1,\cdots,l)$为松弛变量，训练样本集中每个样本 $\boldsymbol{x}_i$ 都对应一个松弛变量 ξ_i，用以表征该样本不满足约束 $y_i(\boldsymbol{w}\cdot\boldsymbol{x}_i+b)\geqslant 1$ 的程度。

对式(5.32)引入拉格朗日函数，可得

$$L(\boldsymbol{w},b,\boldsymbol{\xi},\boldsymbol{\alpha},\gamma)=\frac{1}{2}\|\boldsymbol{w}\|^2+C\sum_{i=1}^{l}\xi_i-\sum_{i=1}^{l}\alpha_i\{y_i[\boldsymbol{w}\cdot\boldsymbol{\varphi}(x_i)+b]-1+\xi_i\}-\sum_{i=1}^{l}\gamma_i\xi_i\tag{5.33}$$

式中：$\boldsymbol{w}$、b、$\xi_i(i=1,\cdots,l)$为优化变量；$\alpha_i\geqslant 0$、$\gamma_i\geqslant 0(i=1,\cdots,l)$为拉格朗日乘子。

最终得到的支持向量分类预测函数为

$$g_{\text{SVM}}(\boldsymbol{x})=\text{sgn}\left[\sum_{i=1}^{l}\alpha_i y_i k(\boldsymbol{x},\boldsymbol{x}_i)+b\right]\tag{5.34}$$

式中：$k(\boldsymbol{x}_i,\boldsymbol{x}_j)=\boldsymbol{\varphi}(\boldsymbol{x}_i)\cdot\boldsymbol{\varphi}(\boldsymbol{x}_j)$为核函数。根据 Mercer 理论，核函数需满足：

$$\iint k(\boldsymbol{x}_i,\boldsymbol{x}_j)\phi(\boldsymbol{x}_i)\phi(\boldsymbol{x}_j)\mathrm{d}\boldsymbol{x}_i\mathrm{d}\boldsymbol{x}_j\geqslant 0\tag{5.35}$$

式中：$\phi(\boldsymbol{x})$ 是任意不等于 0 且满足$\int \phi^2(\boldsymbol{x})\mathrm{d}\boldsymbol{x} < \infty$ 的函数。常用的满足上述条件的核函数见表 5-6。

表 5-6　支持向量机常用的核函数

名 称	核函数表达式	参 数
线性核	$k(\boldsymbol{x}_i,\boldsymbol{x}_j)=\boldsymbol{x}_i \cdot \boldsymbol{x}_j$	—
多项式核	$k(\boldsymbol{x}_i,\boldsymbol{x}_j)=(\boldsymbol{x}_i \cdot \boldsymbol{x}_j+1)^d$	$d\geqslant1$，为多项式阶次
高斯核	$k(\boldsymbol{x}_i,\boldsymbol{x}_j)=\exp\left(-\frac{\Vert \boldsymbol{x}_i-\boldsymbol{x}_j \Vert^2}{2\sigma^2}\right)$	$\sigma>0$，为高斯核带宽
指数核	$k(\boldsymbol{x}_i,\boldsymbol{x}_j)=\exp\left(-\frac{\Vert \boldsymbol{x}_i-\boldsymbol{x}_j \Vert}{\sigma}\right)$	$\sigma>0$
Sigmoid 核	$k(\boldsymbol{x}_i,\boldsymbol{x}_j)=\tanh(\beta\boldsymbol{x}_i \cdot \boldsymbol{x}_j+\theta)$	$\beta>0,\theta<0$

5.3.3　支持向量机回归算法

首先考虑线性情况，设存在训练样本集：

$$\boldsymbol{D}=\{(\boldsymbol{x}_1,y_1),\cdots,(\boldsymbol{x}_l,y_l)\}$$

假设样本集 $\boldsymbol{D}$ 是 ε -线性近似的（ε 是人为指定的常数），即存在一个超平面 $g_{\mathrm{SVR}}(\boldsymbol{x})=\boldsymbol{w}\cdot\boldsymbol{x}+b$，使得下式成立：

$$|g_{\mathrm{SVR}}(\boldsymbol{x}_i)-y_i|\leqslant\varepsilon,\quad i=1,\cdots,l \tag{5.36}$$

如图 5-10 所示，式(5.36)实质上定义了一个以超平面 $g_{\mathrm{SVR}}(\boldsymbol{x})=\boldsymbol{w}\cdot\boldsymbol{x}+b$ 为中心的间隔带。训练样本集中的样本点$(\boldsymbol{x}_i,y_i)(i=1,\cdots,l)$到间隔带中心 $\boldsymbol{x}_1^{*(k+1)}$ 的距离为

$$d_i=\frac{|\boldsymbol{w}\cdot\boldsymbol{x}_i+b-y_i|}{\sqrt{1+\Vert\boldsymbol{w}\Vert^2}} \tag{5.37}$$

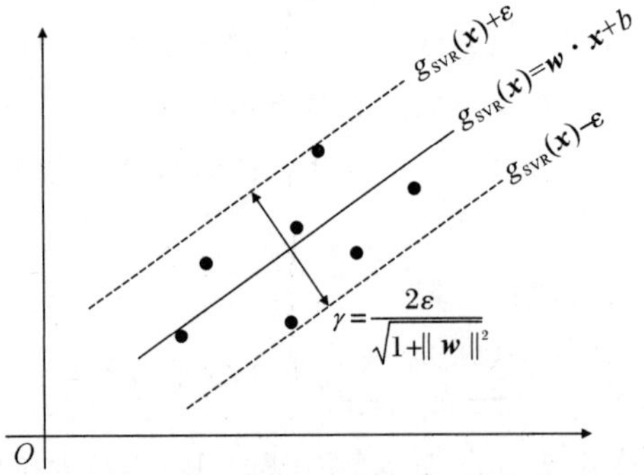

图 5-10　ε-线性近似

因为所有训练样本点均落在间隔带内，所以有

$$d_i=\frac{|\boldsymbol{w}\cdot\boldsymbol{x}_i+b-y_i|}{\sqrt{1+\Vert\boldsymbol{w}\Vert^2}}\leqslant\frac{\varepsilon}{\sqrt{1+\Vert\boldsymbol{w}\Vert^2}},\quad i=1,\cdots,l \tag{5.38}$$

式中：$\frac{\varepsilon}{\sqrt{1+\Vert\boldsymbol{w}\Vert^2}}$是训练样本集中的点到超平面 $\boldsymbol{x}_1^{*(k+1)}$ 的最远距离。所以，图 5-10 中间隔

带的宽度 $\gamma=\frac{2\varepsilon}{\sqrt{1+\|\boldsymbol{w}\|^2}}$。类似于支持向量分类算法，支持向量回归算法的基本思想是在保证训练样本点处误差满足精度要求的前提下，即 $|g_{\mathrm{SVR}}(\boldsymbol{x}_i)-y_i|\leqslant\varepsilon,\ i=1,\cdots,l$，最大化间隔带的宽度 $\gamma=\frac{2\varepsilon}{\sqrt{1+\|\boldsymbol{w}\|^2}}$（等价于最小化 $\frac{1}{2}\|\boldsymbol{w}\|^2$）。于是支持向量回归问题就转化为优化问题：

$$\left.\begin{aligned}&\min \frac{1}{2}\|\boldsymbol{w}\|^2\\&\text{s.t. } |g_{\mathrm{SVR}}(\boldsymbol{x}_i)-y_i|\leqslant\varepsilon,\ i=1,\cdots,l\end{aligned}\right\}\tag{5.39}$$

当不能严格满足式(5.39)中的约束条件时，引入两个松弛变量 $\xi_i\geqslant0,\xi_i^*\geqslant0(i=1,\cdots,l)$，并考虑下式中的 ε-不敏感损失函数：

$$|y-g_{\mathrm{SVR}}(\boldsymbol{x})|=\begin{cases}0, & |y-g_{\mathrm{SVR}}(\boldsymbol{x})|\leqslant\varepsilon\\ |y-g_{\mathrm{SVR}}(\boldsymbol{x})|-\varepsilon, & \text{其他}\end{cases}\tag{5.40}$$

此时，式(5.40)的优化问题转化为

$$\left.\begin{aligned}&\min \frac{1}{2}\|\boldsymbol{w}\|^2+C\sum_{i=1}^{l}(\xi_i+\xi_i^*)\\&\text{s.t. } g_{\mathrm{SVR}}(\boldsymbol{x}_i)-y_i\leqslant\varepsilon+\xi_i^*,\quad i=1,\cdots,l\\&\quad y_i-g_{\mathrm{SVR}}(\boldsymbol{x}_i)\leqslant\varepsilon+\xi_i,\quad i=1,\cdots,l\\&\quad \xi_i,\xi_i^*\geqslant0,\quad i=1,\cdots,l\end{aligned}\right\}\tag{5.41}$$

式中：C 为正则化常数。式(5.41)目标函数中的第一项使回归函数更加平坦，从而提高推广能力，第二项代表训练误差，正则化常数 C 对支持向量机的推广能力和训练误差做出折中。

引入拉格朗函数

$$\begin{aligned}L(\boldsymbol{w},b,\xi,\xi^*\boldsymbol{\alpha},\boldsymbol{\alpha}^*,\boldsymbol{\mu},\boldsymbol{\mu}^*)=&\frac{1}{2}\|\boldsymbol{w}\|^2+C\sum_{i=1}^{l}(\xi_i+\xi_i^*)-\sum_{i=1}^{l}\mu_i\xi_i-\\&\sum_{i=1}^{l}\mu_i^*\xi_i^*+\sum_{i=1}^{l}\alpha_i[g_{\mathrm{SVR}}(\boldsymbol{x}_i)-y_i-\varepsilon-\xi_i]+\\&\sum_{i=1}^{l}\alpha_i^*[y_i-g_{\mathrm{SVR}}(\boldsymbol{x}_i)-\varepsilon-\xi_i^*]\end{aligned}\tag{5.42}$$

式中：$\boldsymbol{w},b,\xi_i\geqslant0,\xi_i^*\geqslant0(i=1,\cdots,l)$ 为优化变量，$\alpha_i\geqslant0,\alpha_i^*\geqslant0,\mu_i\geqslant0,\mu_i^*\geqslant0(i=1,\cdots,l)$ 为拉格朗日乘子。

求解上述优化问题，即可得到所有的拉格朗日乘子 $\alpha_i,\alpha_i^*(i=1,\cdots,l)$。一般情况下，大部分 α_i 和 α_i^* 将为零，其中不为零的 α_i 或 α_i^* 所对应的样本为支持向量。最终支持向量回归表达式为

$$g_{\mathrm{SVR}}(\boldsymbol{x})=\boldsymbol{w}\cdot\boldsymbol{\varphi}(\boldsymbol{x})+b=\sum_{i=1}^{l}(\alpha_i-\alpha_i^*)k(\boldsymbol{x},\boldsymbol{x}_i)+b\tag{5.43}$$

式中：

$$\left.\begin{aligned} b &= y_j - \varepsilon - \sum_{i=1}^{l}(\alpha_i - \alpha_i^*)k(\boldsymbol{x}_i, \boldsymbol{x}_j), \quad \alpha_j \in (0, C) \\ b &= y_j + \varepsilon - \sum_{i=1}^{l}(\alpha_i - \alpha_i^*)k(\boldsymbol{x}_i, \boldsymbol{x}_j), \quad \alpha_j^* \in (0, C) \end{aligned}\right\} \tag{5.44}$$

可以通过任意一个支持向量求出 b 的值。为了计算稳定起见，通常利用所有的支持向量求出所有 b 的值，然后取平均。

5.3.4 支持向量机推广能力估计与参数选择

分类问题的推广能力指支持向量分类算法对未知数据进行分类的准确率；回归问题的推广能力指支持向量回归算法对未知数据进行预测的精度。为了评估支持向量机模型的推广能力，通常需要一个测试集来检验所建模型对新样本的分类能力或预测精度，然后以测试集上的测试误差的大小来评价支持向量机的推广能力。但是通常情况下，我们只有包含 l 个样本的数据集 $\boldsymbol{D}=\{(\boldsymbol{x}_1, y_1), \cdots, (\boldsymbol{x}_l, y_l)\}$，并没有额外的测试集来对代理模型推广能力进行评估。因此，我们希望数据集 $\boldsymbol{D}$ 既要参与代理模型的训练，又要参与模型推广能力的测试。该思想的具体实现是 m-折交叉验证法，该方法将训练样本等分为 m 组，利用其中 $m-1$ 组样本构建代理模型，用剩余一组样本来验证所构建代理模型的精度，这样循环 m 次，使得每一组样本都作为一次测试集，然后对得到的 m 个验证误差取平均来估计支持向量机模型的真实误差。特别地，当 $m=l$ 时，该方法称为留一法(Leave-One-Out)交叉验证(Cross-Validation)。

对于分类问题，留一法交叉验证误差 e_{LOO} 为

$$e_{\mathrm{LOO}} = \frac{1}{l}\sum_{i=1}^{l} I[-y_i g_{\mathrm{SVM}}^{\sim i}(\boldsymbol{x}_i)] \tag{5.45}$$

式中：$g_{\mathrm{SVM}}^{\sim i}(\boldsymbol{x})$ 表示去除第 i 个样本点 $(\boldsymbol{x}_i, y_i)$，用剩余 $l-1$ 个样本所构建的支持向量分类模型。$I(x)$ 为指示函数，其定义为

$$I(x) = \begin{cases} 0, & x > 0 \\ 1, & x \leqslant 0 \end{cases} \tag{5.46}$$

对于回归问题，留一法交叉验证误差为

$$e_{\mathrm{LOO}} = \frac{1}{l}\sum_{i=1}^{l} [y_i - g_{\mathrm{SVR}}^{\sim i}(\boldsymbol{x}_i)]^2 \tag{5.47}$$

式中：$g_{\mathrm{SVR}}^{\sim i}(x)$ 表示去除第 i 个样本点 $(\boldsymbol{x}_i, y_i)$，用剩余 $l-1$ 个样本所构建的支持向量回归模型。

此外，支持向量机的核函数类型及模型参数(包括正则化常数 C、ε 及核参数)对代理模型精度有很大的影响，选取适当的核函数类型及模型参数是获得高精度支持向量机模型的前提。为了选择合适的支持向量机核函数及模型参数，常用的方法是以交叉验证误差最小化为目标，

通过优化算法或者搜索技术来实现核函数类型及模型参数的选择。

当得到支持向量分类模型 $g_{\mathrm{SVM}}(\boldsymbol{x})$ 或回归模型 $g_{\mathrm{SVR}}(\boldsymbol{x})$ 后，就可在该代理模型基础上结合 Monte Carlo 等方法进行可靠性分析。支持向量分类与回归算法已经有很多现成的基于 Matlab 开发的软件包，其中较为成熟和完整的有瑞士苏黎世联邦理工学院 SudretBruno 教授团队开发的 UQlab 软件（可通过网址 https://www.uqlab.com/下载安装）及台湾大学林智仁教授开发的 LIBSVM 软件（可通过网址 https://www.csie.ntu.edu.tw/～cjlin/libsvm/下载安装）。

5.3.5　支持向量机的算例分析

【例 5-5】　考虑如图 5-11 所示的两杆支撑系统，其功能函数为

$$Y = S - 2W\frac{\sqrt{h^2 + (s/2)^2}}{\pi(d_{\mathrm{outer}}^2 - d_{\mathrm{inner}}^2)}\left(\frac{\sin\theta}{h} + 2\frac{\cos\theta}{s}\right)$$

该功能函数中所有随机变量分布类型及其分布参数见表 5-7。

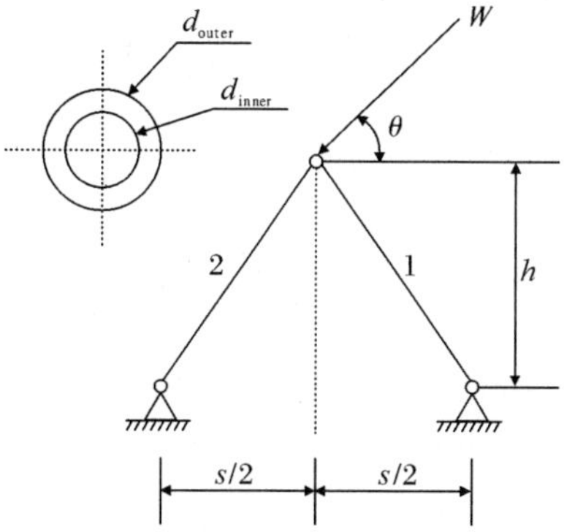

图 5-11　两杆支撑系统示意图

表 5-7　例 5-5 输入随机变量分布类型及其参数

变 量	分布类型	均 值	标准差
S/MPa	正态	200	20
W/kN	正态	47.75	3.90
h/mm	正态	100	5
s/mm	正态	100	5
d_{outer}/mm	正态	30	1.5
d_{inner}/mm	正态	18	0.9
θ/(°)	正态	60	1.15

支持向量分类及回归算法可靠性分析结果见表 5-8（本节所有算例均在代理模型基础上采用 Monte Carlo 模拟进行可靠性分析）。

表 5-8　例 5-5 可靠性分析结果

方 法	核函数类型	抽样次数	$P_f/10^{-3}$
Monte Carlo 模拟	—	10^6	6.509 0
支持向量回归	高斯核	500	5.163 0
	多项式	300	6.816 0
	指数核	1 000	4.819 0
	Sigmoid 核	1 000	6.949 0
支持向量分类	高斯核	600	7.630 0
	多项式	1 000	7.200 0
	指数核	1 000	1.764 0
	Sigmoid 核	1 500	6.346 0

使用 UQlab 工具箱和 libsvm 工具箱的支持向量机方法的代码如下：

SVM_UQlab.m

```
clear all
uqlab;  %调用 UQlab 工具箱
g=@(x)x(:,1)-2.*x(:,2).*(x(:,3).^2+0.25.*x(:,4).^2).^0.5./(pi.*(x(:,5).^2-x(:,6).^2)).*(sin(x(:,7))./x(:,3)+2.*cos(x(:,7))./x(:,4));
Mean=[200*10^6, 47.75*1000, 0.1,  0.1,  0.03,  0.018,  pi/3];  %例 5 变量均值
Std=[20*10^6, 3.9*1000, 0.005, 0.005, 0.03*0.05, 0.018*0.05, 1.15/180*pi]; %变量标准差
%Monte Carlo 模拟可靠性分析
N=10.^6;X1=lhsnorm(Mean,diag(Std.^2),n);Y1=g(X1);%%拉丁方抽样
Pf=size(find(Y1<0),1)./N   %%MC 模拟的失效概率估计
%支持向量回归
N1=50;X=lhsnorm(Mean,diag(Std.^2),N1); Y=g(X);    %产生训练样本
MetaOpts.Type = 'Metamodel';
MetaOpts.MetaType = 'SVR';                        %代理模型类型—支持向量回归
MetaOpts.ExpDesign.X = X;
MetaOpts.ExpDesign.Y = Y;
MetaOpts.Kernel.Family = 'Gaussian';              %核函数类型(可调)—高斯核函数
%MetaOpts.Kernel.Family = 'Polynomial';           %核函数类型(可调)—多项式核函数
%MetaOpts.Kernel.Family = 'Sigmoid';              %核函数类型(可调)—Sigmoid 核函数
%MetaOpts.Kernel.Family = 'Exponential';          %核函数类型(可调)—指数核函数
MetaOpts.QPSolver='SMO';                          %序列最小优化算法
MetaOpts.Loss = 'l1-eps';                         %损失函数类型
MetaOpts.EstimMethod = 'CV';                      %交叉验证模型精度
MetaOpts.Optim.Method = 'GA';                     %遗传算法优化模型参数
mySVR = uq_createModel(MetaOpts);                 %构建支持向量回归模型
Y_svr = uq_evalModel(mySVR,X1);                   %对新样本进行预测
Pf1=size(find(Y_svr<0),1)./N                      %计算失效概率%支持向量分类

N2=300;X=lhsnorm(Mean,diag(Std.^2),N2); Y=g(X); Y=sign(Y); %产生训练样本
MetaOpts.Type = 'Metamodel';
```

```
  MetaOpts.MetaType = 'SVC';                          %代理模型类型—支持向量分类
  MetaOpts.ExpDesign.X = X;
  MetaOpts.ExpDesign.Y = Y;
  MetaOpts.Kernel.Family = 'Gaussian';                %核函数类型(可调)—高斯核函数
% MetaOpts.Kernel.Family = 'Polynomial';              %核函数类型(可调)—多项式核函数
% MetaOpts.Kernel.Family = 'Sigmoid';                 %核函数类型(可调)—Sigmoid 核函数
% MetaOpts.Kernel.Family = 'Exponential';             %核函数类型(可调)—指数核函数
  MetaOpts.QPSolver='SMO';                            %序列最小优化算法
  MetaOpts.Optim.Method = 'CE';                       %交叉验证模型精度
  MetaOpts.EstimMethod = 'CV';                        %交叉验证模型精度
  mySVC = uq_createModel(MetaOpts);                   %构建支持向量分类模型
  Y_svr = uq_evalModel(mySVC,X1);                     %对新样本进行预测
  Pf2=size(find(Y_svr<0),1)./N                        %计算失效概率
```

SVM_libsvm.m

```
  clear all
  uqlab;  %调用 UQlab 工具箱
g=@(x)x(:,1)-2.*x(:,2).*(x(:,3).^2+0.25.*x(:,4).^2).^0.5./(pi.*(x(:,5).^2-x(:,6).^
2)).*(sin(x(:,7))./x(:,3)+2.*cos(x(:,7))./x(:,4));
  Mean=[200*10^6, 47.75*1000, 0.1,  0.1,  0.03,  0.018,  pi/3 ];  %例 5 变量均值
  Std=[20*10^6, 3.9*1000, 0.005, 0.005, 0.03*0.05, 0.018*0.05, 1.15/180*pi]; %变量标准差
  %Monte Carlo 模拟可靠性分析
  N=10.^6;X1=lhsnorm(Mean,diag(Std.^2),n);Y1=g(X1);  %%拉丁方抽样
  Pf=size(find(Y1<0),1)./N   %%MC 模拟的失效概率估计
  %支持向量分类/回归
  N1=500;X=lhsnorm(Mean,diag(Std.^2),N1); Y=g(X);  %产生训练样本
  dmodel=svmtrain(Y, X, '-s 0 -t 0');  %分类
  %dmodel=svmtrain(Y, X, '-s 3 -t 3');  %回归
  % libsvm_options:
  % -s svm_type : set type of SVM (default 0)
  %0 -- C-SVC(multi-class classification)
  %1 -- nu-SVC(multi-class classification)
  %2 -- one-class SVM
  %3 -- epsilon-SVR(regression)
  %4 -- nu-SVR(regression)
  % -t kernel_type : set type of kernel function (default 2)
  %0 -- linear: u'*v
  %1 -- polynomial: (gamma*u'*v + coef0)^degree
  %2 -- radial basis function: exp(-gamma*|u-v|^2)
  %3 -- sigmoid: tanh(gamma*u'*v + coef0)
  %4 -- precomputed kernel (kernel values in training_instance_matrix)
  y1=ones(N,1);
  Y_sv=svmpredict(y1,X1,dmodel);  %对新样本进行预测
  Pf1=size(find(Y_sv<0),1)./N                         %计算失效概率
```

第6章 结构系统可靠性

所谓系统是为完成某一特定功能，由若干个彼此有联系又能相互协调工作的单元组成的综合体。由大量元件组成的结构系统，其失效模式有很多，但只有那些对系统失效概率影响较大的主要失效模式才是我们所关注的。那么，如何确定结构系统的主要失效模式呢？

首先确定结构系统的破坏/失效准则：

(1)结构变为机构，即总刚奇异；

(2)结构出现了不允许的变形；

(3)结构中关键部件发生破坏。

Moses 教授提出增量载荷法选择可能的破坏元件之后，经过研究学者的不断改进，发展了基于增量载荷的优化准则法，使其有效用于确定大型结构的失效模式，并建立主要失效模式的极限状态方程。而后采用系统可靠性分析方法求解系统失效概率。

6.1 基于增量载荷的优化准则法

6.1.1 确定结构系统的失效模式

基于增量载荷的优化准则法的基本思路是：给结构系统一级一级地增加增量载荷，每加一级载荷都筛选出一系列可能失效的元件，直到系统达到整体失效，从而确定结构系统的失效模式，具体的步骤如下。

1. 第一级破坏元件的选取

在结构受外载荷处加单位载荷 $\Delta P_1=1$，在此单位载荷作用下求得各元件的内力 a_{i1}（第一级增量载荷下的第 i 个元件的内力），则第 i 个元件破坏的第一级增量载荷为

$$S_{i1} = R_i^e / a_{i1}$$

式中：R_i^e 为第 i 个元件的强度。

最可能破坏的元件对应的第一级增量载荷应最小，记

$$S_{1cr}=\min_{i=1}^{n}(S_{i1})$$

则第 i 个元件的相对重要度 $\bar{S}_{i1}$ 为

$$\bar{S}_{i1}=S_{1cr}/S_{i1} \quad (0<\bar{S}_{i1}\leqslant 1)$$

选取 $C_1\leqslant\bar{S}_{i1}\leqslant 1$ 的元件作为第一级的可能破坏元件（C_1 的经验值为 0.8～0.9）。

2. 第二级破坏元件的选取

假设结构在第一级破坏的元件为 L_1，则将 L_1 的单刚从总刚中去掉，然后加第二级单位增量载荷 $\Delta P_2=1$，求得第 i 个元件的内力 a_{i2}，则第 i 个元件发生破坏时的第二级增量载荷 S_{i2} 为

$$S_{i2}=(R_i^e-S_{L_1 1}a_{i1})/a_{i2}$$

记

$$S_{2\mathrm{cr}}=\min_{i=1}^{n}(S_{i2})$$

则第 i 个元件的相对重要度 $\bar{S}_{i2}$ 为

$$\bar{S}_{i2}=S_{2\mathrm{cr}}/S_{i2}\qquad(0<\bar{S}_{i2}\leqslant 1)$$

选取 $C_2\leqslant\bar{S}_{i2}\leqslant 1$ 的元件作为第二级的可能破坏元件。

3. 第 p 级破坏元件的选取

设第 1,2,…, $p-1$ 的破坏单元分别为 $L_1,L_2,\cdots,L_{p-1}$，则将 $L_1,L_2,\cdots,L_{p-1}$ 的单刚从总刚中删掉，然后加第 p 级单位增量载荷 $\Delta P_p=1$，求得第 i 个元件的内力 a_{ip}，则第 i 个元件发生破坏时的第 p 级增量载荷 S_{ip} 为

$$S_{ip}=\left(R_i^e-\sum_{j=1}^{p-1}S_{L_j j}a_{ij}\right)/a_{ip}$$

记 $S_{p\mathrm{cr}}=\min_{i=1}^{n}(S_{ip})$，则第 i 个单元的相对重要度 $\bar{S}_{ip}$ 为 $\bar{S}_{ip}=S_{p\mathrm{cr}}/S_{ip}$ $(0<\bar{S}_{ip}\leqslant 1)$。选取 $C_p\leqslant\bar{S}_{ip}\leqslant 1$ 的元件作为第 p 级的可能破坏元件。

通过优化准则法，可建立如图 6-1 所示的静强度可靠性分析的失效路径，每个失效模式的极限状态方程都可以通过上述优化准则法来建立。

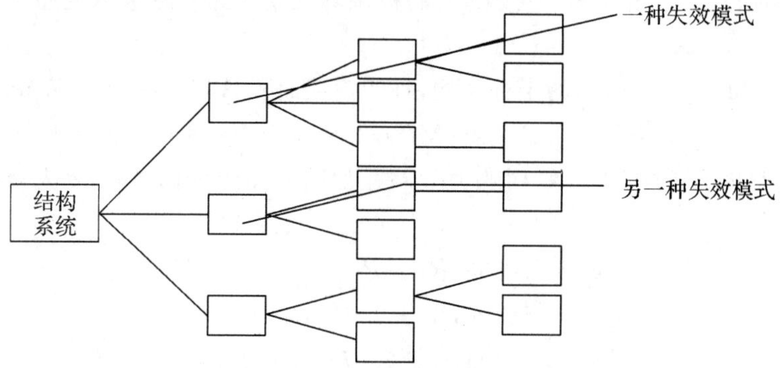

图 6-1　结构系统的失效路径

6.1.2　确定失效模式的极限状态方程

根据基于增量载荷的优化准则法确定的失效路径建立相应的极限状态方程。假设结构的第 k 个失效模式有 j_k 个破坏元件 1,2,…,j_k，则由上述优化准则的过程可建立如下 j_k 个方程

$$\begin{cases} R_1^e = a_{11}S_1 \\ R_2^e = a_{21}S_1 + a_{22}S_2 \\ \quad\cdots\cdots \\ R_{j_k}^e = a_{j_k1}S_1 + a_{j_k2}S_2 + \cdots + a_{j_kj_k}S_{j_k} \end{cases}$$

令

$$\boldsymbol{A} = \begin{bmatrix} a_{11} & 0 & \cdots & 0 \\ a_{12} & a_{22} & \cdots & 0 \\ \vdots & \vdots & & \vdots \\ a_{j_k1} & a_{j_k2} & & a_{j_kj_k} \end{bmatrix}$$

$$\boldsymbol{R}^e = \{R_1^e, R_2^e, \cdots, R_{jk}^e\}^{\mathrm{T}}$$

$$\boldsymbol{S} = \{S_1, S_2, \cdots, S_{jk}\}^{\mathrm{T}}$$

则

$$\boldsymbol{R}^e = \boldsymbol{AS}$$

$$\boldsymbol{S} = \boldsymbol{A}^{-1}\boldsymbol{R}^e = \boldsymbol{DR}^e$$

式中：S_i 分别为优化准则中的 $S_{ji}(i,j=1,2,\cdots,j_k)$。

系统第 k 个模式的强度为

$$R_S^{(k)} = \sum_{i=1}^{j_k} S_i = \sum_{i=1}^{j_k} D_{ki}R_i^e$$

式中：D_{ki}是由矩阵$\boldsymbol{A}$ 确定的常数。对应的第 k 个失效模式的极限状态方程为

$$g_k = R_S^{(k)} - P = \sum_{i=1}^{j_k} D_{ki}R_i^e - P = 0 \qquad (6.1)$$

式中：P 为结构受到的外载荷。

由式(6.1)可以看出，第 k 个失效模式的极限状态方程 g_k 为基本变量 R_i^e 和 P 的线性函数。

【例 6-1】 如图 6-2 所示的十杆结构，杆的横截面积 $A_1=A_3=2\ 000\ \mathrm{mm}^2$，其余杆的横截面积均为 $1\ 000\ \mathrm{mm}^2$，弹性模量 $E=10^5$ MPa，外载荷为 $P=8$ kN，杆 1 和杆 2 的强度为 18 MPa，其余杆的强度为 10 MPa。结构的失效路径如图6-3所示，3 个主要失效模式的极限状态方程为

$$\begin{cases} g_1 = 14.333R_7 - P = 0 \\ g_2 = 16.267R_8 - 2.124R_9 - P = 0 \\ g_3 = 7.071R_9 + 7.071R_{10} - P = 0 \end{cases}$$

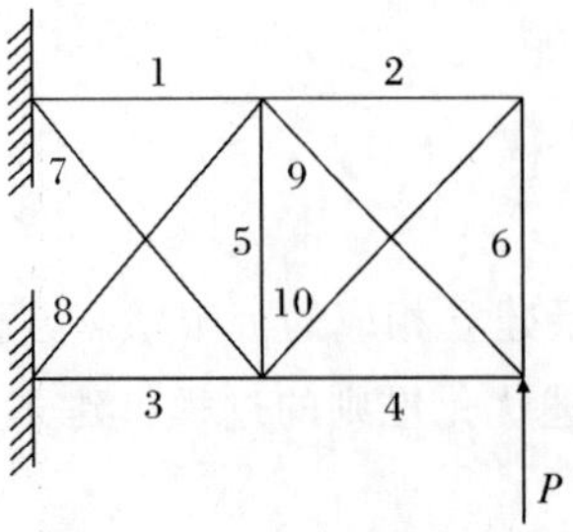

图 6-2　十杆结构示意图

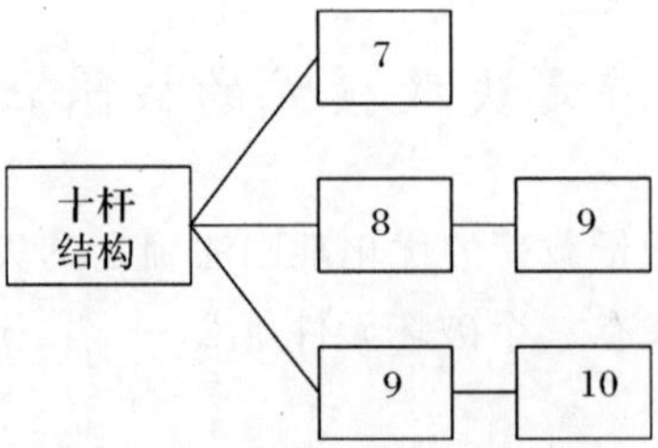

图 6-3　十杆结构的失效路径

如果多个失效模式中可能含有相同的基本变量，那么失效模式间必然存在相关性。那么失效模式之间的相关性如何衡量呢？

6.2　标准正态空间两线性极限状态方程相关系数的几何意义

设在标准正态空间内有两个线性极限状态函数 $g_1(\boldsymbol{x}) = a_0 + \sum_{i=1}^{n} a_i x_i = 0$ 和 $g_2(\boldsymbol{x}) = b_0 + \sum_{i=1}^{n} b_i x_i = 0$，它们法线方向的单位向量分别为 $\boldsymbol{n}_1$ 和 $\boldsymbol{n}_2$，如图 6－2 所示。

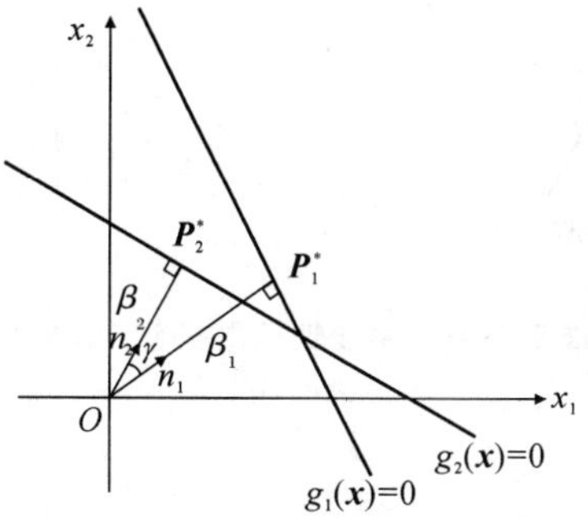

图 6－4　线性功能函数的相关系数

令 $Y_1 = g_1(\boldsymbol{x}), Y_2 = g_2(\boldsymbol{x})$，则

$$\begin{cases} E(Y_1) = a_0 + \sum_{i=1}^{n} a_i \mu_i = a_0, \quad D(Y_1) = \sum_{i=1}^{n} a_i^2 \sigma_i^2 = \sum_{i=1}^{n} a_i^2 \\ E(Y_2) = b_0 + \sum_{i=1}^{n} b_i \mu_i = b_0, \quad D(Y_2) = \sum_{i=1}^{n} b_i^2 \sigma_i^2 = \sum_{i=1}^{n} b_i^2 \end{cases}$$

代入相关系数的定义式可得

$$\rho_{Y_1 Y_2} = \frac{E\{[Y_1 - E(Y_1)][Y_2 - E(Y_2)]\}}{\sqrt{D(Y_1)}\sqrt{D(Y_2)}} = \frac{E\left[\left(\sum_{i=1}^{n} a_i x_i\right)\left(\sum_{j=1}^{n} b_j x_j\right)\right]}{\sqrt{\sum_{i=1}^{n} a_i^2}\sqrt{\sum_{i=1}^{n} b_i^2}} = \frac{\sum_{i=1}^{n} a_i b_i}{\sqrt{\sum_{i=1}^{n} a_i^2}\sqrt{\sum_{i=1}^{n} b_i^2}}$$

已知 OP_1^* 和 OP_2^* 方向的单位向量分别为

$$\begin{cases} \boldsymbol{n}_1 = -\dfrac{\{a_1, a_2, \cdots, a_n\}}{\left(\sum_{i=1}^{n} a_i^2\right)^{1/2}} \\ \boldsymbol{n}_2 = -\dfrac{\{b_1, b_2, \cdots, b_n\}}{\left(\sum_{i=1}^{n} b_i^2\right)^{1/2}} \end{cases}$$

可知，OP_1^* 与 OP_2^* 夹角 γ 的余弦计算公式为

$$|\boldsymbol{n}_1||\boldsymbol{n}_2|\cos\gamma=\boldsymbol{n}_1\cdot\boldsymbol{n}_2=\frac{\sum_{i=1}^{n}a_ib_i}{\left(\sum_{i=1}^{n}a_i^2\right)^{1/2}\left(\sum_{i=1}^{n}b_i^2\right)^{1/2}}=\rho_{12} \tag{6.2}$$

由此可以看出，在标准正态空间内，两线性极限状态方程之间夹角的余弦恰好为两函数的线性相关系数。在特殊情况下，$\rho_{12}=0$，则夹角为 90°，两线性函数正交；$\rho_{12}=1$ 时，两线性函数平行，如图 6－5 所示。

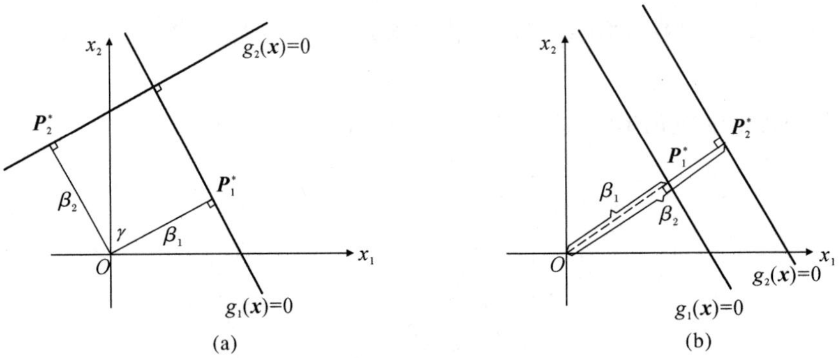

图 6－5　标准正态空间中线性极限状态方程的位置关系示例

(a)$\rho_{12}=0$；(b)$\rho_{12}=1$

6.3　结构系统失效概率的边界理论

6.3.1　一阶边界理论

假设系统中有 m 个失效模式，一阶边界理论是用单个失效模式的失效概率 $P_{fi}(i=1,2,\cdots,m)$来构造系统的失效概率 $P_f^{(s)}$ 的上下界。

1. **串联系统**

串联系统失效概率的上、下界：

$$\max_{i=1}^{m}(P_{fi})\leqslant P_f^{(s)}\leqslant 1-\prod_{i=1}^{m}(1-P_{fi}) \tag{6.3}$$

当模式相互独立时，$\rho=0$，$P_f^{(s)}$ 达到上界；当模式完全相关时，$\rho=1$，$P_f^{(s)}$ 达到下界。

设串联系统有 m 个相互独立的失效模式($p_{ij}=0,i,j=1,2,\cdots,m,i\neq j$)，且它们的安全域和失效域分别为 $\boldsymbol{D}_{S_i}$ 和 $\boldsymbol{D}_{F_i}$($i=1,2,\cdots,m$)，则系统的失效概率 $P_f^{(s)}$ 为

$$\begin{aligned}P_f^{(s)}&=P\{\boldsymbol{D}_{F_1}\cup\boldsymbol{D}_{F_2}\cup\cdots\cup\boldsymbol{D}_{F_m}\}=P\{\overline{\boldsymbol{D}_{S_1}\cap\boldsymbol{D}_{S_2}\cap\cdots\cap\boldsymbol{D}_{S_m}}\}\\&=1-P\{\boldsymbol{D}_{S_1}\cap\boldsymbol{D}_{S_2}\cap\cdots\cap\boldsymbol{D}_{S_m}\}\\&\overset{\text{独立}}{=}1-P\{\boldsymbol{D}_{S_1}\}P\{\boldsymbol{D}_{S_2}\}\cdots P\{\boldsymbol{D}_{S_m}\}\\&=1-\prod_{i=1}^{m}P\{\boldsymbol{D}_{S_i}\}\end{aligned}$$

$$=1-\prod_{i=1}^{m}(1-P_{fi})$$

以下以两个模式完全相关为例，来说明 $P_f^{(s)}$ 的下界。

假设串联系统有两个失效模式 M_1、M_2，它们的安全域和失效域分别为 $\boldsymbol{D}_{S_i}$ 和 $\boldsymbol{D}_{F_i}$（$i=1$，2），则系统的失效概率 $P_f^{(s)}$ 为

$$\begin{aligned}P_f^{(s)} &= P\{\boldsymbol{D}_{F_1}\cup\boldsymbol{D}_{F_2}\} = P\{\boldsymbol{D}_{F_1}\}+P\{\boldsymbol{D}_{F_2}\}-P\{\boldsymbol{D}_{F_1}\boldsymbol{D}_{F_2}\}\\&= P\{\boldsymbol{D}_{F_1}\}+P\{\boldsymbol{D}_{F_2}\}-P\{\boldsymbol{D}_{F_1}\mid\boldsymbol{D}_{F_2}\}P\{\boldsymbol{D}_{F_2}\}\\&= P\{\boldsymbol{D}_{F_1}\}+P\{\boldsymbol{D}_{F_2}\}-P\{\boldsymbol{D}_{F_2}\mid\boldsymbol{D}_{F_1}\}P\{\boldsymbol{D}_{F_1}\}\end{aligned}$$

M_1 与 M_2 完全相关时，应有 $\boldsymbol{D}_{F_2}\supset\boldsymbol{D}_{F_1}$ 或 $\boldsymbol{D}_{F_1}\supset\boldsymbol{D}_{F_2}$。

若 $\boldsymbol{D}_{F_2}\supset\boldsymbol{D}_{F_1}$，则

$$P\{\boldsymbol{D}_{F_2}\}\geqslant P\{\boldsymbol{D}_{F_1}\},\quad P\{\boldsymbol{D}_{F_2}\mid\boldsymbol{D}_{F_1}\}=1$$

$$P_f^{(s)} = P\{\boldsymbol{D}_{F_1}\}+P\{\boldsymbol{D}_{F_2}\}-P\{\boldsymbol{D}_{F_2}\mid\boldsymbol{D}_{F_1}\}P\{\boldsymbol{D}_{F_1}\} = P\{\boldsymbol{D}_{F_2}\} = \max_{i=1}^{2}P\{\boldsymbol{D}_{F_i}\}$$

若 $\boldsymbol{D}_{F_1}\supset\boldsymbol{D}_{F_2}$，则

$$P\{\boldsymbol{D}_{F_1}\}\geqslant P\{\boldsymbol{D}_{F_2}\},\quad P\{\boldsymbol{D}_{F_1}\mid D_{F_2}\}=1$$

$$P_f^{(s)} = P\{\boldsymbol{D}_{F_1}\}+P\{\boldsymbol{D}_{F_2}\}-P\{\boldsymbol{D}_{F_1}\mid\boldsymbol{D}_{F_2}\}P\{\boldsymbol{D}_{F_2}\} = P\{\boldsymbol{D}_{F_1}\} = \max_{i=1}^{2}P\{\boldsymbol{D}_{F_i}\}$$

对于 m 个完全相关的失效模式，亦有

$$P_f^{(s)} = \max_{i=1}^{m}(P_{fi})$$

2. 并联系统

并联系统失效概率的上、下界：

$$\prod_{i=1}^{m}P_{fi}\leqslant P_f^{(s)}\leqslant\min_{i=1}^{m}(P_{fi})\tag{6.4}$$

当模式相互独立时，$\rho=0$，$P_f^{(s)}$ 达到下界；当模式完全相关时，$\rho=1$，$P_f^{(s)}$ 达到上界。

同理可证得并联系统失效概率的一阶边界值。

6.3.2　二阶窄边界理论

假设系统中有 m 个失效模式，那么系统失效的概率表达为：

串联系统

$$\begin{aligned}P_f^{(s)} &= P\{\boldsymbol{D}_{F_1}\cup\boldsymbol{D}_{F_2}\cup\cdots\cup\boldsymbol{D}_{F_m}\}\\&= \sum_{i=1}^{m}P\{\boldsymbol{D}_{F_i}\}-\sum_{i<j}^{m}P\{\boldsymbol{D}_{F_i}\boldsymbol{D}_{F_j}\}+\sum_{i<j<k}^{m}P\{\boldsymbol{D}_{F_i}\boldsymbol{D}_{F_j}\boldsymbol{D}_{F_k}\}\cdots+\\&\quad(-1)^{m-1}P\{\boldsymbol{D}_{F_1}\boldsymbol{D}_{F_2}\cdots\boldsymbol{D}_{F_m}\}\end{aligned}\tag{6.5}$$

并联系统

$$\begin{aligned}P_f^{(s)} &= P\{\boldsymbol{D}_{F_1}\cap\boldsymbol{D}_{F_2}\cap\cdots\cap\boldsymbol{D}_{F_m}\} = 1-P\{\overline{\boldsymbol{D}_{F_1}\cap\boldsymbol{D}_{F_2}\cap\cdots\cap\boldsymbol{D}_{F_m}}\}\\&= 1-P\{\boldsymbol{D}_{S_1}\cup\boldsymbol{D}_{S_2}\cup\cdots\cup\boldsymbol{D}_{S_m}\}\\&= 1-\Big(\sum_{i=1}^{m}P\{\boldsymbol{D}_{S_i}\}-\sum_{i<j}^{m}P\{\boldsymbol{D}_{S_i}\boldsymbol{D}_{S_j}\}+\sum_{i<j<k}^{m}P\{\boldsymbol{D}_{S_i}\boldsymbol{D}_{S_j}\boldsymbol{D}_{S_k}\}\cdots+\\&\quad(-1)^{m-1}P\{D_{S_1}\boldsymbol{D}_{S_2}\cdots\boldsymbol{D}_{S_m}\}\Big)\end{aligned}\tag{6.6}$$

仅考虑单个失效模式的失效概率 P_{fi} 所构造的系统失效概率 $P_f^{(s)}$ 的一阶边界，其边界范围较大。为了进一步缩小系统失效概率的边界范围，可考虑高阶共概率的取值。

考虑二阶共概率的上、下边界，可得出系统失效概率的二阶窄边界：

(1)引入布尔变量导出系统失效概率与 m 阶共概率的关系。

(2)将高阶的共概率转化为二阶的上、下界。

(3)二阶共概率的上、下界：

当 $0<\rho<1$ 时，有

$$P_{f12}^{上} = \Phi(-\beta_1)\Phi\left(-\frac{\beta_2-\rho\beta_1}{\sqrt{1-\rho^2}}\right)+\Phi(-\beta_2)\Phi\left(-\frac{\beta_1-\rho\beta_2}{\sqrt{1-\rho^2}}\right)$$

$$P_{f12}^{下} = \max\left\{\Phi(-\beta_1)\Phi\left(-\frac{\beta_2-\rho\beta_1}{\sqrt{1-\rho^2}}\right),\quad \Phi(-\beta_2)\Phi\left(-\frac{\beta_1-\rho\beta_2}{\sqrt{1-\rho^2}}\right)\right\}$$

当 $-1<\rho<0$ 时，有

$$P_{f12}^{上} = \min\left\{\Phi(-\beta_1)\Phi\left(-\frac{\beta_2-\rho\beta_1}{\sqrt{1-\rho^2}}\right),\quad \Phi(-\beta_2)\Phi\left(-\frac{\beta_1-\rho\beta_2}{\sqrt{1-\rho^2}}\right)\right\}$$

$$P_{f12}^{下} = 0$$

(4)系统失效概率 $P_f^{(s)}$ 的二阶窄边界：

$$P_{f1}+\sum_{i=2}^{m}\max\left[\left(P_{fi}-\sum_{j=1}^{i-1}P_{fij}\right),0\right]\leqslant P_f^{(s)}\leqslant\sum_{i=1}^{m}P_{fi}-\sum_{1\leqslant i\leqslant j\leqslant m}\max\left(P_{fij}\right) \tag{6.7}$$

6.3.3 平均相关系数法

假设 m 个失效模式的安全余量方程均为 n 个正态变量的线性组合，且对于 m 个失效模式中任意两模式间的相关系数都相等($\rho_{ij}=\rho$)的情况，可计算得到结构系统失效概率的精确公式：

$$P_f^{(s)} = 1-\int_{-\infty}^{\infty}\varphi(t)\prod_{i=1}^{m}\Phi\left(\frac{\beta_i-\sqrt{\rho}t}{\sqrt{1-\rho}}\right)\mathrm{d}t \tag{6.8}$$

当所有失效模式有相同的可靠度指标($\beta_i=\beta_e$)时，式(6.8)变为

$$P_f^{(s)} = 1-\int_{-\infty}^{\infty}\varphi(t)\left[\Phi\left(\frac{\beta_e-\sqrt{\rho}t}{\sqrt{1-\rho}}\right)\right]^m\mathrm{d}t$$

对于各失效模式间相关系数不相等的情况，可以采用平均相关系数 $\bar{\rho}$ 代替式中的 ρ，这里

$$\bar{\rho} = \frac{2}{m(m-1)}\sum_{1\leqslant i<j\leqslant m}\rho_{ij}$$

在多数情况下，采用平均相关系数估计结构系统失效概率是偏于安全的。

【例 6-2】 如图 6-6 所示的机翼九盒段结构，由 64 个杆元、42 个板元构成，材料为铝合金，已知外载荷与各个单元的强度均为随机变量，且外载荷的均值与变异系数分别为 $\mu_P=150$ kg，$v(P)=0.25$，第 i 个单元强度的均值和变异系数分别为 $\mu(R_i)=83.5$ kg，$v(R_i)=0.12$，由失效模式的枚举方法可得结构系统的主要失效模式有两个，其极限状态方程为

$$M_1 = 4.0R_{78}+4.0R_{68}-3.9998R_{77}-P=0$$
$$M_2 = 0.2299R_{78}+3.2425R_{77}-P=0$$

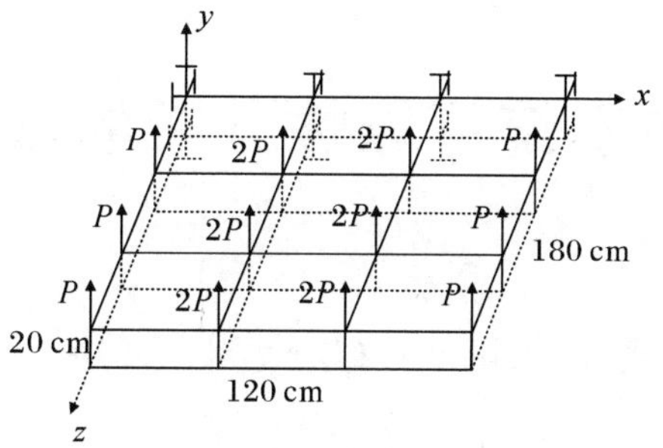

图 6-6　机翼九盒段结构示意图

分别采用一阶边界理论、二阶窄边界理论和平均相关系数求解系统失效概率的上、下界或近似值，结果见表 6-1。

表 6-1　例 6-2 的系统失效概率计算结果列表

方法	$P_f^{(s)}$
一阶边界理论	[0.009 84,0.012 24]
二阶窄边界理论	[0.012 19,0.012 23]
平均相关系数	0.012 23

分析得知，两个失效模式对应的失效概率和可靠度指标分别为 $P_{f1}=0.009\ 84$，$\beta_1=2.332\ 3$，$P_{f2}=0.002\ 42$，$\beta_2=2.817\ 5$，两模式的线性相关系数为 0.050 3。

算例 6-2 的系统失效概率的上、下界及近似值求解代码如下：

System. m

```
clear all
beta1=2.3323;beta2=2.8175;rou=0.0503;
Pf1=normcdf(-beta1)
Pf2=normcdf(-beta2)
%%一阶边界理论
[max(Pf1,Pf2), 1-(1-Pf1)*(1-Pf2)]      %串联
%%二阶共概率
temp1= normcdf(-(beta2-rou*beta1)/sqrt(1-rou*rou));
temp2= normcdf(-(beta1-rou*beta2)/sqrt(1-rou*rou));
Pf12_U=Pf1*temp1+Pf2*temp2;
Pf12_L=max(Pf1*temp1,Pf2*temp2);
%%二阶窄边界
[Pf1+Pf2-Pf12_U, Pf1+Pf2-Pf12_L]
%%平均相关系数
temp_int=0;delta=0.001;
for x=-10:delta:10 %%积分数值模拟
    temp_int=temp_int+normpdf(x)*normcdf((beta1-sqrt(rou)*x)/sqrt(1-rou))*...
            normcdf((beta2-sqrt(rou)*x)/sqrt(1-rou));
end
Pfs=1-temp_int*delta
```

6.4 结构系统可靠性分析的数字模拟法

6.4.1 多失效模式的 Monte Carlo 模拟法

1. Monte Carlo 可靠性分析方法的基本思路

多模式情况下系统失效概率 $P_f^{(s)}$ 的精确表达式为基本变量的联合概率密度函数在多模式系统失效域 $\boldsymbol{D}_{F^{(s)}}$ 中的积分，即

$$\begin{aligned} P_f^{(s)} &= \int\cdots\int_{\boldsymbol{D}_{F^{(s)}}} f_{\boldsymbol{X}}(x_1,x_2,\cdots,x_n)\mathrm{d}x_1\mathrm{d}x_2\cdots\mathrm{d}x_n \\ &= \int\cdots\int_{R^n} I_{F^{(s)}}(\boldsymbol{x})f_{\boldsymbol{X}}(x_1,x_2,\cdots,x_n)\mathrm{d}x_1\mathrm{d}x_2\cdots\mathrm{d}x_n \\ &= E[I_{F^{(s)}}(\boldsymbol{x})] \end{aligned} \tag{6.9}$$

式中：$I_{F^{(s)}}(\boldsymbol{x})=\begin{cases}1, & \boldsymbol{x}\in\boldsymbol{D}_{F^{(s)}} \\ 0, & \boldsymbol{x}\notin\boldsymbol{D}_{F^{(s)}}\end{cases}$，为系统失效域 $\boldsymbol{D}_{F^{(s)}}$ 的状态指示函数。

多模式情况下可靠性分析的 Monte Carlo 法与单模式情况下的类似，只是多模式情况下系统的失效域 $\boldsymbol{D}_{F^{(s)}}$ 是由多个模式共同决定的。设系统有 m 个失效模式，对应的功能函数为 $g_k(\boldsymbol{x})(k=1,2,\cdots,m)$，则在模式串联和并联两种情况下系统的失效域 $\boldsymbol{D}_{F^{(s)}}$ 为

$$\boldsymbol{D}_{F^{(s)}} = \begin{cases}\bigcup\limits_{k=1}^{m}\boldsymbol{D}_{F_k} = \bigcup\limits_{k=1}^{m}\{\boldsymbol{x}:g_k(\boldsymbol{x})\leqslant 0\}, & \text{串联} \\ \bigcap\limits_{k=1}^{m}\boldsymbol{D}_{F_k} = \bigcap\limits_{k=1}^{m}\{\boldsymbol{x}:g_k(\boldsymbol{x})\leqslant 0\}, & \text{并联}\end{cases} \tag{6.10}$$

对于混联情况，可以根据单失效模式与系统失效的关系，写出系统失效域与单失效模式失效域的逻辑关系。确定多模式系统失效域后，采用与单模式类似的 Monte Carlo 法来求解多模式的系统失效概率。

根据系统失效概率计算的积分表达式，采用 Monte Carlo 数字模拟法进行多模式系统可靠性分析的过程为：依据随机变量的联合概率密度函数 $f_{\boldsymbol{X}}(\boldsymbol{x})$ 抽取 N 个随机样本点 $\boldsymbol{x}_j(j=1,2,\cdots,N)$，由多模式系统失效域的定义，判断样本点 $\boldsymbol{x}_j$ 是否落在系统失效域 $\boldsymbol{D}_{F^{(s)}}$ 内，统计得出 N 个样本点中落入系统失效域内的样本点数 N_f，以系统失效的频率 N_f/N 替代失效的概率，可得到多模式系统失效概率 $P_f^{(s)}$ 的估计值为

$$\hat{P}_f^{(s)} = \frac{1}{N}\sum_{j=1}^{N} I_{F^{(s)}}(\boldsymbol{x}_j) = \frac{N_f}{N} \tag{6.11}$$

2. Monte Carlo 可靠性分析方法的计算步骤

(1) 依据随机变量的分布形式和参数，产生 N 组随机向量的随机样本 $\boldsymbol{x}_j=\{x_{j1},x_{j2},\cdots,x_{jn}\}(j=1,2,\cdots,N)$。

(2)将随机向量样本 $\boldsymbol{x}_j$ 代入各个功能函数，并根据系统失效域 $\boldsymbol{D}_{F^{(s)}}$ 的状态指示函数 $I_{F^{(s)}}(\boldsymbol{x}_j)$ 进行累加。

(3)按式(6.11)求得失效概率估计值 $\hat{P}_f^{(s)}$。

6.4.2　多失效模式的重要抽样法

多失效模式的重要抽样法与单失效模式情况的主要区别表现在：多模式情况下多个功能函数具有多个设计点，而单失效模式的重要抽样法通常只考虑一个设计点。多模式混合重要抽样密度函数的构造首先要针对每个失效模式构造一个重要抽样密度函数，然后用加权的方法来构造多模式可靠性分析的混合重要抽样密度函数。

1. 混合重要抽样密度函数的构造

设结构系统 m 个失效模式的功能函数为 $g_k(\boldsymbol{x})(k=1,2,\cdots,m)$，相应的设计点和可靠度指标分别为 $\boldsymbol{P}_k^*$ 和 β_k，则可采用下列形式构造多模式系统的重要抽样密度函数为

$$h_{\boldsymbol{X}}(\boldsymbol{x}) = \sum_{k=1}^{m} \alpha_k h_{\boldsymbol{X}}^{(k)}(\boldsymbol{x}) \tag{6.12}$$

式中：$h_{\boldsymbol{X}}^{(k)}(\boldsymbol{x})$ 是第 k 个模式 $g^{(k)}(\boldsymbol{x})=0$ 的重要抽样密度函数；α_k 为 $h_{\boldsymbol{X}}^{(k)}(\boldsymbol{x})$ 在混合重要抽样密度函数中的权重系数，为保证加权之后的系统抽样函数 $h_{\boldsymbol{X}}(\boldsymbol{x})$ 仍为密度函数，即 $\int_{-\infty}^{\infty} h_{\boldsymbol{X}}(\boldsymbol{x})\mathrm{d}\boldsymbol{x} = 1$，应满足条件 $\sum_{k=1}^{m}\alpha_k = 1$。权重系数 α_k 的选择有以下两种方法：

(1)权重系数相等的混合重要抽样密度函数。式(6.12)中混合重要抽样函数中各个模式抽样密度函数的权重 α_k 的选择，可以根据实际问题进行，最简单的情形就是选择它们相等，即将各个模式按同等重要程度对待，此时有

$$\alpha_k = \frac{1}{m} \quad (k=1,\cdots,m) \tag{6.13}$$

这样构造的混合重要抽样密度函数中每个模式的重要抽样密度函数的权重是相同的，显然条件 $\sum_{k=1}^{m}\alpha_k = 1$ 是满足的，此时混合重要抽样函数可写成

$$h_{\boldsymbol{X}}(\boldsymbol{x}) = \sum_{k=1}^{m} \alpha_k h_{\boldsymbol{X}}^{(k)}(\boldsymbol{x}) = \frac{1}{m}\sum_{k=1}^{m} h_{\boldsymbol{X}}^{(k)}(\boldsymbol{x}) \tag{6.14}$$

(2)考虑各个失效模式的相对重要性，构造混合重要抽样函数。在上述各失效模式赋予相等权重来构造混合重要抽样函数的方法中，各失效模式是同样重要的，实际上在各个失效模式的失效概率不同时，各个失效模式对系统失效概率估计值的贡献往往是不同的。为此，可依据各个失效模式对系统失效概率贡献的大小，给各个失效模式的重要抽样密度函数以不同的权数来构造混合重要抽样密度函数。各个失效模式对系统失效概率贡献的大小可近似地由各个失效模式的失效概率来表达，而各个失效模式的失效概率又可以由 $\Phi(-\beta_k)$ 来近似，因此可以构造如下权重系数 α_k：

$$\alpha_k = \frac{\Phi(-\beta_k)}{\sum_{j=1}^{m}\Phi(-\beta_j)} \quad (k=1,\cdots,m) \tag{6.15}$$

此时以 $\Phi(-\beta_k)\bigg/\sum_{j=1}^{m}\Phi(-\beta_j)$ 为权重的混合重要抽样密度函数为

$$h_{\boldsymbol{X}}(\boldsymbol{x}) = \sum_{k=1}^{m}\alpha_k h_{\boldsymbol{X}}^{(k)}(\boldsymbol{x}) = \sum_{k=1}^{m}\frac{\Phi(-\beta_k)}{\sum_{j=1}^{m}\Phi(-\beta_j)}h_{\boldsymbol{X}}^{(k)}(\boldsymbol{x}) \tag{6.16}$$

2. 基于混合重要抽样的失效概率估计

当重要抽样函数为混合重要抽样函数时，系统的失效概率可表示为

$$\begin{aligned}
P_{\mathrm{f}}^{(s)} &= \int\cdots\int_{R^n} I_{F^{(s)}}(\boldsymbol{x})\frac{f_{\boldsymbol{X}}(\boldsymbol{x})}{h_{\boldsymbol{X}}(\boldsymbol{x})}h_{\boldsymbol{X}}(\boldsymbol{x})\mathrm{d}\boldsymbol{x} \\
&= \int\cdots\int_{R^n} I_{F^{(s)}}(\boldsymbol{x})\frac{f_{\boldsymbol{X}}(\boldsymbol{x})}{h_{\boldsymbol{X}}(\boldsymbol{x})}\sum_{k=1}^{m}\alpha_k h_{\boldsymbol{X}}^{(k)}(\boldsymbol{x})\mathrm{d}\boldsymbol{x} \\
&= \sum_{k=1}^{m}\int\cdots\int_{R^n} I_{F^{(s)}}(\boldsymbol{x})\frac{f_{\boldsymbol{X}}(\boldsymbol{x})}{h_{\boldsymbol{X}}(\boldsymbol{x})}\alpha_k h_{\boldsymbol{X}}^{(k)}(\boldsymbol{x})\mathrm{d}\boldsymbol{x} \\
&= \sum_{k=1}^{m}E\left[I_{F^{(s)}}(\boldsymbol{x})\frac{f_{\boldsymbol{X}}(\boldsymbol{x})}{h_{\boldsymbol{X}}(\boldsymbol{x})}\alpha_k\right]_{h_{\boldsymbol{X}}^{(k)}(\boldsymbol{x})}
\end{aligned} \tag{6.17}$$

式(6.17)中以 $h_{\boldsymbol{X}}^{(k)}(\boldsymbol{x})$ 为重要抽样密度函数的数学期望可通过样本均值来近似估计。设从第 k 个模式重要抽样密度函数 $h_{\boldsymbol{X}}^{(k)}(\boldsymbol{x})$ 中抽取了 N_k 个随机样本点，并记从 $h_{\boldsymbol{X}}^{(k)}(\boldsymbol{x})$ 中抽取的第 j 个样本为 $\boldsymbol{x}_j^{(k)}$ $(j=1,2,\cdots,N_k)$，则系统失效概率的估计值 $\hat{P}_{\mathrm{f}}^{(s)}$ 为

$$\hat{P}_{\mathrm{f}}^{(s)} = \sum_{k=1}^{m}\frac{1}{N_k}\sum_{j=1}^{N_k}\alpha_k I_{F^{(s)}}(\boldsymbol{x}_j^{(k)})\frac{f_{\boldsymbol{X}}(\boldsymbol{x}_j^{(k)})}{h_{\boldsymbol{X}}(\boldsymbol{x}_j^{(k)})} \tag{6.18}$$

3. 基于混合重要抽样函数的失效概率计算步骤

(1)用 AFOSM 或其他优化算法求解极限状态方程 $g^{(k)}(\boldsymbol{x})=0$ $(k=1,2,\cdots,m)$ 的设计点 $\boldsymbol{P}_k^*$ 和可靠度指标 β_k $(k=1,2,\cdots,m)$。

(2)以设计点 $\boldsymbol{P}_k^*$ 为抽样中心，构造每个极限状态方程的重要抽样密度函数 $h_{\boldsymbol{X}}^{(k)}(\boldsymbol{x})$。

(3)确定加权系数 α_k，构造系统混合重要抽样密度函数 $h_{\boldsymbol{X}}(\boldsymbol{x})$。

(4)按照各极限状态方程的重要抽样密度函数进行抽样，并按式(6.18)估计系统失效概率 $\hat{P}_{\mathrm{f}}^{(s)}$。

【例 6-3】 分别采用数字模拟法中 Monte Carlo 模拟法、重要抽样法求解例 6-2 机翼九盒段结构的系统失效概率。

解 首先定义两个安全余量方程：

```
function g=lsf_system(x)
g1=4*x(:,1)+4*x(:,3)-3.9998*x(:,2)-x(:,4);
g2=0.2299*x(:,3)+3.2425*x(:,2)-x(:,4);
g=[g1,g2];
```

多失效模式的 Monte Carlo 模拟法、重要抽样法求解的系统失效概率结果见表 6－2。

表 6－2 系统失效概率计算结果对照

方法		$\hat{P}_{f1}$	$\hat{P}_{f2}$	$\hat{P}_f^{(s)}$	N
Monte Carlo 法		0.009 87	0.002 39	0.012 22	10^7
重要抽样法	$\boldsymbol{\alpha}=\{0.5,0.5\}$	0.009 78	0.002 40	0.012 14	10^4
	$\boldsymbol{\alpha}=\{0.802\ 6,0.197\ 4\}$	0.009 86	0.002 42	0.012 23	10^4

采用 Monte Carlo 模拟和重要抽样法计算系统失效概率的 Matlab 代码如下：

MC_system.m

```
clear all
miu=[83.5,83.5,83.5,150];
cov=[0.12,0.12,0.12,0.25];
sd=miu.*cov;
vn=length(miu);%%%%随机变量的维数
N=1e6;
mean_g=lsf_system(miu);
Fn=length(mean_g);
l=zeros(Fn+1,1);%%%统计失效点数目
for i=1:N
    yy=normrnd(miu,sd);  %%%%%产生随机样本
    [LSF_g]=lsf_system(yy);
    for k=1:Fn
        if (LSF_g(k)<0)
            l(k)=l(k)+1;
        end
    end
    if min(LSF_g)<0
        l(Fn+1)= l(Fn+1)+1;
    end
end
for k=1:Fn
    Pf(k)=l(k)*1.0/N
end
Pf_sys=l(Fn+1)./N
```

IS_system.m

```
clear all
miu=[83.5,83.5,83.5,150];
cov=[0.12,0.12,0.12,0.25];
sd=miu.*cov;
vn=length(miu);%%%%随机变量的维数
N=1e4;
mean_g=lsf_system(miu);
```

```
Fn=length(mean_g);
l1=zeros(Fn,1);%%%统计失效点数目
l2=zeros(Fn,1);
Designpoint=[ 71.6289   95.3705   71.6289   191.5680;
             83.5   65.0337   83.5000   229.7675 ];%%%%各模式的设计点
beta=[ 2.3323 ,2.8175];
% w=ones(1,Fn)/Fn; %权重
w=normpdf(-beta)/sum(normpdf(-beta));

for k=1:Fn
    for i=1:N
        yy=normrnd(Designpoint(k,:),sd);   %%产生随机样本
        [LSF_g]=lsf_system(yy);
        if (LSF_g(k)<0)
            for j=1:vn
                fx(j)=normpdf(yy(j),miu(j),sd(j));
                hx0(j)=normpdf(yy(j),Designpoint(k,j),sd(j));%%单变量的 fx 和 hx
            end
             l1(k)=l1(k)+prod(fx)/prod(hx0);%%随机向量的 fx 和 hx,连乘积 PDF
        end
        if (min(LSF_g)<0)
            for j=1:vn
                fx(j)=normpdf(yy(j),miu(j),sd(j));
                for kk=1:Fn
                    hx(kk,j)=normpdf(yy(j),Designpoint(kk,j),sd(j));%%单变量 fx 和 hx
                end
            end
             l2(k)=l2(k)+prod(fx)/sum( w. * prod(hx,2)');%%随机向量 fx 和 hx,连乘 PDF
        end
    end
    Pf(k)=l1(k) * 1.0/N
end
Pf_sys=sum(l2'. * w/N)
```

第7章　结构动态可靠性分析

7.1　动态可靠性的基本原理

结构可靠性模型在应力与强度不随时间变化，或在结构有效使用期内某一固定时刻或时间段内，则应力与强度均为随机变量，结构可靠性分析中未涉及时间因素时，称为结构可靠性的静态模型。

当结构强度与施加于结构上的应力随时间的变化不可忽略，而又需要考察结构在整个有效使用期内的可靠度时，必须考虑时间因素，需要用随机过程或随机场来描述，这种包括时间因素在内的结构可靠性模型，称为结构可靠性的动态模型。

由于疲劳、腐蚀、蠕变、磨损等原因，结构强度会逐渐降低。施加于结构上的应力，如阵风、噪声、气动激励、地震力等，在任何时刻的瞬时值不能预知，任何一段时间间隔的记录也不会重现，可见这类应力是随时间而变化的。

在很多实际情况中，应力随时间变化，其最大值分布的期望值是不减小的。而由于材料的退化，随着时间的推移，强度值则是不断减小的，因而结构可靠度随时间不断降低。如图7-1所示，在时间 t_{fmin} 之前，结构可靠度为1，其后结构可靠度逐渐降低，直到时间 t_{fmax}，结构失效概率取最大值1。在 t_{fmin} 到 t_{fmax} 之间某一固定时刻 t，对应于确定的应力与强度分布，可用静态结构可靠性方法进行计算。（注：t_{fmin} 和 t_{fmax} 是不能预先完全确定的，亦可看作是随机变量。）

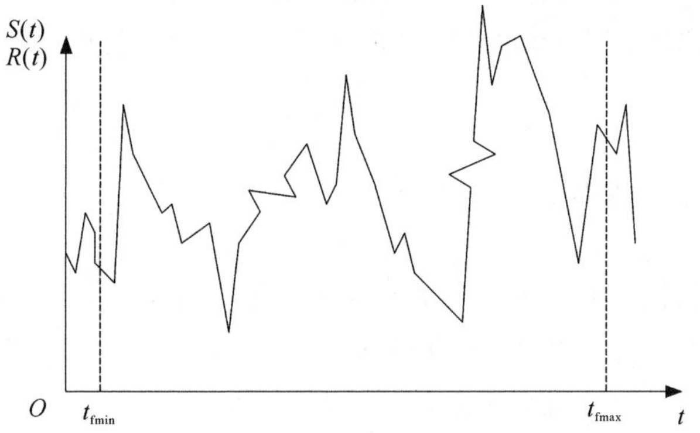

图7-1　结构可靠性的动态模型

在引入时间因素以后，应力与强度均变为随机过程；应力随机过程用$\{S(t), t\in \boldsymbol{T}\}$表示，强度随机过程用$\{R(t), t\in \boldsymbol{T}\}$表示。$[0,T]$为人为规定的结构有效使用期，即为可靠度定义中的规定时间。此时结构的功能函数与时间有关，称为功能随机过程，常见的功能随机过程有以下三类：

$$\left.\begin{aligned} Z(t) &= R - S(t), \quad t \in \boldsymbol{T} \\ Z(t) &= R(t) - S, \quad t \in \boldsymbol{T} \\ Z(t) &= R(t) - S(t), \quad t \in \boldsymbol{T} \end{aligned}\right\} \tag{7.1}$$

前两类统称为应力-强度半随机过程模型，后一种称为应力-强度全随机过程模型。

在结构的有效使用期内，对于每个指定的时刻$t=t_i(t_i\in \boldsymbol{T})$，功能随机过程$Z(t_i)$的取值为随机变量。因此，功能随机过程$Z(t)$是依赖于时间的一系列随机变量$Z(t_1)$，$Z(t_2)$，…，$Z(t_n)$，这样随机过程与随机变量存在着相互对应的联系。

结构可靠性的动态模型，最常用的可靠性数量指标是结构瞬时可靠度和结构有效使用期内的总可靠度。对于任一时刻$t_i\in T$，称概率$P\{Z(t_i)>0\}$为动态结构在t_i时刻的可靠概率，或称瞬时可靠度，记为

$$\mathrm{Re}(t_i) = P\{Z(t_i) > 0\},\ t_i \in \boldsymbol{T} \tag{7.2}$$

瞬时可靠度随时间t_i而异，但对于确定的时刻，为一确定值。

将结构功能随机过程$Z(t)$用一系列随机变量$Z(t_1)$，$Z(t_2)$，…，$Z(t_n)$的组合表示，则称$P\{\bigcap_{t_i\in \boldsymbol{T}} Z(t_i)>0\}$为动态结构有效使用期内的总可靠度，记为

$$\mathrm{Re} = P\{\bigcap_{t_i\in \boldsymbol{T}} Z(t_i) > 0\} \tag{7.3}$$

对于不同类型的随机过程$Z(t)$，可以进行不同方式的计算，从而确定结构的可靠度，但引入时间因素后，使结构可靠度计算变得更加复杂了。

7.2 随机过程概述

随机过程被认为是概率论的“动力学”部分，它的研究对象是随时间演变的随机现象。对于这种随机现象，通常需要用一组随机变量来描述。下述介绍随机过程的描述方法及在实际问题中常用的随机过程。

7.2.1 随机过程的基本概念

用$\boldsymbol{T}$表示实数集，把依赖于参数$t\in \boldsymbol{T}$，定义在样本空间$\boldsymbol{S}=\{e_1, e_2, \cdots\}$上的一组随机变量$\{\boldsymbol{X}(t), t\in \boldsymbol{T}\}$称为随机过程。将实数集$\boldsymbol{T}$称为参数集，通常把$t\in \boldsymbol{T}$看作是时间，也可以表示序号、距离等参数。将$\boldsymbol{X}(t)$的观察值称为$t$时刻过程的一个状态，随机过程$\{\boldsymbol{X}(t), t\in \boldsymbol{T}\}$所有可能取值状态的全体称为随机过程的状态空间。对$\{\boldsymbol{X}(t), t\in \boldsymbol{T}\}$进行一次试验（即在$\boldsymbol{T}$上进行一次全程观测）得到一个函数$x(t)$，$t\in \boldsymbol{T}$，称为随机过程的一个样本曲线或样本函数，如图

7－2所示。

随机过程可以根据参数集 $\boldsymbol{T}$ 和任一时刻的状态分为四类，参数集可以分为连续集和离散集两种，任一时刻的状态可以分为连续变量和离散变量，所以四类随机过程为连续参数连续型随机过程、连续参数离散型随机过程、离散参数连续型随机过程以及离散参数离散型随机过程（或随机序列）。

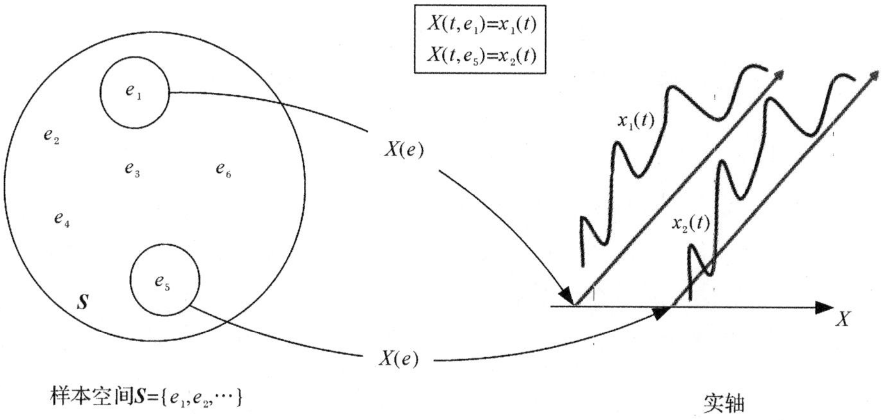

图 7－2　随机过程的映射关系

【例 7－1】　投掷一枚质地均匀的硬币试验，其样本空间 $\boldsymbol{S}=\{H(\text{正面}),T(\text{反面})\}$，且 $P(H)=P(T)=0.5$，现定义函数：

$$X(t)=\begin{cases}\cos(\pi t), & \text{出现 } H \\ t, & \text{出现 } T\end{cases}$$

则 $\{\boldsymbol{X}(t),t\in(-\infty,\infty)\}$ 是一随机过程。

解　对于任意固定的时刻 t，$X(t)$ 是随机变量，取值为 $\cos(\pi t)$ 和 t，概率为

$$P[X(t)=\cos(\pi t)]=P[X(t)=t]=0.5$$

随机过程的样本函数只有两个，即 $x_1(t)=\cos(\pi t)$，$x_2(t)=t$。

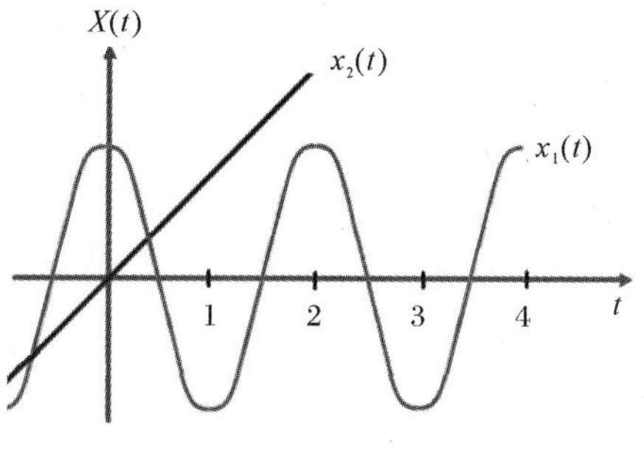

图 7－3　例 7－1 的样本函数

此随机过程为连续参数离散型随机过程。

【例 7－2】　某城市的 120 急救中心电话台接到呼叫，以 $X(t)$ 表示时间间隔 $(0,t]$ 内接到的呼叫次数，它是一个随机变量，样本空间 $\boldsymbol{S}=\{0,1,2,\cdots\}$。对于不同的时间 $t\geqslant 0$，$X(t)$ 是不同的随机变量，所以 $\{\boldsymbol{X}(t),t\geqslant 0\}$ 是随机过程，是连续参数离散型随机过程，如图 7－4 所示。

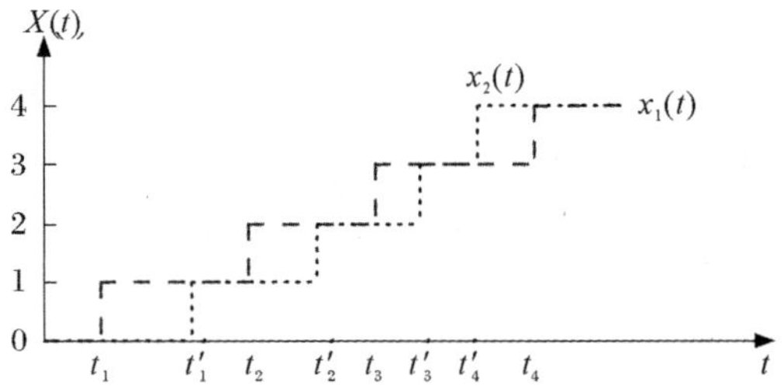

图 7-4　例 7-2 的样本函数

【例 7-3】 对于投掷一枚骰子的试验,①设 X_n 是第 n 次投掷出现的点数,对于 $n=1,2,\cdots$ 的不同值,X_n 是不同的随机变量,服从相同的分布 $P(X_n=i)=\frac{1}{6}$ $(i=1,2,3,4,5,6)$,因而 $\{\boldsymbol{X}_n,n\geqslant1\}$是随机过程,称为伯努利随机过程或伯努利随机序列;②设 Y_n 是前 n 次投掷中出现的最大点数,那么$\{\boldsymbol{Y}_n,n\geqslant1\}$也是随机过程。它们都是离散参数离散型随机过程(或随机序列)。图 7-5 分别给出它们的一个样本函数。

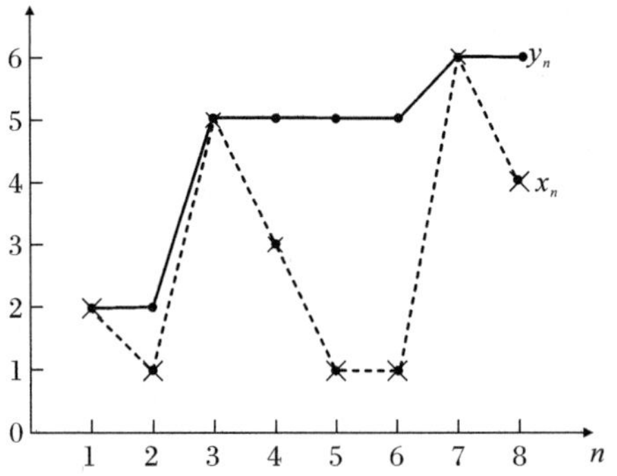

图 7-5　例 7-3 的样本函数

此外,诸如地震波、结构承受风载荷、时间间隔$[0,T]$内船舶甲板"上板"次数、通信系统的噪声和干扰、生物体的生长变化、金融产品的价格等都可以用随机过程来描述。但是,大部分随机过程都不能很方便地用简单函数关系来描述,往往是通过分析所观测到的样本函数才能掌握它们随时间变化的统计规律。

7.2.2　随机过程的统计描述

随机过程在任一时刻的状态是随机变量,因此可以利用描述随机变量的统计方法来描述随机过程的统计特征。

1.随机过程的有限维分布函数族

设随机过程$\{\boldsymbol{X}(t),t\geqslant0\}$,对于任意的正整数 n 和任意的 $t_1,t_2,\cdots,t_n\in\boldsymbol{T}$,随机变量的联合分布函数为

$$F_X(x_1,x_2,\cdots,x_n;t_1,t_2,\cdots,t_n)=P\{X(t_1)\leqslant x_1,X(t_2)\leqslant x_2,\cdots,X(t_n)\leqslant x_n\} \quad (7.4)$$

则称 $F_X(x_1,x_2,\cdots,x_n;t_1,t_2,\cdots,t_n)$为随机过程的有限维分布函数族。它不仅可以刻画对应于每一个 t 的随机变量 $X(t)$的统计规律,也能刻画不同时刻随机变量 $X(t_i)$之间的关系,从而

完整描述随机过程的统计规律。

2. **随机过程的数字特征**

在实际问题中，随机过程的数字特征更便于测量和应用。在概率论中，随机变量的数字特征通常是确定值；而随机过程的数字特征往往是确定的时间函数。随机过程数字特征的求解方法通常是，先固定时间 t，然后用随机变量的数字特征分析方法进行计算。

常见的随机过程数字特征包括均值函数、方差与协方差函数、高阶矩函数等。

给定随机过程 $\{\boldsymbol{X}(t), t\in \boldsymbol{T}\}$，记

$$\mu_X(t) = E[\boldsymbol{X}(t)] \tag{7.5}$$

称之为随机过程的均值函数。均值函数 $\mu_X(t)$ 表示了随机过程 $\boldsymbol{X}(t)$ 在每个时刻的摆动中心，如图 7-6 所示。

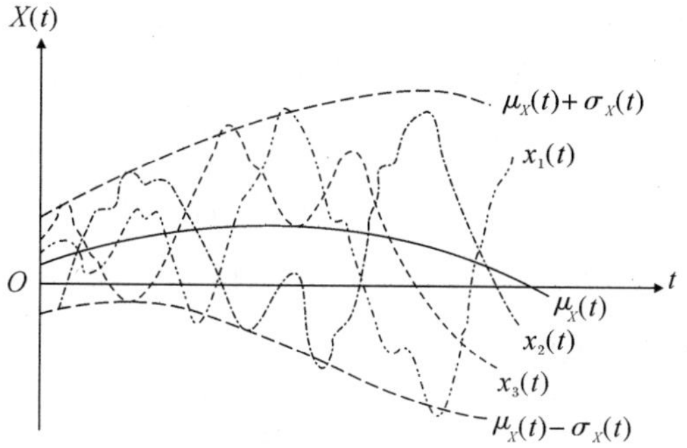

图 7-6　随机过程样本函数、均值函数、方差函数示意图

对于固定的每个 $t_i\in \boldsymbol{T}(i=1,2,\cdots)$，随机变量 $X(t_i)$ 的数学期望（或均值）为

$$\mu_X(t_i) = E[X(t_i)] = \int_{-\infty}^{\infty} x\mathrm{d}F_i(x)$$

其中，$F_i(x)$ 为 $X(t_i)$ 的分布函数。

随机过程 $\{\boldsymbol{X}(t), t\in \boldsymbol{T}\}$ 的均方值函数和方差函数分别为

$$\Psi_X^2(t) = E[\boldsymbol{X}^2(t)] \tag{7.6}$$

$$\sigma_X^2(t) = D[\boldsymbol{X}(t)] = E\{[\boldsymbol{X}(t) - \mu_X(t)]^2\} \tag{7.7}$$

方差函数的算术平方根 $\sigma_X(t)$ 为随机过程的标准差函数，它表示随机过程 $\boldsymbol{X}(t)$ 在 t 时刻对于均值函数的平均偏离程度，如图 7-6 所示。

给定任意两个时刻 $t_1, t_2\in \boldsymbol{T}$，将随机变量 $X(t_1)$ 和 $X(t_2)$ 的二阶混合原点矩与二阶混合中心矩分别记为

$$R_X(t_1,t_2) = E[X(t_1)X(t_2)] \tag{7.8}$$

$$C_X(t_1,t_2) = \mathrm{Cov}(X(t_1),X(t_2)) = E\{[X(t_1) - \mu_X(t_1)][X(t_2) - \mu_X(t_2)]\} \tag{7.9}$$

分别称为随机过程 $\{\boldsymbol{X}(t), t\in \boldsymbol{T}\}$ 的自相关函数和自协方差函数，它们可以刻画随机过程自身在两个不同时刻的状态之间统计依赖关系的数字特征。

上述数字特征之间的关系如下：

$$\Psi_X^2(t) = R_X(t,t)$$

$$C_X(t_1,t_2) = R_X(t_1,t_2) - \mu_X(t_1)\mu_X(t_2)$$

当 $t_1=t_2=t$ 时，有

$$\sigma_X^2(t)=C_X(t,t)=R_X(t,t)-\mu_X^2(t)$$

随机过程的数字特征虽然不能代替对整个随机过程的统计分析，但它们刻画了随机过程的主要统计特征，便于观察和实际计算，在解决实际问题中起到重要作用。

如果对于每个 $t\in \boldsymbol{T}$，随机过程 $\{\boldsymbol{X}(t),t\in \boldsymbol{T}\}$ 的二阶原点矩 $E[\boldsymbol{X}^2(t)]$ 都存在，则称随机过程为二阶矩过程，二阶矩过程的相关函数总是存在的。

【例 7-4】 对于随机相位正弦波，设 a 与 ω 为正常数，$\Theta\sim U(0,\ 2\pi)$，定义函数

$$X(t)=a\cos(\omega t+\Theta),\ t\in(-\infty,\infty)$$

得到的随机过程 $\{\boldsymbol{X}(t),t\in(-\infty,\infty)\}$ 为随机相位正弦波。对于图 7-7 所示的两条样本函数，试求它的均值函数、方差函数和自相关函数。

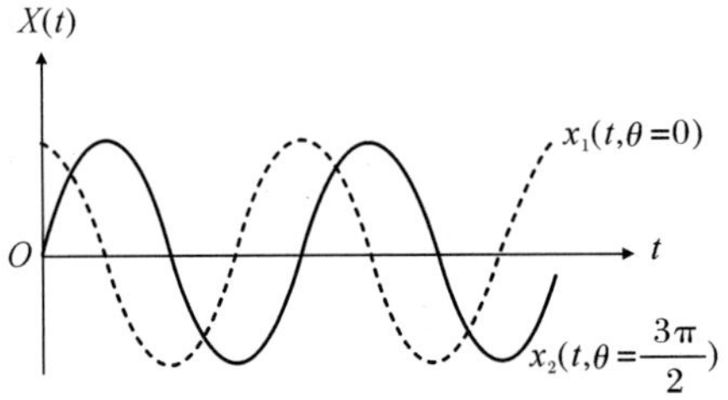

图 7-7 随机相位正弦波的样本函数

解 已知 Θ 的概率密度函数为

$$f(\theta)=\begin{cases}\dfrac{1}{2\pi}, & \theta\in(0,2\pi)\\ 0, & \text{其他}\end{cases}$$

则由定义可知

$$\begin{aligned}\mu_X(t)&=E[\boldsymbol{X}(t)]=E[a\cos(\omega t+\Theta)]\\&=\int_0^{2\pi}a\cos(\omega t+\theta)\cdot\frac{1}{2\pi}\mathrm{d}\theta=0\end{aligned}$$

$$\begin{aligned}R_X(t_1,t_2)&=E[X(t_1)X(t_2)]=E[a^2\cos(\omega t_1+\Theta)\cos(\omega t_2+\Theta)]\\&=\int_0^{2\pi}a^2\cos(\omega t_1+\theta)\cos(\omega t_2+\theta)\cdot\frac{1}{2\pi}\mathrm{d}\theta\\&=\frac{a^2}{2}\cos(\omega(t_2-t_1))\end{aligned}$$

令 $t_1=t_2=t$，得方差函数为

$$\sigma_X^2(t)=R_X(t,t)-\mu_X^2(t)=\frac{a^2}{2}$$

若对于任意正整数 n，非负整数 $m_1,m_2,\cdots,m_n$（令 $m=m_1+m_2+\cdots+m_n$）及任意时刻的 $t_1,t_2,\cdots,t_n\in\boldsymbol{T}$，随机变量 $X^{m_1}(t_1),X^{m_2}(t_2),\cdots,X^{m_n}(t_n)$ 的数学期望存在，则

$$\begin{aligned}\mu_{m_1,m_2,\cdots,m_n}(t_1,t_2,\cdots,t_n)&=E[X^{m_1}(t_1)\ X^{m_2}(t_2)\ \cdots\ X^{m_n}(t_n)]\\&=\int_{-\infty}^{\infty}\cdots\int_{-\infty}^{\infty}x_1^{m_1}x_2^{m_2}\ldots x_n^{m_n}\ \mathrm{d}F_X(x_1,x_2,\cdots,x_n;t_1,t_2,\cdots,t_n)\end{aligned}$$

为随机过程在 $t_1,t_2,\cdots,t_n$ 的 m 阶矩。

此外，对于依赖同一参数集 $\boldsymbol{T}$ 的两个随机过程 $\{\boldsymbol{X}(t),t\in\boldsymbol{T}\}$ 与 $\{\boldsymbol{Y}(t),t\in\boldsymbol{T}\}$，关于数字特

征，除了 $\boldsymbol{X}(t)$ 和 $\boldsymbol{Y}(t)$ 各自的均值函数、自相关函数、自协方差函数外，在应用中感兴趣的还有它们的互相关函数、互协方差函数，定义如下：

$$R_{XY}(t_1,t_2)=E[X(t_1)Y(t_2)],\ t_1,t_2\in\boldsymbol{T}$$

$$\begin{aligned}C_{XY}(t_1,t_2)&=E\{[X(t_1)-\mu_X(t_1)][Y(t_2)-\mu_Y(t_2)]\}\\&=R_{XY}(t_1,t_2)-\mu_X(t_1)\mu_Y(t_2),\ t_1,t_2\in\boldsymbol{T}\end{aligned}$$

对任意的 $t_1,t_2\in\boldsymbol{T}$ 恒有 $C_{XY}(t_1,t_2)=0$，称 $\boldsymbol{X}(t)$ 和 $\boldsymbol{Y}(t)$ 是不相关的。

7.2.3 常用的随机过程

给定二阶矩过程 $\{\boldsymbol{X}(t),t\in\boldsymbol{T}\}$，称随机变量 $X(t)-X(s)$ $(0\leqslant s<t)$ 为随机过程在区间 $(s,t]$ 上的增量。若对任意选定的正整数 n 和任意选定的 $0\leqslant t_0<t_1<t_2<\cdots<t_n$ 的 n 个增量 $X(t_1)-X(t_0),X(t_2)-X(t_1),\cdots,X(t_n)-X(t_{n-1})$ 相互独立，则称 $\{\boldsymbol{X}(t),t\in\boldsymbol{T}\}$ 为独立增量过程。

独立增量过程在不重叠的区间上，状态的增量是相互独立的。若在 $X(0)=0$ 的条件下，独立增量过程的有限维分布函数族可由增量 $X(t)-X(s)$ $(0\leqslant s<t)$ 的分布确定。

特别是，若对于任意的实数 h 和 $0\leqslant s+h<t+h$，增量 $X(t+h)-X(s+h)$ 与 $X(t)-X(s)$ 具有相同的分布，则称增量具有平稳性。此时增量 $X(t+h)-X(s+h)$ 的分布函数仅依赖于时间差 $t-s$，而不依赖于 t 与 s。

1. **泊松过程**(Poisson process)

泊松过程是一种累计随机事件发生次数的最基本的独立增量过程。如随着时间增长累计某市 120 电话呼叫次数就构成一个泊松过程。

以 $N(t)$ 表示在时间间隔 $(0,t]$ 内随机事件出现的次数，那么 $\{\boldsymbol{N}(t),t\geqslant 0\}$ 就是一状态取值为非负整数、时间连续的随机过程，称为计数过程，它的典型样本函数如图 7-8 所示，横坐标的 $t_1,t_2,\cdots$ 表示随机事件依次发生的时刻。利用 $N(t)$ 可以确定在时间间隔 $(s,t]$ 内出现次数为 $N(s,t)=N(t)-N(s)$。

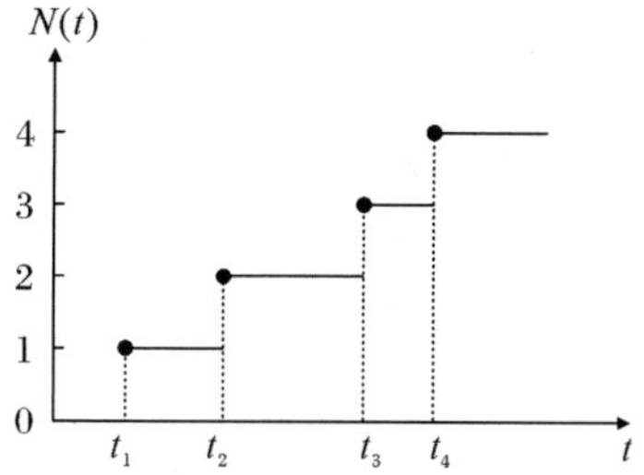

图 7-8　计数过程的样本函数

称计数过程 $\{\boldsymbol{N}(t),t\geqslant 0\}$ 为强度为 λ 的泊松过程，要满足以下 3 个条件：

(1) $\{\boldsymbol{N}(t),t\geqslant 0\}$ 是独立增量过程；

(2)对于任意的 $0\leqslant s<t$，增量 $N(t)-N(s)$ 服从参数为 $\lambda(t-s)$ 的泊松分布，即

$$P\{N(t)-N(s)=k\}=\frac{[\lambda(t-s)]^k}{k!}\mathrm{e}^{-\lambda(t-s)},\ k=0,1,2,\cdots$$

(3)$N(0)=0$。

强度为 λ 的泊松过程的数字特征如下：

均值函数为

$$\mu_N(t) = E[\mathbf{N}(t)] = \lambda t$$

方差函数为

$$\sigma_{\mathbf{N}}^2(t) = D[\mathbf{N}(t)] = \lambda t$$

自协方差函数为

$$C_N(s,t) = \lambda \min(s,t) \quad s \geqslant 0, t \geqslant 0$$

自相关函数为

$$R_N(s,t) = \lambda^2 st + \lambda \min(s,t) \quad s \geqslant 0, t \geqslant 0$$

从均值函数中可以看出，$\lambda = E[\mathbf{N}(t)/t]$，即泊松过程的强度 λ 等于单位时间间隔内随机事件发生次数的期望值。

2. **维纳过程**(Wiener process)

维纳过程是布朗运动的数学模型。布朗运动指悬浮在液体中的花粉微小颗粒所进行的无休止随机运动，爱因斯坦指出微粒的这种运动是由于受到大量随机的、相互独立的分子碰撞的结果。于是，粒子在时段$(s,t]$上的位移可以看作是许多微小位移的代数和，依据中心极限定理，位移 $W(t)-W(s)$为正态分布。离子的运动完全由分子的不规则碰撞引起，所以在不相重叠的时间间隔内，碰撞的次数、大小、方向可假定为相互独立，即 $\mathbf{W}(t)$是独立增量过程，而且粒子在这一时间段上的概率分布仅依赖于时段的长度，与观察的起始时刻无关，即 $\mathbf{W}(t)$具有平稳增量。综上所述，引入维纳过程的定义：

对于给定二阶矩过程$\{\mathbf{W}(t), t \geqslant 0\}$，如果满足以下 3 个条件，则称其为维纳过程，即

(1)$\{\mathbf{W}(t), t \geqslant 0\}$是独立增量过程；

(2)对于任意的 $0 \leqslant s < t$，增量 $W(t)-W(s)$服从正态分布，即

$$W(t) - W(s) \sim N(0, \sigma^2(t-s)), \ \sigma > 0$$

(3)$W(0)=0$。

维纳过程的数字特征如下：

均值函数为

$$\mu_W(t) = E[\mathbf{W}(t)] = 0$$

方差函数为

$$\sigma_W^2(t) = D[\mathbf{W}(t)] = \sigma t$$

自协方差函数为

$$C_W(s,t) = \sigma^2 \min(s,t), \ s \geqslant 0, t \geqslant 0$$

维纳过程是独立增量过程，也是正态过程，其分布完全由它的均值函数与自协方差函数确定。维纳过程不只是布朗运动的数学模型，电子元件在恒温下的热噪声也可归结为维纳过程。维纳过程的样本函数如图 7-9 所示。

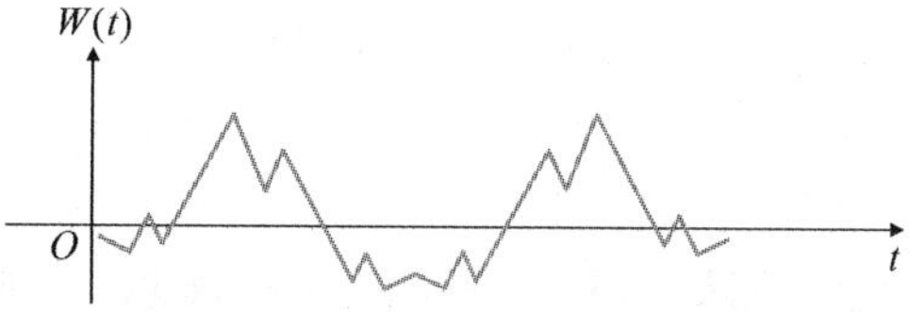

图 7-9　维纳过程的样本函数

3. **马尔可夫过程**(Markov process)

马尔可夫过程是研究离散事件动态系统状态空间的重要方法，它的数学基础是随机过程理论。满足马尔可夫性的随机过程称为马尔可夫过程。

马尔可夫性的定义：设随机过程 $\{\boldsymbol{X}(t), t\in \boldsymbol{T}\}$，若对任意的 $t_1<t_2<\cdots<t_n<t$，在已知随机变量 $X(t)$ 的观察值 $X(t_1)=x_1, X(t_2)=x_2, \cdots, X(t_n)=x_n$ 的条件下，$X(t)=x$ 的条件分布函数只与 $X(t_n)=x_n$ 有关，与 $X(t_1)=x_1, X(t_2)=x_2, \cdots, X(t_{n-1})=x_{n-1}$ 无关，即条件分布函数满足等式：

$$F(x,t \mid x_1,x_2,\cdots,x_n,t_1,t_2,\cdots,t_n)=F(x,t \mid x_n,t_n) \tag{7.10}$$

概率关系

$$P[X(t)\leqslant x \mid X(t_1)=x_1, X(t_2)=x_2,\cdots,X(t_n)=x_n]= P[X(t)\leqslant x \mid X(t_n)=x_n] \tag{7.11}$$

此性质称为马尔可夫性，亦称为无后效性或无记忆性。

常见的马尔可夫过程如下：

(1)独立增量过程为马尔可夫过程；

(2)泊松过程为时间连续状态离散的马尔可夫过程；

(3)维纳过程为时间连续状态连续的马尔可夫过程；

(4)马尔可夫链是时间离散状态离散的马尔可夫过程。

状态空间为有限集或可列集的随机过程 $\{\boldsymbol{X}_n, n=0,1,2,\cdots\}$，若对于任何一列状态 $i_0, i_1, \cdots, i_{n-1}, i, j, X_n$ 满足性质：

$$P(X_{n+1}=j \mid X_0=i_0, X_1=i_1,\cdots,X_{n-1}=i_{n-1},X_n=i)=P(X_{n+1}=j \mid X_n=i) \tag{7.12}$$

则称 $\{X_n, n=0,1,2,\cdots\}$ 为马尔可夫链(Markov Chain)，简称马氏链。式(7.12)中的条件概率 $P(X_{n+1}=j|X_n=i)$ 表示马氏链 $\{\boldsymbol{X}_n, n=0,1,2,\cdots\}$ 在第 n 个时刻从状态 i 经过一步到状态 j 的一步转移概率，记为 p_{ij}，显然有 $\sum\limits_{j=0}^{\infty} p_{ij}=1$。

将一步转移概率排成方阵，记作

$$\boldsymbol{P}=\begin{bmatrix} p_{00} & p_{01} & \cdots & p_{0j} & \cdots \\ p_{10} & p_{11} & \cdots & p_{1j} & \cdots \\ \vdots & \vdots & & \vdots & \\ p_{i0} & p_{i1} & \cdots & p_{ij} & \cdots \\ \vdots & \vdots & & \vdots & \end{bmatrix} \tag{7.13}$$

此矩阵称为马尔可夫链的转移概率矩阵，其阶数与状态空间的状态数相同。

【例 7-5】 （排队模型）设某服务系统由一名业务员和只能容纳两人的等候室组成（见图 7-10），排队规则为：先到先办理，后来者需在等候室依次排队；如果系统内已有三名顾客（一人正在办理业务，两人在等候室排队），再到来的顾客就会离开。设时间间隔 Δt 内有一名顾客进入系统的概率为 q，如果有顾客在办理业务则其办理完毕离开系统的概率为 p，假设在这个时间区间里不可能有多于一名顾客进入或离开系统，且有无顾客来到与业务是否办理完毕是相互独立的。请用马尔可夫链来描述该服务系统，计算概率转移矩阵。

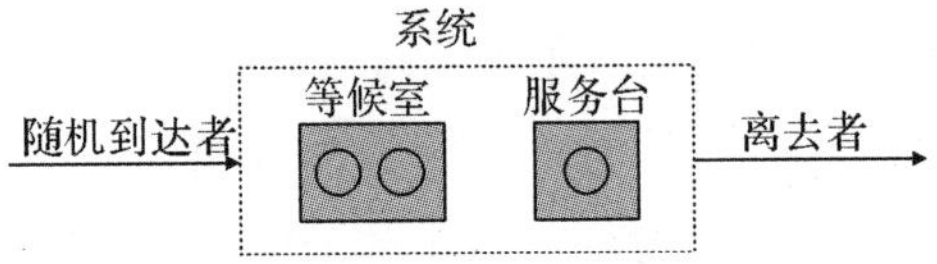

图 7-10 服务系统示意

解 用 X_n 表示时间区间 $((n-1)\Delta t, n\Delta t]$ 中系统中的顾客数，其状态空间为 $\{0,1,2,3\}$。其一步转移概率为 $p_{00}=1-q$，$p_{01}=q$；由于不能有 2 名及以上顾客同时进出系统，所以当 $|i-j|>1$ 时，$p_{ij}=0$；$p_{10}=p_{21}=p_{32}=p(1-q)$ 表示有一名顾客办理完业务离开且没有新顾客进入系统；同样 $p_{12}=p_{23}=q(1-p)$ 表示正在办理业务的顾客还没有完成且有新顾客进入系统，顾客人数增加；p_{11}，p_{22}，p_{33} 人数没有变化，要分两种情况讨论，如 $p_{11}=p_{22}=pq+(1-p)(1-q)$ 分别对应当前办理业务的顾客办理完毕离开恰有新顾客进入系统、当前办理业务的顾客没有离开也没有新顾客进入系统的概率，$p_{33}=pq+(1-p)$ 有所不同的是没有顾客离开系统时不能有新顾客进入。综合起来就得到了概率转移矩阵为

$$\boldsymbol{P}=\begin{bmatrix} 1-q & q & 0 & 0 \\ p(1-q) & pq+(1-p)(1-q) & q(1-p) & 0 \\ 0 & p(1-q) & pq+(1-p)(1-q) & q(1-p) \\ 0 & 0 & p(1-q) & pq+(1-p) \end{bmatrix}$$

4. **平稳随机过程**

平稳随机过程是随机过程 $\{\boldsymbol{X}(t), t\in\boldsymbol{T}\}$ 的概率统计特性不随时间的推移而变化。对任意正整数 n，任意时刻 $t_1, t_2, \cdots, t_n, \tau\in\boldsymbol{T}$，随机过程中的随机变量 $[X(t_1), X(t_2), \cdots, X(t_n)]$ 和 $[X(t_1+\tau), X(t_2+\tau), \cdots, X(t_n+\tau)]$ 具有相同的分布函数，则 $\{\boldsymbol{X}(t), t\in\boldsymbol{T}\}$ 为严平稳随机过程或狭义平稳随机过程。但去判别随机过程的严平稳性并不容易，在实际问题中常用宽平稳随机过程，其定义如下：

给定二阶矩过程 $\{\boldsymbol{X}(t), t\in\boldsymbol{T}\}$，如果对于任意的 $t, t+\tau\in\boldsymbol{T}$，有

$$E[\boldsymbol{X}(t)]=\mu_X\text{（常数）}$$

$$E[X(t), X(t+\tau)]=R_X(\tau)$$

不依赖于 t，则称 $\{\boldsymbol{X}(t), t\in\boldsymbol{T}\}$ 为宽平稳随机过程或广义平稳随机过程。

需要注意的是，广义平稳随机过程不一定是狭义平稳随机过程；反过来，狭义平稳随机过程也不一定是广义平稳随机过程。但是，如果狭义平稳随机过程的二阶矩存在，那么它必是广义平稳随机过程。对于正态随机过程而言，它的广义平稳性和狭义平稳性是一致的。

7.3　应力随机过程模型

在应力随机过程模型中，功能随机过程可表示为

$$Z(t)=R-S(t) \tag{7.14}$$

即强度为随机变量，它不随时间变化，应力为随机过程，这是工程实践中最常遇到的一种模型。有很多结构，在规定的使用环境条件下，相对短的时间内，其强度变化不明显，为了简化计算，往往忽略强度的时间变化因素，用与时间无关的随机变量来描述。对于飞机导弹结构，如果飞行速度较低，热效应不明显的话，可以在一次飞行中，认为强度不随时间改变，而阵风和机动飞行载荷则必须用随机过程来描述。

7.3.1　应力随机过程的极大化变换

对于半随机过程模型，可以通过适当的变换，将问题归结为静态模型加以处理，这是解决结构动态可靠性问题的有效途径之一。最常用的方法是功能函数的极小化变换法。一般来说，功能随机过程 $Z(t)$ 的统计特性比较复杂，但是在过程的任何时刻，只要保证 $Z(t)>0$ 则可保证结构可靠。若在整个过程中，只要过程的最小值 $\min Z(t)>0$，则可保证结构在整个有效使用期 $[0,T]$ 期间可靠。因此，所谓极小化变换，是指功能随机过程 $Z(t)$ 在结构有效使用期内取最小值的变换。

应力为随机过程，强度为随机变量的半随机过程模型，功能随机过程的极小化变换为

$$Z_{\min}=\min_{t\in T}Z(t)=\min_{t\in T}[R-S(t)]=R-\max_{t\in T}S(t) \tag{7.15}$$

记 $\max\limits_{t\in T}S(t)=S_M$ 表示在结构有效使用期内出现的最大应力。

经这一变换之后，应力随机过程模型归结为

$$Z_{\min}=R-S_M \tag{7.16}$$

该式的工程意义很明确：若结构强度在整个有效使用期内不变，则只要在该期间内出现的最大应力不会使结构破坏，则结构在有效使用期内就不会发生破坏。

这样，就把结构动态可靠性问题归结为静态可靠性问题，则有

$$\mathrm{Re}=P[\bigcap_{t\in T}Z(t_i)>0]=P(Z_{\min}>0)=P(R-S_M>0) \tag{7.17}$$

因此，只要知道 R 和 S_M 的具体分布形式和统计参数，便可使用结构静态可靠性分析方法进行可靠度计算。

7.3.2　应力随机过程的统计分析

在很多情况下，结构所承受的应力是典型的随时间变化量。在结构可靠性分析时，必须考虑结构在整个有效使用期内，必须确定应力随机过程的统计分布规律。目前最常用的方法是极大值变换法。所谓极大值变换法，就是对应力随机过程，只分析其在时间区间 $[0,T]$ 内的最

大值的统计规律，即寻找随机变量 $S_M=\max[S(t)](0\leqslant t\leqslant T)$ 的概率分布与统计参数。这样就可以把应力随机过程问题归结为随机变量问题来进行处理。下面仅介绍一些特殊类型随机过程的已有结果。

1. 平稳二项随机过程

在平稳二项随机过程模型中，可将应力随机过程的样本函数（即应力随机过程的一次实现）模型化为等时段的矩形波函数，如图 7 - 11 所示。矩形波幅值的变化规律，采用随机过程 $\{\boldsymbol{S}(t),t\in[0,T]\}$ 中任意时刻应力的概率分布函数 $F_{S_i}(x)=P[S(t_i)\leqslant x]$，$t_i\in[0,T]$来描述。

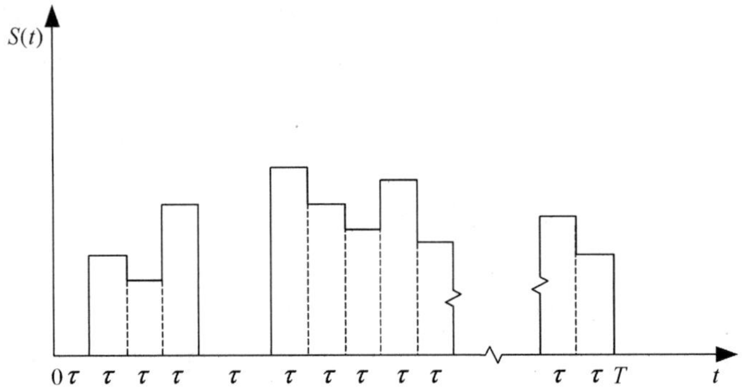

图 7 - 11　平稳二项应力随机过程

平稳二项随机过程模型的基本假定为：

(1)时间域 T 可分为 r 个相等的时间段，每一时间段长度为 $\tau=T/r$，其中，τ 表示为应力一次持续施加于结构上的时段长度。

(2)在每一时段 τ 上，应力出现的概率为 p，不出现的概率为 q，且 $q=1-p$。

(3)在每一时段 τ 上，应力出现均为非负随机变量，且在不同的时段 τ 上具有相同的分布函数 $F_0(x)$，这种概率分布称为任意时刻应力概率分布。

(4)在不同的时段 τ 上，应力随机变量是相互独立的，且在时段 τ 内，应力是否出现也是相互独立的。

对于平稳二项过程，为了寻求其极大值 S_M 的分布，必须预先知道时段长度 τ，应力在每一时段出现的概率 p 和在该时刻应力随机变量的分布函数 $F_{S_i}(x)=F_0(x)$。

几种经常遇到的应力，参数 τ 和 P 可以通过调查测定或经验判断得到。在任意时刻应力的概率分布是结构动态可靠性分析的基础，应根据实测数据，选择典型的概率分布，如正态分布、对数正态分布、Γ 分布、I 型极值分布等，进行假设检验，以得出所选分布与实测数据的最优拟合。

根据平稳二项随机过程的等时段矩形波模型，由假定(2)和条件(3)，在任一时段 τ 上，应力 $S(t)$出现的概率分布为

$$\begin{aligned}F_\tau(x)&=P[S(t)\leqslant x]=p\cdot F_0(x)+q=p\cdot F_0(x)+1-p\\&=1-p\cdot[1-F_0(x)]\end{aligned}\tag{7.18}$$

根据(1)和(4)两项假定，可以得出时间域 T 内最大应力 S_M 的概率分布为

$$\begin{aligned} F_M(x) &= P(S_M \leqslant x) = P[\max S(t) \leqslant x] \\ &= P[S(t) \leqslant x, t \in \tau_1] P[S(t) \leqslant x, t \in \tau_2] \cdots P[S(t) \leqslant x, t \in \tau_r] \\ &= \prod_{i=1}^{r} P[S(t) \leqslant x, t \in \tau_i] = \{1 - p \cdot [1 - F_0(x)]\}^r \\ &= \{1 - p \cdot [1 - F_0(x)]\}^{T/\tau} \end{aligned} \tag{7.19}$$

式中：$r=T/\tau$ 为时间域 T 内的总时段数。当应力在每一时段上必然出现时，则 $p=1$，故有

$$F_M(x) = \{1 - p \cdot [1 - F_0(x)]\}^r = \{1 - 1 \cdot [1 - F_0(x)]\}^r = F_0^r(x) \tag{7.20}$$

当 $p\neq 1$ 时，如果 $p \cdot [1-F_0(x)]$ 充分小，可利用 $e^{-x} \approx 1-x$ 的关系，将式(7.19)变为

$$\begin{aligned} F_M(x) &= \{1-p \cdot [1-F_0(x)]\}^r \approx \{\exp(-p \cdot [1-F_0(x)])\}^r \\ &= (\exp\{-[1-F_0(x)]\})^{pr} \approx F_0^{pr}(x) = F_0^m(x) \end{aligned} \tag{7.21}$$

式(7.21)表明，平稳二项随机过程 $\boldsymbol{S}(t)$，在 $[0, T]$ 上极大值的概率分布 $F_M(x)$ 等于在任意时点分布 $F_0(x)$ 的 $m(m=pr)$ 次方。

这里要指出的是，上述平稳二项随机过程模型是有缺点的。其一，p 和 r 的取值是不易从统计资料中取得的，该值的大小对计算结果影响很大，而现在往往是人为确定的。对一些实际情况，p 和 r 取何值更为合理，还有待进一步研究。其二，对诸如最大风压或临时应力等这样的瞬时应力情况，若时间段选择以年为单位，显然不符合实际情况。即使时间段取值合理，τ 取多大值更符合实际也较难确定。因此，还要考虑其他种类的随机过程来描述。

2. 平稳正态随机过程

平稳正态随机过程又称为平稳高斯(Gaussian)过程。设应力随机过程 $\boldsymbol{S}(t)$ 为平稳正态随机过程，其一维分布为具有平均值 μ_s 和方差 σ_s^2 的正态分布。如果 $\boldsymbol{S}(t)$ 上穿过某一水平 x 的次数 N_x 服从泊松(Poisson)分布，即

$$P(N_x = k) = \frac{(v_x T)^k}{k!} e^{-v_x T}, \ x \geqslant 0 \tag{7.22}$$

可得最大值 S_M 的概率分布：

$$\begin{aligned} F_M(x) &= P(S_M \leqslant x) = P[\max S(t) \leqslant x] = P[S(0) \leqslant x] \cdot P[\max_{t>0} S(t) \leqslant x] \\ &= \Phi(x) \cdot P(N_x = 0) = \Phi(x) \cdot \frac{(v_x T)^0}{0!} e^{-v_x T} \\ &= \frac{e^{-v_x T}}{\sqrt{2\pi}\sigma_s} \int_{-\infty}^{x} \exp\left[-\frac{(u-\mu_s)^2}{2\sigma_s^2}\right] du \end{aligned} \tag{7.23}$$

式中：v_x 为平均上穿率，当 $x \to \infty$ 时，$v_x \to 0$，$P(N_x=0)$ 即 $\boldsymbol{S}(t)$ 的最大值一次也没穿过某确定的水平 x 的概率，显然是 $[\max S(t) \leqslant x]$ 的概率。

平均上穿率是指单位时间内上穿某一水平的 x 的期望值。以图 7-12 为例，图中曲线为随机过程 $\boldsymbol{S}(t)$ 的一次实现，确定水平 x 为一常数，对于随机过程所处的时间区间 $[t_1, t_2]$，上穿的次数为 4 次。上穿为正穿过，下穿为负穿过。

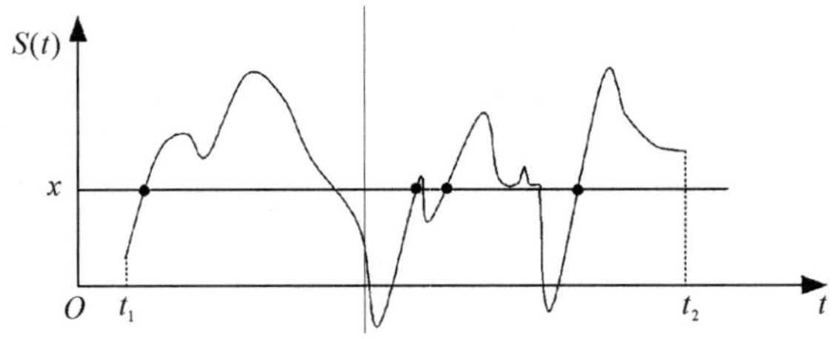

图 7-12　上穿率示意图

在时间区间$[t_1,t_2]$，穿过数$N(x,t_1,t_2)$的期望值为

$$E[N(x,t_1,t_2)]=\int_{t_1}^{t_2}\int_{-\infty}^{\infty}|\dot{S}|f_{s\dot{s}}(x,\dot{S};t)\mathrm{d}\dot{S}\mathrm{d}t \tag{7.24}$$

若$N'(x,t)$为单位时间穿过率，则有

$$N(x,t_1,t_2)=\int_{t_1}^{t_2}N'(x,t)\mathrm{d}t \tag{7.25}$$

那么，式(7.24)有简单形式：

$$E[N'(x,t)]=\int_{-\infty}^{\infty}|\dot{S}|f_{s\dot{s}}(x,\dot{S};t)\mathrm{d}\dot{S} \tag{7.26}$$

式中：$f_{s\dot{s}}(\cdot)$是随机过程$S(t)$及其导数$\dot{S}(t)$的联合概率密度函数。对于平稳随机过程$S(t)$而言，$f_{s\dot{s}}(\cdot)$与时间无关，则有

$$E[N'(x,t)]=\int_{-\infty}^{\infty}|\dot{S}|f_{s\dot{s}}(x,\dot{S})\mathrm{d}\dot{S}=K(x) \tag{7.27}$$

因而在时间区间，穿过数的期望值为

$$E[N(x,t_1,t_2)]=K(x)(t_2-t_1) \tag{7.28}$$

考虑到上穿和下穿具有相同的概率，则上穿率可表示为

$$v_x=E[N_+'(x)]=\int_{0}^{\infty}\dot{S}f_{s\dot{s}}(x,\dot{S})\mathrm{d}\dot{S} \tag{7.29}$$

该公式称为赖斯(Rice)公式，可用该公式求上穿率。若已知上穿率，可近似得出在时间区间$[0,T]$内随机过程的总上穿次数，从而得出随机过程极大值的近似分布形式。当$v_xT\ll 1$时，随机过程$S(t)$的极大值S_M分布函数可近似表示为

$$F_M(x)=1-v_xT \tag{7.30}$$

对于应力随机过程为平稳正态过程而言，那么它的导数过程$\dot{S}(t)$亦是平稳正态过程，根据式(7.29)，可得出上穿率的表达式为

$$v_x=E[N_+'(x)]=\frac{1}{2\pi}\cdot\frac{\sigma_{\dot{s}}}{\sigma_s}\mathrm{e}^{-\frac{(x-\mu)^2}{2\sigma_s^2}} \tag{7.31}$$

一旦得出了平均上穿率v_x及$\boldsymbol{S}(t)$的一维分布$\Phi(x)$，根据式(7.23)，容易求得应力随机过程$\boldsymbol{S}(t)$的极大值S_M的分布为

$$F_M(x)=\frac{1}{\sqrt{2\pi}\sigma_s}\exp\left\{-\frac{\sigma_{\dot{s}}T}{2\pi\sigma_s}\exp\left[-\frac{(x-\mu)^2}{2\sigma_s^2}\right]\right\}\cdot\int_{-\infty}^{x}\exp\left[-\frac{(u-\mu_s)^2}{2\sigma_s^2}\right]\mathrm{d}u \tag{7.32}$$

式中：$\sigma_{\dot{s}}$为$\boldsymbol{S}(t)$的导数过程$\dot{\boldsymbol{S}}(t)$的一维分布的标准差。

3. 泊松(Poisson)方波过程

设应力随机过程如图 7-13 所示，为泊松方波过程，在任一时段τ_i上，应力不随时间变

化，且服从相同的分布。应力所在时段长短各不相同，假设应力在各时段上的分布函数为 $F_0(x)$，在结构有效使用期$[0,T]$内应力变动次数 N_T 服从泊松分布，即

$$P(N_T = k) = \frac{(\lambda T)^k}{k!}e^{-\lambda T}, \quad k = 0,1,2,\cdots \tag{7.33}$$

式中：λ 为单位时间内应力平均变动次数。

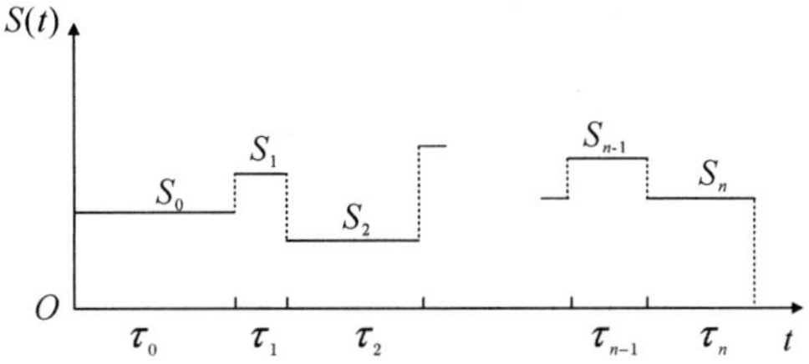

图 7-13　泊松方波过程

根据分布函数的定义，容易得出随机过程 $\boldsymbol{S}(t)$ 的最大值 S_M 的分布函数为

$$\begin{aligned}
F_M(x) &= P(S_M \leqslant x) = P[\max S(t) \leqslant x] \\
&= \sum_{k=0}^{\infty} P(S_0 \leqslant x \cap S_1 \leqslant x \cap \cdots \cap S_{N_T} \leqslant x \mid N_T = k)P(N_T = k) \\
&= \sum_{k=0}^{\infty}\prod_{j=0}^{k} P(S_j \leqslant x)\frac{(\lambda T)^k}{k!}e^{-\lambda T} = \sum_{k=0}^{\infty}\prod_{j=0}^{k} F_j(x)\frac{(\lambda T)^k}{k!}e^{-\lambda T} \\
&= \sum_{k=0}^{\infty}[F_0(x)]^{k+1}\frac{(\lambda T)^k}{k!}e^{-\lambda T} = e^{-\lambda T}F_0(x)\sum_{k=0}^{\infty}\frac{[\lambda T \cdot F_0(x)]^k}{k!} \\
&= e^{-\lambda T}F_0(x)e^{-\lambda T \cdot F_0(x)} \\
&= F_0(x)e^{-\lambda T \cdot [1-F_0(x)]}
\end{aligned} \tag{7.34}$$

4. 滤过泊松过程

上面的泊松方波过程始终施加于结构上，但是应力不定期变动。而有些应力，在结构的有效使用期内，不但持续时间较短，而且应力在时段内出现的概率较小。样本函数如图 7-14 所示的应力随机过程，可以用滤过泊松过程来描述。

随机过程 $\boldsymbol{S}(t)$ 可表示为

$$\boldsymbol{S}(t) = \sum_{k=1}^{\boldsymbol{N}(t)} \omega(t, \tau_k, S_k) \tag{7.35}$$

式中：$\boldsymbol{N}(t)$ 为泊松过程；S_k 为一组相互独立的同分布于 $F_0(x)$ 的随机变量；$\boldsymbol{N}(t)$ 与 S_k 相互独立；响应函数 $\omega(t, \tau_k, S_k)$ 为三变量可测函数。这种情况下称 $\boldsymbol{S}(t)$ 为滤过泊松过程。

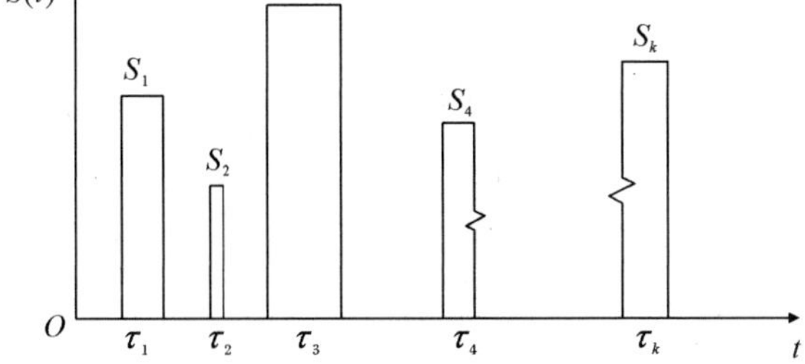

图 7-14　滤过泊松过程

为了计算简单起见，只讨论下式形式的响应函数，即

$$\omega(t,\tau_k,S_k)=\begin{cases}S_k,\ t\in\tau_k\\0,\ t\notin\tau_k\end{cases}\tag{7.36}$$

此时，$S_M=\max S(t)$的分布函数为

$$\begin{aligned}F_M(x)&=P(S_M\leqslant x)=P[\max S(t)\leqslant x]\\&=\sum_{k=0}^{\infty}P(S_1\leqslant x\cap S_2\leqslant x\cap\cdots\cap S_{N(t)}\leqslant x\mid N(t)=k)P(N(t)=k)\\&=\sum_{k=0}^{\infty}\prod_{j=1}^{k}P(S_j\leqslant x)P[N(t)=k]\\&=\sum_{k=0}^{\infty}[F_0(x)]^k\frac{(\lambda T)^k}{k!}\mathrm{e}^{-\lambda T}=\mathrm{e}^{-\lambda T}\sum_{k=0}^{\infty}\frac{[\lambda T\cdot F_0(x)]^k}{k!}\\&=\mathrm{e}^{-\lambda T}\mathrm{e}^{\lambda T\cdot F_0(x)}=\mathrm{e}^{-\lambda T\cdot[1-F_0(x)]}\end{aligned}\tag{7.37}$$

同样，对于其他一些形式的应力随机过程的极大化变换，也可以进行类似的计算，确定功能半随机过程的结构可靠度。

【例 7-6】 假设直径为 22 mm 的钢筋的屈服强度 R 服从均值为 385 MPa、变异系数为 0.07 的正态分布。钢筋所承受的可变载荷 $Q(t)$为平稳二项分布随机过程（即载荷出现的概率 $p=0.8$，载荷不出现的概率 $q=0.2$，载荷大小的概率分布为 I 型极值分布，均值为 100 kNm，变异系数为 0.2)，钢筋的设计周期 $T=50$ 年，取时段 $\tau=10$ 年，时段数 $r=T/\tau$。定义安全余量方程为 $Z=R-Q(t)/A$（A 为截面面积），求解钢筋的可靠度。

解 I 型极值分布（Gumbel 分布）的分布函数和密度函数表达式为

$$F(x;u,\alpha)=\mathrm{e}^{-\mathrm{e}^{-\alpha(x-u)}},\quad f(x;u,\alpha)=\alpha\mathrm{e}^{-\alpha(x-u)\ -\mathrm{e}^{-\alpha(x-u)}}$$

式中：$\alpha=\dfrac{\pi}{\sqrt{6}\sigma}$；$u=\mu-\dfrac{\gamma}{\alpha}$；$\gamma=0.577\,215\,664\,9\cdots$，为欧拉常数；$\mu$、$\sigma$ 分别为 I 型极值分布的均值和标准差。Matlab 里抽取服从 I 型极值分布的样本时，输入的参数是 u 和 α。

算例 7-6 的 Monte Carlo 模拟应力极大状态下总可靠度的 Matlab 代码如下：

S_process.m

```
clear all
syms   xF0 FM
miu_R=385; Cov_R=0.07; sd_R=Cov_R*  miu_R;%%% R 正态分布   单位 MPa
miu_P0=100;sd_P0=0.2*miu_P0;
alpha=pi/6^0.5/sd_P0;
u=miu_P0-0.5772156679/alpha;%%%载荷 P 密度函数中的参数 alpha 和 u   单位 kNm
A=pi*22.^2/4;%%%截面面积   mm^2
Nf=0;N_MC=10000;
%%%%%%%MC 抽样
```

```
R= normrnd(miu_R,sd_R,1,N_MC); %% R的随机样本
%%应力极大化变换,对 PM 抽样
F0=exp(-exp(-alpha * (x-u))); %%I型极值分布函数
FM=(1-0.8 * (1-F0)).^5; %%应力极大的分布函数
r=rand(1,N_MC); %%[0,1]均匀样本
PM=u-log( -log(r.^0.2-0.2)/0.8)/alpha; %%反变换抽样
LSF_g=R-PM * 1000/A; %%%功能函数
[val,num]=find(LSF_g<0);
Nf=length(val); %%失效点数
Pf=Nf/N_MC
```

Monte Carlo 随机抽样 10^7次,所求失效概率为 0.143 9。

7.4 强度随机过程模型

对于强度随机过程模型,功能随机过程为

$$Z(t)=R(t)-S \tag{7.38}$$

即强度为随机过程,应力为随机变量的情况,也可仿照 7.3 节应力随机过程的极大化变换,从实际角度出发,将强度随机过程进行极小化变换,并将功能函数转化为静态模型,然后运用相应的可靠性分析方法进行计算。

对功能随机过程,在结构有效使用期内进行极小化变换,有

$$Z_{\min}=\min_{t\in T} Z(t)=\min_{t\in T}[R(t)-S]=\min_{t\in T} R(t)-S \tag{7.39}$$

经过这种变换后,仅强度为随机过程的半随机过程模型,在有效使用期$[0,T]$内的结构可靠度就归结为如下形式的问题:

$$Z_{\min}=R_{\min}-S \tag{7.40}$$

式中:$R_{\min}=\min\limits_{t\in \boldsymbol{T}} R(t)$。

显然,这是一种结构静态可靠性计算模型,计算公式可表示为

$$\mathrm{Re}=P(Z_{\min}>0)=P(R_{\min}>S) \tag{7.41}$$

只要 $R_{\min}$、S 的分布形式和分布参数均已知,就可以应用结构可靠性的基本计算公式或近似计算方法得到结构的可靠度。这里所得出的可靠度与结构的有效使用期有关。

金属材料及其他的一些材料会受到周围环境介质的化学或电化学作用,在表面或断口处留下腐蚀产物,且腐蚀从表面开始逐渐向内部扩展,使材料的有效截面减少,从而使结构的强度不断下降。有很多结构,如铁路桥梁所用的紧固螺栓,所受应力基本上不随时间变化,而由于腐蚀等原因,强度会随时间推移而下降,这种情况称为结构的老化。在老化的情况下,强度仅是时间 t 的函数,可取如下形式:

$$R(t)=R_0\varphi(t) \tag{7.42}$$

式中：R_0 为 $t=0$ 时刻的结构强度；$\varphi(t)$为时间 t 的确定函数，它可以精确描述强度如何随时间而降低。例如，设 $\varphi(t)=1-0.001t$，则每经过单位时间，强度降低量为初始强度的 0.1%。初始强度虽然是一个随机变量，但是一旦知道了它的值，未来的强度便是已知的。在这种情况下，强度的极小化变换为

$$R_{\min}=\min_{t\in \boldsymbol{T}} R(t)=\min_{t\in \boldsymbol{T}} R_0\varphi(t)=R_0\varphi(T) \tag{7.43}$$

这时结构的可靠度基本计算公式可表示为

$$\mathrm{Re}=P[R_0\varphi(T)>S] \tag{7.44}$$

若在 $t=0$ 时刻强度的概率密度函数为 $f_{R_0}(r)$，应力的密度函数为 $f_S(s)$，则有

$$\mathrm{Re}=\int_0^{\infty} f_{R_0}(r)\left[\int_0^{R_0\varphi(T)} f_S(s)\mathrm{d}s\right]\mathrm{d}r \tag{7.45}$$

一般来说，分布参数会随时间变化，但是由于缺乏改变规律的足够统计资料，所以在现有的结构可靠性的分析计算中大都会假设分布参数不随时间变化。

【例 7-7】 假设直径为 22 mm 钢筋的屈服强度 R_0 服从均值为 385 MPa，变异系数为 0.07的正态分布，强度衰减函数为 $\varphi(t)=1-10^{-5}t^2$。钢筋所承受的载荷 P 服从 I 型极值分布，均值为 100 kNm，变异系数为 0.2，钢筋的设计周期 $T=50$ 年，定义安全余量方程为 $Z=R(t)-P/A$（A 为截面面积），求解钢筋的可靠度。

算例 7-7 Monte Carlo 模拟强度极小状态下总可靠度的 Matlab 代码如下：

R_process.m

```
clear all
miu_R=385; Cov_R=0.07; sd_R=Cov_R* miu_R;%%% R 正态分布  单位 MPa
Phi=(1-1e-5*10^2)%%%%衰减函数
miu_P=100;sd_P=0.2*miu_P;
alpha=pi/6^0.5/sd_P;
u=miu_P-0.5772156679/alpha;%%%载荷 P 密度函数中的参数 alpha 和 u  单位 kNm
A=pi*22.^2/4;%%%截面面积  mm^2
Nf=0;N_MC=10000000;%%%%%%%MC 抽样
R= normrnd(miu_R,sd_R,1,N_MC); %% R 的随机样本
r=rand(1,N_MC);  %%[0,1]均匀样本
P=u-log( -log(r) )/alpha;%%反变换法抽样
LSF_g=Phi*R-P*1000/A; %%%功能函数
[val,num]=find(LSF_g<0);
Nf=length(val); %%失效点数
Pf=Nf/N_MC
```

7.5　全随机过程模型

全随机过程模型的结构可靠度计算是比较复杂的，在许多实际计算中，往往仿照半随机过程情况，用随机变量的可靠性计算代替随机过程的计算。这是一种切实可行的办法，它大大减少了计算所需要的数据，并使结构可靠性计算本身大为简化。因为随机过程可以视为无限个随机变量的集合，所以用随机变量的集合代替随机过程是合理的。但在应用中，只能取有限数目的随机变量代替随机过程，故在大多数情况下，这种代替只能得出近似结果。

7.5.1　功能随机过程自相关系数为 1 的情况

对于全随机过程模型，我们不分别讨论应力和强度随机过程，而仅考虑功能随机过程$Z(t)$的情况。

设功能随机过程能够表示为

$$\boldsymbol{Z}(t) = X\varphi(t) \tag{7.46}$$

这里，X 为一随机变量，$\varphi(t)$为时间的非随机确定函数。

在这种情况下，功能随机过程是随时间确定的，一旦知道了它的初始情况，那么，由函数$\varphi(t)$便准确地描述它随时间变化的规律。现在考察在 T 内任意时间 t_1 和 t_2 的功能函数：$Z(t_1)=X\varphi(t_1)$，$Z(t_2)=X\varphi(t_2)$。对于确定的时间 t_1 和 t_2 而言，$Z(t_1)$和 $Z(t_2)$均为随机变量，容易求出这两个随机变量的协方差函数为

$$\begin{aligned} C_Z(t_1,t_2) &= \mathrm{Cov}[Z(t_1),Z(t_2)] = E\{[Z(t_1)-\mu_Z(t_1)][Z(t_2)-\mu_Z(t_2)]\} \\ &= \varphi(t_1)\varphi(t_2)[E(X^2)-\mu_{x^2}] = \varphi(t_1)\varphi(t_2)\sigma_x^2 \end{aligned} \tag{7.47}$$

式中：$\mu_Z(t_1)$、$\mu_Z(t_2)$分别为 $Z(t_1)$和 $Z(t_2)$的均值；σ_X^2 是随机变量 X 的方差。可知 $Z(t_1)$和 $Z(t_2)$的自相关函数为

$$\rho_Z(t_1,t_2) = \frac{C_Z(t_1,t_2)}{\sigma_Z(t_1)\sigma_Z(t_2)} = \frac{\varphi(t_1)\varphi(t_2)\sigma_X^2}{\varphi(t_1)\sigma_X\varphi(t_2)\sigma_X} = 1 \tag{7.48}$$

$\sigma_Z^2(t_1)=D[Z(t_1)]=E\{[Z(t_1)-\mu_Z(t_1)]^2\}=E\{\varphi^2(t_1)[x-\mu_X]^2\}=\varphi^2(t_1)\sigma_X^2$ 和 $\sigma_Z^2(t_2)=\sigma_X^2\varphi^2(t_2)$分别为 $Z(t_1)$和 $Z(t_2)$的标准差。由自相关函数 $\rho_Z(t_1,t_2)=1$ 可知，功能随机过程 $\boldsymbol{Z}(t)$在时间 t_1 和 t_2 两次取值的结果完全相关。

为了计算结构在整个有效使用期[0,T]的可靠度，应计算在 T 内 $\boldsymbol{Z}(t)>0$ 的概率。如果记事件{$\boldsymbol{Z}(t)>0$}为 Y，则计算随机过程可靠度的公式可表示为

$$\mathrm{Re}_P(t) = P(Y) \tag{7.49}$$

式中：$\mathrm{Re}_P(t)$表示整个过程的可靠度。

图 7－15 表示功能随机过程 $\boldsymbol{Z}(t)$随时间变化的情况。在时间 T 内的某一时刻 t^*，功能随机过程 $\boldsymbol{Z}(t)$出现了最小值，因此，在 $t=t^*$ 时，过程的可靠度为

$$\mathrm{Re}_P(t^*) = \min_{t\in \boldsymbol{T}} \mathrm{Re}_P(t) \tag{7.50}$$

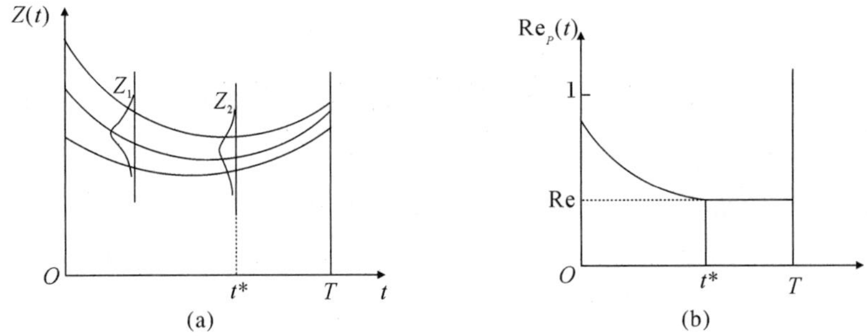

图 7-15 功能随机过程 $\boldsymbol{Z}(t)$ 随时间的变化

在该时刻，过程可靠度也出现最小值。由于随机过程 $\boldsymbol{Z}(t)$ 在不同时刻取值的完全相关性，所以，在 $t^* \leqslant t \leqslant T$ 这段时间内，结构可靠度保持不变，即

$$\mathrm{Re}_P(t^*) = \mathrm{Re}_P(t), \quad t^* \leqslant t \leqslant T \tag{7.51}$$

至于在 t^* 之前的时间内，可靠度随时间变化的情况，这里还不能完全确定。但常常认为，可靠度是时间的减函数，因此，只要测得随机过程 $\boldsymbol{Z}(t)$ 所在的一个时间瞬间，即时刻 t^* 时的功能随机变量 $Z(t^*)$，并确定 $Z(t^*)>0$ 的概率

$$\mathrm{Re}_P(t^*) = P\{Z(t^*) > 0\} \tag{7.52}$$

称该概率值为时间瞬间 t^* 的瞬时可靠度，这个可靠度即等于结构在有效期内的总可靠度。这样，我们就利用时间 t^* 时的随机变量 $Z(t^*)$ 代替功能随机过程 $\boldsymbol{Z}(t)$，得出结构在时间 T 内的总可靠度。

实际上，在很多情况下，我们不能预先准确知道功能随机过程 $\boldsymbol{Z}(t)$ 取最小值的具体时间 t^*，因此，在结构有效使用期 $[0,T]$ 内，必须取多个时间瞬间进行考察，并用大量不同时间的功能函数来代替整个功能随机过程。可以设想，当取的时间瞬间个数 $n\to\infty$ 时，n 次考察所得到的功能函数能够准确地代替随机过程。

考察功能随机过程的两个时间瞬间，所得功能随机变量分别是 Z_1 和 Z_2，在图 7-15(a)中表示出了 Z_1 和 Z_2 分布的概率密度函数。用这两个随机变量代替随机过程，则可得到过程可靠度为

$$\mathrm{Re}_P = P\{Z_1 > 0, Z_2 > 0\} \tag{7.53}$$

若以 Y_1 表示 $Z_1>0$ 的事件，Y_2 表示 $Z_2>0$ 的事件，则有

$$\mathrm{Re}_P = P\{Y_1 \cap Y_2\} = P(Y_2)P(Y_1 \mid Y_2) \tag{7.54}$$

由于 $\rho_Z(t_1,t_2)=1$，即 Y_1 和 Y_2 完全相关。从图 7-15 中可以看到 $P(Y_2)<P(Y_1)$，所以 $P(Y_1|Y_2)=1$，这时有

$$\mathrm{Re}_P = P(Y_2) \tag{7.55}$$

由此可知，考察这个过程的任意两个时间瞬间，过程可靠度总是由功能函数取最小值时的瞬时可靠度所决定的，这时过程可靠度取相对最小值。但是用两个瞬时可靠度中最小的一个来代替过程的实际可靠度，这种替代与真实情况是有差别的。若把过程的时间瞬间取得多一些，即考察 $n>2$ 随机变量 $(Z_1,Z_2,\cdots,Z_n)$ 的情况，并将它们按概率 $P(Z_k>0)(k=1,2,\cdots,n)$ 排序，使得 $P(Y_1)<P(Y_2)<\cdots<P(Y_n)$[以 Y_k 表示 $Z_{(k)}>0$ 的事件，$Z_{(k)}$ 为次序随机变量中的

第 k 个]，则有

$$\begin{aligned}\mathrm{Re}_P &= P\{Y_1 \cap Y_2 \cap \cdots \cap Y_n\}\\ &= P(Y_1)P(Y_2 \mid Y_1)\cdots P(Y_n \mid Y_1 \cap Y_2 \cap \cdots \cap Y_{n-1})\\ &= P(Y_1) = P(Z_{(1)} > 0)\end{aligned} \tag{7.56}$$

式中：$P(Z_{(1)}>0)$表示功能随机过程 $\mathbf{Z}(t)$的 n 个随机变量 $Z_1,\cdots,Z_n$ 中次序随机变量 $Z_{(1)}$所对应的结构可靠度。式(7.56)中的条件概率为

$$P(Y_2|Y_1)=1$$

$$P(Y_n|Y_1\cap Y_2\cap\cdots\cap Y_{n-1})=1$$

所考察的时间瞬间愈多，即 n 的数目愈大，就愈接近实际随机过程，而且 $n\to\infty$，式(7.56)仍然成立。因而，Z_i 的最小值便决定着全功能随机过程的过程可靠度。据此，如果找到了过程中的这个时间瞬间，使得 $\mathbf{Z}(t)$取最小值，那么，整个过程的结构可靠性问题就得到了解决。这会使计算大为简化，且不降低计算的精度。

7.5.2　多个功能随机过程在同一瞬时取最小值的情况

用随机过程的某一时间瞬间的可靠度计算来代替对整个过程的可靠度计算的原理可推广至多个功能随机过程，如图 7-16 所示。

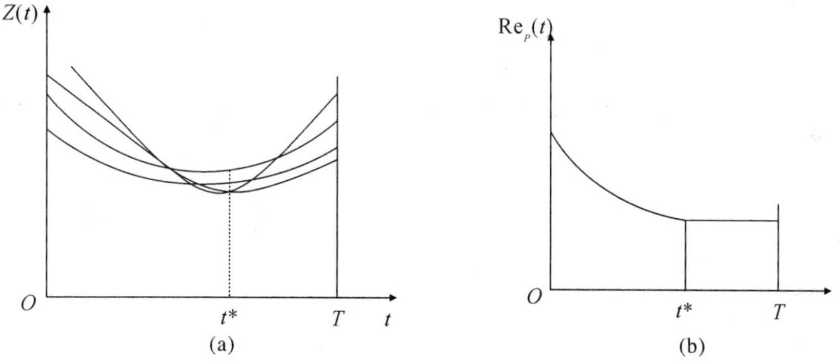

图 7-16　多个功能随机过程在同一瞬时取最小值

实践中经常会遇到这种情况，结构在时间 T 内可能受到多种应力作用，每种应力状态与结构强度状态相结合，构成相应的随机过程，图 7-16(a)中每条曲线代表了这样的一个过程。如果每个功能随机过程均是随时间确定的，且它们均在[0,T]内的同一时间瞬间出现最小值，并设该时间瞬间为 t^*，那就容易计算该时间瞬时的结构可靠度为

$$\mathrm{Re}_P(t^*) = P\{Z_1(t^*) > 0 \cap Z_2(t^*) > 0 \cap \cdots \cap Z_n(t^*) > 0\} \tag{7.57}$$

因而，对于 $t^*\leqslant t\leqslant T$ 的一切时间，能够精确确定结构的可靠度。当然，在时间 t^* 之前结构就可能失效，但是结构的失效决不会发生在 t^* 之后，这也就是说，从 $t=0$ 到 $t=t^*$ 这段时间，结构可靠度会随时间而降低，然而从 $t=t^*$ 到 $t=T$ 这段时间内，结构的可靠度保持不变。这样，结构在时间 T 内的总可靠度可取为

$$\mathrm{Re} = \mathrm{Re}_P(t^*) \tag{7.58}$$

7.5.3 多个功能随机过程在多个时间瞬时取最小值的情况

若已知结构在有效使用期内，功能随机过程必定出现最小值，考虑结构有多个功能随机过程情况，但对于每个功能随机过程，最小值到来的时间可能各不相同。若用$\boldsymbol{Z}(t)$表示多个功能随机过程的向量，则情况如图 7-17 所示。

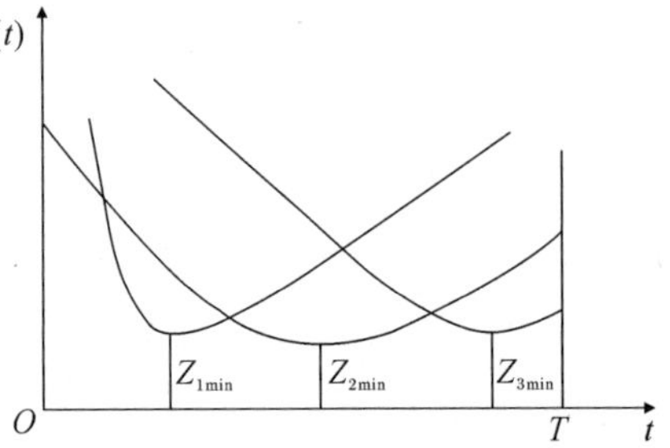

图 7-17 多个功能随机过程在多个时间瞬时取最小值

取过程中的多个时间瞬间进行考察，从而得出各个随机过程的最小值，分别为 $Z_{1\min}, Z_{2\min}, \cdots$，这样，在各功能随机过程自相关系数均为 1 的情况下，就能把各功能随机过程化为其取最小值对应的功能函数，用数学方法确定这些最小值的分布形式，再根据极小值函数确定 $Z_{\min} = \min(Z_{1\min}, Z_{2\min}, \cdots)$的概率密度函数 $f_{Z_{\min}}(x)$，则

$$\mathrm{Re}_P = P\{Z_{\min} > 0\} = \int_0^{\infty} f_{Z\min}(x)\mathrm{d}x \tag{7.59}$$

式中：$f_{Z_{\min}}(x)$为 k 个功能随机过程取最小值后得到的 $Z_{\min}$ 的概率密度函数。显然，结构在时间 T 内的总可靠度为

$$\mathrm{Re}(T) = \mathrm{Re}_P \tag{7.60}$$

7.5.4 功能随机过程自相关系数为 0 的情况

自相关系数为 0 的情况下的功能随机过程模型称为“白噪声”过程，如图 7-18 所示。白噪声是一种理想化的数学模型，其随机过程 $\boldsymbol{Z}(t)$的均方值为无穷大，它的均值为 0，是平稳随机过程。白噪声过程开始的瞬间，即 $t=0$ 时，结构的可靠度为 1，在以后的任何时间瞬间，结构的可靠度均变为 0。白噪声过程处理起来具有简单方便的优点，所以许多工程问题可以近似作为白噪声过程处理。例如，强地震和强爆炸引起的结构破坏，可近似地作为白噪声过程处理。当过程发生之后，即 $t>0$ 时，必然引起结构的破坏。

对于白噪声过程，若用随机变量代替随机过程，就可以很容易理解上面得出的结论。设对功能随机过程取 n 个时刻进行考察，因为自相关系数 $\rho_Z=0$，显然有

$$\mathrm{Re}_P = P(Y_1 \cap Y_2 \cap \cdots \cap Y_n) = P(Y_1)P(Y_2)\cdots P(Y_n)$$

对于任何有限的时间区别，总能够使 n 取得很大，理想情况下变为无穷大，而每一时刻处的概率值 $P(Y_i)$均小于 1，易知，无穷多个小于 1 的数的乘积为 0。所以有结论：结构可靠度在

过程开始瞬间的值为 1，在以后的一切时间均变为 0。

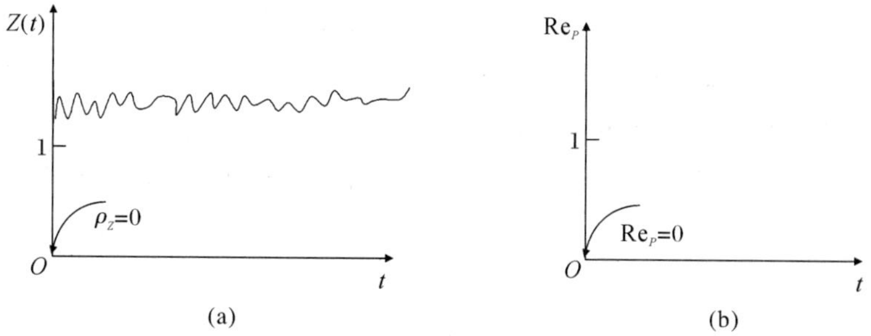

图 7-18　白噪声过程

7.5.5　功能随机过程为平稳正态过程的情况

设功能随机过程 $\mathbf{Z}(t)$ 为平稳正态过程，且自相关系数 $0<\rho_Z(t)<1$，该过程具有对时间的二阶导数。

在进行正式计算之前，先对破坏模式进行说明。结构可靠度采用随机过程 $\mathbf{Z}(t)$ 不超出任务水平 a 的概率，这里 a 是某一限定值，而失效概率为 $\mathbf{Z}(t)$ 首次超出这一限定值 a 的概率。设图 7-19 为功能随机过程 $\mathbf{Z}(t)$ 的一次实现，而 a 是已给定的限定值水平。

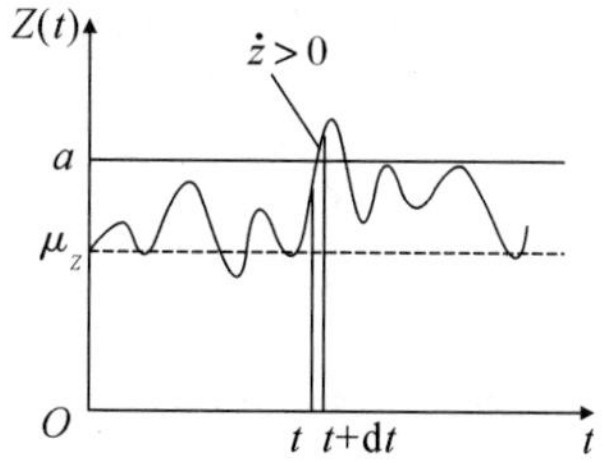

图 7-19　功能随机过程

假设在无限小的时间间隔 dt 内发生超出，这一事件可视为由两个事件组成，即在时刻 t，有

$$\mathbf{Z}(t) < a \tag{7.61}$$

在时刻 $t+dt$，有

$$\mathbf{Z}(t+dt) > a \tag{7.62}$$

在 dt 时间区间内，$Z(t)$ 超出水平 a 的概率为

$$P_{f_a} = P\{\mathbf{Z}(t) < a \cap \mathbf{Z}(t+dt) > a\} \tag{7.63}$$

引入过程的速度 $\dot{\mathbf{Z}}(t)=\dfrac{d\mathbf{Z}(t)}{dt}$，并把从下向上的运动定为 $\dot{\mathbf{Z}}(t)>0$，而从上向下的运动将不予以讨论。考虑到区间 dt 是一个微量，故有下式成立：

$$\mathbf{Z}(t+dt) = \mathbf{Z}(t) + \dot{\mathbf{Z}}(t)dt \tag{7.64}$$

将式(7.64)代入式(7.62)，则有

$$\mathbf{Z}(t) + \dot{\mathbf{Z}}(t)dt > a \quad 或 \quad \mathbf{Z}(t) > a - \dot{\mathbf{Z}}(t)dt \tag{7.65}$$

这时，式(7.63)可表示为

$$P_{f_a}\mathrm{d}t = P\{a-\dot{\mathbf{Z}}(t)\mathrm{d}t < \mathbf{Z}(t) < a\} \tag{7.66}$$

为了计算这一概率，必须用到 $Z(t)$ 和 $\dot{Z}(t)$ 的联合概率密度函数。设它们的联合密度函数为 $f_{Z\dot{Z}}(z,\dot{z})$，其中 $\mathbf{Z}(t)$ 和 $\dot{Z}(t)$ 的变化范围是

$$\left.\begin{aligned} & a-\dot{\mathbf{Z}}(t)\mathrm{d}t < \mathbf{Z}(t) < a \\ & 0 < \dot{\mathbf{Z}}(t) < \infty \end{aligned}\right\} \tag{7.67}$$

则式(7.66)可写为

$$P_{f_a}\mathrm{d}t = \int_0^{\infty}\int_{a-\dot{Z}(t)\mathrm{d}t}^{a} f_{Z\dot{Z}}(z,\dot{z})\mathrm{d}z\mathrm{d}\dot{z} \tag{7.68}$$

式(7.68)内层积分的上、下限是在无穷小量 $\dot{Z}(t)\mathrm{d}t$ 范围内变化的，根据积分中值定理，有

$$\int_{a-\dot{Z}(t)\mathrm{d}t}^{a} f_{Z\dot{Z}}(z,\dot{z})\mathrm{d}z = \dot{\mathbf{Z}}(t)\mathrm{d}t f_{Z\dot{Z}}(a,\dot{z}) \tag{7.69}$$

将式(7.69)代入式(7.68)可得

$$P_{f_a}\mathrm{d}t = \int_0^{\infty}\dot{\mathbf{Z}}(t) f_{Z\dot{Z}}(a,\dot{z})\mathrm{d}\dot{z}\mathrm{d}t \tag{7.70}$$

式(7.70)两边分别除以 $\mathrm{d}t$，便得到单位时间内 $\mathbf{Z}(t)$ 超出水平 a 的概率为

$$P_{f_a} = \int_0^{\infty}\dot{\mathbf{Z}}(t) f_{Z\dot{Z}}(a,\dot{z})\mathrm{d}\dot{z} \tag{7.71}$$

对于平稳正态过程而言，由随机过程理论的已知结果可得

$$f_{Z\dot{Z}}(a,\dot{z}) = \frac{1}{\sqrt{2\pi}\sigma_Z}\exp\left\{-\frac{(a-\mu_Z)^2}{2\sigma_Z^2}\right\}\cdot\frac{1}{\sqrt{2\pi}\sigma_{\dot{Z}}}\exp\left(-\frac{(\dot{z}-\mu_{\dot{Z}})^2}{2\sigma_{\dot{Z}}^2}\right\} \tag{7.72}$$

代入式(7.71)可得

$$\begin{aligned} P_{f_a} &= \int_0^{\infty}\dot{\mathbf{Z}}(t) f_{Z\dot{Z}}(a,\dot{z})\mathrm{d}\dot{z} \\ &= \frac{1}{2\pi\sigma_Z\sigma_{\dot{Z}}}\exp\left[-\frac{(a-\mu_Z)^2}{2\sigma_Z^2}\right]\int_0^{\infty}\dot{\mathbf{Z}}(t)\exp\left[-\frac{(\dot{z}-\mu_{\dot{Z}})^2}{2\sigma_{\dot{Z}}^2}\right]\mathrm{d}\dot{z} \\ &= \frac{\sigma_{\dot{Z}}}{2\pi\sigma_Z}\exp\left[-\frac{(a-\mu_Z)^2}{2\sigma_Z^2}\right] \end{aligned} \tag{7.73}$$

式中：μ_Z 和 $\mu_{\dot{Z}}$ 分别为随机过程 $\mathbf{Z}(t)$ 和 $\dot{\mathbf{Z}}(t)$ 的期望值；σ_Z 和 $\sigma_{\dot{Z}}$ 分别为它们的标准差。由于假设是平稳过程，这些值不随时间变化，所以在所研究的时间区间 $(0,t)$ 内，过程超出水平 a 的概率为

$$P_{f_a}(t) = P_{f_a}\cdot t = \frac{\sigma_{\dot{Z}}}{2\pi\sigma_Z}\exp\left[-\frac{(a-\mu_Z)^2}{2\sigma_Z^2}\right]\cdot t \tag{7.74}$$

在 $t=t^*$ 的时间瞬间，选择 t^* 使得依据随机过程计算公式计算得出的超出概率等于在该时刻过程 $\mathbf{Z}(t)$ 的随机变量 $\mathbf{Z}(t^*)$ 的超出概率，即 $P_{f_P}=P_{f_a}(t^*)$。这里，$P_{f_a}(t^*)$ 为在 t^* 瞬间，过程在该时刻的随机变量超出 a 的概率，如图 7-20 所示。对于平稳正态过程，有

$$P_{f_a}=P\{a<\mathbf{Z}(t^*)<\infty\}=1-\Phi\left(\frac{a-\mu_Z}{\sigma_Z}\right) \tag{7.75}$$

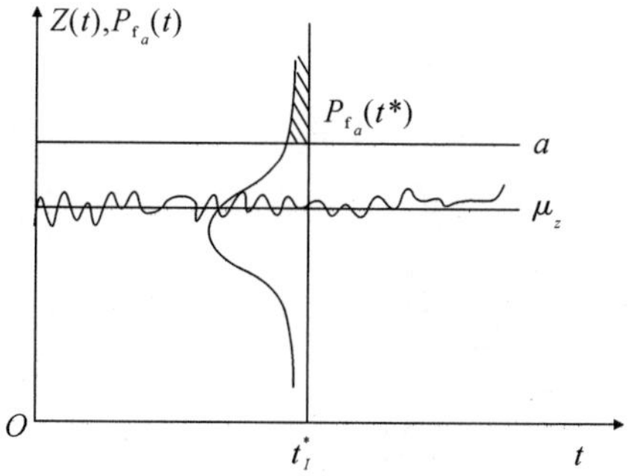

图 7-20　超出概率的描述

由此可得

$$1-\Phi\left(\frac{a-\mu_Z}{\sigma_Z}\right)=P_{f_P}t^*=\frac{\sigma_{\dot{Z}}t^*}{2\pi\sigma_Z}\exp\left[-\frac{(a-\mu_Z)^2}{2\sigma_Z^2}\right] \tag{7.76}$$

故有

$$t^*=\frac{1-\Phi\left(\frac{a-\mu_Z}{\sigma_Z}\right)}{P_{f_P}}=\frac{\sigma_z}{\sigma_{\dot{z}}}\cdot\frac{1-\Phi\left(\frac{a-\mu_Z}{\sigma_Z}\right)}{\frac{1}{2\pi}\exp\left[-\frac{(a-\mu_Z)^2}{2\sigma_Z^2}\right]} \tag{7.77}$$

根据洛必达法则能够得出，当 $a\to\infty$，则 $t^*\to 0$。因此，从可靠性观点来看，对于时间瞬间 t^*，平稳正态随机过程能够用该瞬间过程的随机变量来替代。若所考察的时间瞬间不是 t^*，那么当 $t<t^*$ 时，过程可靠度不会低于 t^* 时间瞬间由随机变量确定的可靠度，也就是说，能够根据这一时间瞬间确定结构的过程可靠度，但留有储备；当 $t>t^*$ 时，从可靠性观点来看，能够根据所考察的时刻数 n 计算结构可靠度。若在各时刻，过程所取得随机变量均独立的话，过程可靠度能够表示为

$$\mathrm{Re}_P(t)=1-P_{f_P}(t)=1-P_{f_a}\cdot t=[1-P_{f_a}(t^*)]^n=\left[\Phi\left(\frac{a-\mu_Z}{\sigma_Z}\right)\right]^n \tag{7.78}$$

式中：$\mathrm{Re}_P(t)$ 为 $\boldsymbol{Z}(t)$ 在时间区间 $(0,t)$ 内过程未超出水平 a 的概率，称为过程可靠度。需要指出的是，对于时间 t，只有满足条件 $P_{f_a}\cdot t<1$ 才有意义。

由式(7.78)取对数可得

$$\ln(1-P_{f_a}t)=n\ln\Phi\left(\frac{a-\mu_Z}{\sigma_Z}\right)$$

从而有

$$n=\frac{\ln(1-P_{f_a}t)}{\ln\Phi\left(\frac{a-\mu_Z}{\sigma_Z}\right)} \tag{7.79}$$

因此，从可靠性观点来看，随机过程能够用 n 个独立时刻的随机变量来替代。

在实际应用中，常常需要知道过程的协方差函数，根据随机过程理论，给出了可供选用的协方差形式

$$
\left.\begin{aligned}
&K_Z(\tau) = \sigma_Z^2 e^{-\alpha|\tau|}, \quad \alpha > 0 \\
&K_Z(\tau) = \sigma_Z^2 e^{-\alpha\tau^2}, \quad \alpha > 0 \\
&K_Z(\tau) = \sigma_Z^2 e^{-\alpha\tau^2}\cos\beta\tau, \quad \alpha > 0 \\
&K_Z(\tau) = \sigma_Z^2 e^{-\alpha\tau^2}\left(\cos\beta\tau + \frac{\alpha}{\beta}\sin\beta\,|\,\tau\,|\right), \quad \alpha > 0, \beta > 0
\end{aligned}\right\} \tag{7.80}
$$

根据平稳正态随机过程确定结构可靠度时，形式上我们得到了 $\mathrm{Re}_P(t=0)=1$ 的结果，但事实并非如此。一方面，不能认为 $t=0$ 的时间瞬间过程是平稳过程；另一方面，在计算过程中，可能取平稳随机过程的任何一个时刻作为计算的初始时间，设这时结构的可靠度记为 Re_0，因此，结构的可靠度可表示为

$$
\mathrm{Re}(t) = \mathrm{Re}_0 \cdot \mathrm{Re}_P(t)
$$

这里

$$
\mathrm{Re}_0 = \Phi\left(\frac{a-\mu_Z}{\sigma_Z}\right); \mathrm{Re}_P(t) = 1 - P_{f_a}(t)
$$

故有

$$
\mathrm{Re}(t) = [1 - P_{f_a}(t)] \cdot \Phi\left(\frac{a-\mu_Z}{\sigma_Z}\right) \approx \left[\Phi\left(\frac{a-\mu_Z}{\sigma_Z}\right)\right]^{n+1} \tag{7.81}
$$

当然，若 t 取为有效使用时间，则该式为结构在有效使用期的总可靠度。

第8章　结构可靠性设计

8.1　可靠性设计概述

可靠性问题是一种综合性系统工程问题。产品的可靠性与其设计、制造、运输、存储、使用、维修等各个环节紧密相连。设计虽然只是其中的一个环节，但却是保证产品可靠性最重要的环节，它为产品的可靠性水平奠定了先天性的基础。机械产品的可靠性取决于零部件的结构形式和尺寸、选用的材料、加工工艺、检验标准、润滑条件、维修方便性及各种保护措施等，而这些都是在设计中确定的。设计决定了产品的可靠性水平，即产品的固有可靠度(intrinsic reliability)。

可靠性设计是在遵循系统工程规范的基础上，将可靠性“设计”到系统中去，以满足系统的可靠性要求。产品的可靠性是“设计出来的，生产出来的，管理出来的”。

可靠性设计是在传统机械设计的基础上，以概率论和数理统计为基础，考虑材料的性能、加工工艺、各种环境因素等的随机性和统计特性的影响而进行的机械设计。这样的设计可以更科学合理地获得零件尺寸、体积和重量，同时也可使所设计的零件具有可预测的寿命和失效率，从而使产品的设计更符合工程实际。

8.1.1　可靠性设计的目的

可靠性设计的目的是，在综合考虑产品的性能、可靠性、费用和时间等因素的基础上，通过采用相应的可靠性设计技术，使产品在寿命周期内符合所规定的可靠性要求。

8.1.2　可靠性设计的主要任务

可靠性设计的主要任务：通过设计基本实现产品的固有可靠性；实现可靠性设计的目的，预测和预防产品所有可能的故障。这里“基本实现”是因为在后续的生产制造过程中还会影响产品的固有可靠性。“固有可靠性”是指产品所能达到的可靠性上限，也就是说可靠性设计的两种情况：①按照给定的目标进行新产品的设计，通常用于新产品的研制开发；②对现有定型产品的薄弱环节，应用可靠性设计方法加以改进、提高，达到可靠性增长的目的。

8.1.3 可靠性设计的基本特点(与传统机械设计的区别)

(1)将应力和强度等设计参数作为随机变量。将零部件所受的载荷、材料的强度、结构尺寸和运行工况等看作随机变量,具有离散变异性和统计规律。

(2)应用概率论与数理统计的方法进行更为有效的概率分析和参数设计。

(3)能够对产品的可靠性进行定量的评价及说明,保证产品的失效概率不超过给定的限值,定量计算产品的可靠性特征值。

(4)具有丰富的评价指标体系。传统的机械设计用安全系数评定,而可靠性设计的评价指标有失效率、失效概率、可靠度、MTBF、MTTF、维修度、有效度等。

(5)强调设计对产品质量的主导作用,固有可靠度是产品可靠性的根本,而固有可靠度是由设计决定的,设计是制造的依据,设计是赋予产品较好性能和较高可靠性的根本途径。

(6)考虑环境因素对产品的影响,如温度、湿度、冲击振动、腐蚀、老化、沙尘、磨损等,所以对环境质量的监控也是改善产品可靠性和质量的有效途径。

(7)考虑维修性对产品使用效能的重要作用。为了使系统和设备达到规定的有效度,可靠性和维修性如何在产品设计中进行分配,要依据产品性能、使用要求等因素综合考虑,高可靠性和高维修性自然是高端产品的特点。

(8)在设计中实现可靠性增长。可靠性增长是指随着产品设计、研制、生产各阶段工作的逐步进行,产品的可靠性特征量逐步提高的过程。

(9)将系统工程的观念贯穿设计始终。从整体、系统、人机工程的观点出发,考虑设计问题。

8.1.4 可靠性设计的基本原则

(1)可靠性设计中应有明确的可靠性指标和可靠性评估方案。

(2)可靠性设计贯穿功能设计的各个环节,应全面考虑影响可靠性的各种因素。

(3)针对故障模式进行设计时,应最大限度消除或控制寿命周期内可能出现的故障模式。

(4)在设计时,应在继承以往成功经验的基础上,采用先进的设计原理和可靠性设计技术。但在采用新技术、新元件、新工艺、新材料之前,必须经过试验,严格论证其对可靠性的影响。

(5)在进行产品可靠性设计时,应对产品的性能、可靠性、费用、时间等各方面因素进行权衡,以便做出最佳设计方案。

8.1.5 可靠性设计的基本步骤

(1)提出设计任务,确定详细指标。设计任务书的形式,明确详细的技术指标、性能指标和可靠性指标。

(2)确定相关的设计变量和参数。设计变量和参数应当是对设计结果有影响、能够量化并且相互独立的。

(3)分析故障模式及其临界状态,确定故障模式的判据。故障模式如断裂、疲劳、失稳、腐蚀、磨损、蠕变、电蚀、热松弛、热冲击、噪声等,失效判据如最大应力、最大变形、最大腐蚀量、最大磨损量、最大许用振幅等。

(4)确定导致故障的应力函数及应力分布。对各种故障模式,得到应力与载荷、尺寸、物理性质、工作环境、时间等的函数关系,并确定应力分布。

(5)确定控制故障的强度函数及强度分布。结构的强度分布可由材料的强度分布用一定的修正参数修正或通过可靠性试验直接获得。

(6)确定每种故障模式下与应力分布和强度分布相关的可靠度。可靠性分析包括零部件的可靠度、可靠度的置信区间、关键部件的可靠度计算以及系统/子系统的可靠度。

(7)以经济、技术、可靠性为主要综合目标,进行设计内容的优化。

可靠性设计的流程图如图 8-1 所示。

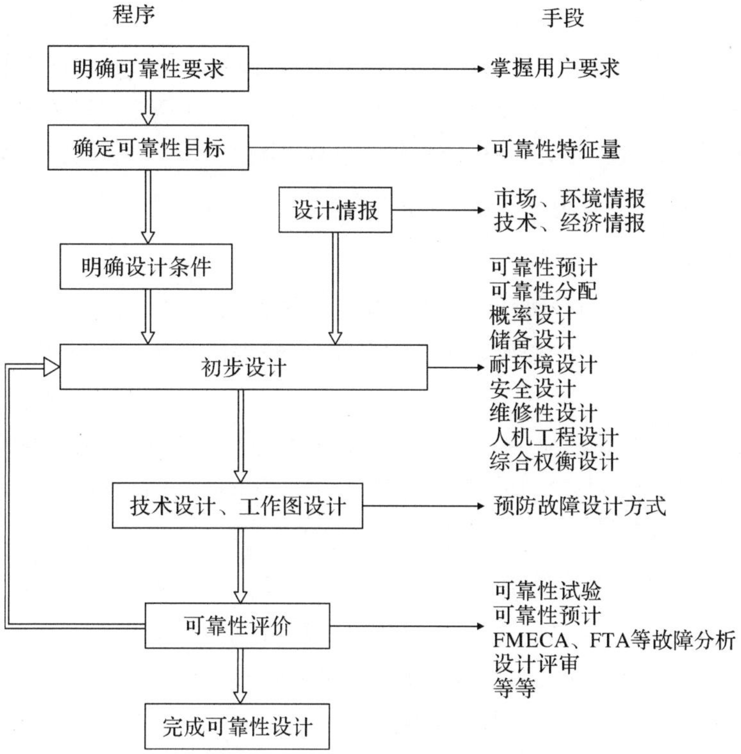

图 8-1　可靠性设计的流程图

总体来说,可靠性设计是为了在设计过程中,挖掘、确定隐患及薄弱环节,并采取设计预防和设计改进措施,有效地消除隐患及薄弱环节。定性分析和定量计算主要是评价产品的可靠性水平和薄弱环节,而要提高产品的固有可靠性,只能通过各种可靠性设计方法来实现。

8.1.6　可靠性设计的主要内容

1. 建立可靠性模型,进行可靠性指标的预计与分配

建立可靠性模型,就是根据系统的功能与组成系统的单元之间的可靠性功能关系,绘制可靠性框图(Reliability Block Diagram),并对可靠性框图表示的逻辑关系进行数学描述。

可靠性模型是可靠性预计与分配的基础。可靠性预计是在可靠性结构模型的基础上，根据相关统计资料及失效数据，预测产品及其单元在今后的实际使用中，所能达到的可靠性水平，或预测产品在特定的应用中符合规定功能的概率，为设计决策提供依据。

可靠性分配是将研制任务或技术合同中规定的产品的可靠性整体指标，按照一定的方法和程序分配到产品的规定层次，以此作为各有关层次的产品可靠性设计目标。

2. 可靠性分析

可靠性分析包括定性分析和定量计算，如故障模式影响及危害性分析（FMECA）、故障树分析（FTA）、结构可靠性分析等。

故障模式影响及危害性分析是对产品各组成单元潜在的各种失效模式及其对系统功能的影响与产生后果的严重程度进行分析。

故障树分析是将系统可能发生的某种故障与导致故障发生的各种原因之间的逻辑关系用树形图的方式表示出来，定性分析故障发生的因果关系，定量计算复杂系统发生故障的概率。

结构可靠性分析涉及主要失效模式的确定、主要影响因素及其统计特性的描述、安全余量方程及可靠性的计算方法（近似解析法、数值模拟法等）。

3. 可靠性设计方法

可靠性设计方法应指定和贯彻可靠性设计指标，将降额设计、冗余设计（redundancy analysis）、简化设计、热设计、耐环境设计、概率设计等结合起来，减少产品故障的发生，最终实现可靠性要求。

（1）预防故障设计：机械产品一般属于串联系统，要提高整机的可靠性，应选用经过分析验证的可靠性高的零部件，充分运用故障分析的成果，采用成熟的经验或分析试验验证后的方案。

（2）简化设计：在满足预定功能的情况下，机械设计应力求简单，零件的数量应尽可能减少。在完成功能的基础上，简化设计是提高可靠性的最有效方法。

（3）降额设计：使零部件的使用应力低于其额定应力的一种设计方法，可以通过降低零件承受的应力或提高零件的强度的办法来实现。

（4）冗余设计：对完成规定功能设置重复的结构，以备局部发生失效时，整机不至于发生丧失规定功能的设计。

（5）耐环境设计：在设计时就考虑产品在整个寿命周期内可能遇到的各种环境影响，采取必要的保护措施，减少或消除有害环境的影响，提高机械零部件本身的耐环境能力。

（6）鲁棒设计：在设计过程中充分考虑影响产品可靠性的内外干扰而进行的一种优化设计。

（7）概率设计法：概率设计法是以应力-强度干涉理论为基础的，应力-强度干涉理论将应力和强度作为服从一定分布的随机变量处理。主要包括：随机安全系数法（许用应力法），应力-强度干涉模型 $Z=R-S$，工程 $\pm 3\sigma$ 准则等。

下节将主要介绍随机安全系数法在可靠性设计中的发展。

8.2　安全系数与可靠性

在传统的设计中，零件是否安全是通过比较计算安全系数 n 与许用安全系数$[n]$来判断的，当 $n \geqslant [n]$时，零件安全。其中，$n=R/S$，R 为零件的极限强度，S 为零件危险截面上的应力。由于零件的强度、应力和尺寸等的离散性，传统设计中有时盲目地选用优质材料或加大零件尺寸，会造成不必要的浪费。

在可靠性计算中，把所涉及的设计参数处理成随机变量，将安全系数的概念与可靠性的概念联系起来，建立相应的概率模型，以定量地回答零件在运行中的安全程度或可靠度。

8.2.1　安全系数与可靠度的关系

因为应力 S 和强度 R 为随机变量，定义为强度和应力之比的安全系数 n 自然也是随机变量。当已知应力 S 和强度 R 的概率密度函数分别为 $f_S(s)$和 $f_R(r)$，由二维随机变量商函数的分布求解公式，可得出安全系数 n 的概率密度函数 $f(n)$，如图 8－2 所示。从而可以计算出结构零件的可靠度：

$$\mathrm{Re} = P\{n \geqslant 1\} = \int_1^{\infty} f(n)\mathrm{d}n \tag{8.1}$$

式(8.1)表明，当安全系数呈某一分布状态时，可靠度 Re 是安全系数 n 的概率密度函数在区间$[1,\infty)$上的积分。

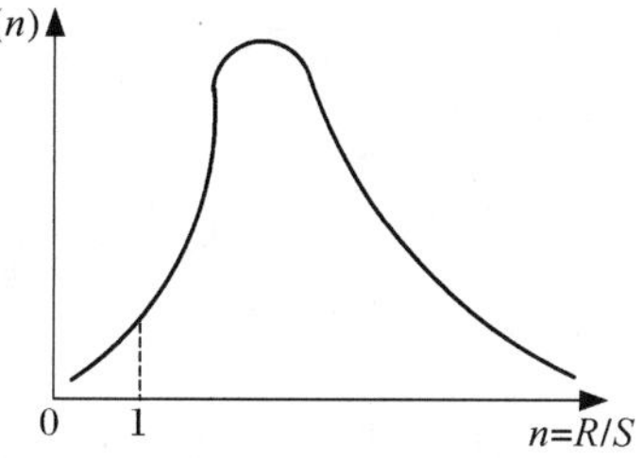

图 8－2　安全系数的概率分布

8.2.2　均值安全系数

均值安全系数 $\bar{n}$ 定义为零件强度的均值 μ_R 和零件危险截面上应力均值 μ_S 的比值，即

$$\bar{n} = \mu_R/\mu_S \tag{8.2}$$

为把均值安全系数 $\bar{n}$ 与零件的可靠度指标 β 联系起来，将

$$\beta = \frac{\mu_R - \mu_S}{\sqrt{\sigma_R^2 + \sigma_S^2}} \tag{8.3}$$

与式(8.2)联立求解，消去 μ_S，可得均值安全系数为

$$\bar{n} = \frac{\mu_R}{\mu_R - \beta\sqrt{\sigma_R^2 + \sigma_S^2}} \tag{8.4}$$

上述关系只有在应力和强度服从正态分布的情况下才精确成立。

记变异系数 $\mathrm{Cov}(R)=\dfrac{\sigma_R}{\mu_R}=v_R$ 和 $\mathrm{Cov}(S)=\dfrac{\sigma_S}{\mu_S}=v_S$，由 $\beta=\dfrac{\mu_R-\mu_S}{\sqrt{\sigma_R^2+\sigma_S^2}}$，可得

$$\beta^2(\sigma_R^2+\sigma_S^2)=(\mu_R-\mu_S)^2 \tag{8.5}$$

并将 v_R、v_S 和 $\bar{n}$ 代入式(8.5)，得

$$\beta^2(\bar{n}^2\mu_S^2v_R^2+\mu_S^2v_S^2)=(\bar{n}\mu_S-\mu_S)^2$$

得到关于 $\bar{n}$ 的一元二次方程式：

$$(1-\beta^2v_R^2)\bar{n}^2-2\bar{n}+(1-\beta^2v_S^2)=0 \tag{8.6}$$

解方程式(8.6)，并考虑 $\bar{n}\geqslant1$，得

$$\bar{n}=\frac{1+\beta\sqrt{v_R^2+v_S^2-\beta^2v_R^2v_S^2}}{1-\beta^2v_R^2} \tag{8.7}$$

式(8.7)给出了均值安全系数 $\bar{n}$、R 的变异系数 v_R、S 的变异系数 v_S 及可靠度指标 β 的关系式，便于工程应用。

8.2.3 概率安全系数

概率安全系数 n_p 定义为某一概率值 $a\,(0<a<1)$ 下零件的最小强度 $R_a(\min)$（即 $\min P\{R>R_a\}=a$）与在另一概率值 $b(0<b<1)$ 下出现的最大应力 $S_b(\max)$（即 $\max P\{S<S_b\}=b$）之比，即

$$n_p=R_a(\min)/S_b(\max) \tag{8.8}$$

假设强度 R 和应力 S 均服从正态分布(见图 8-3)，μ_R、μ_S 分别表示它们的均值，σ_R、σ_S 分别表示它们的标准差，由正态分布特性得

$$\Phi\left(-\frac{R_a(\min)-\mu_R}{\sigma_R}\right)=a,\quad \Phi\left(\frac{S_b(\max)-\mu_S}{\sigma_S}\right)=b$$

则

$$\begin{aligned} n_p&=\frac{R_a(\min)}{S_b(\max)}=\frac{\mu_R-\sigma_R\Phi^{-1}(a)}{\mu_S+\sigma_S\Phi^{-1}(b)}=\frac{\mu_R[1-v_R\Phi^{-1}(a)]}{\mu_S[1+v_S\Phi^{-1}(b)]}\\ &=\frac{1-v_R\Phi^{-1}(a)}{1+v_S\Phi^{-1}(b)}\cdot\bar{n}\\ &=\frac{1-v_R\Phi^{-1}(a)}{1+v_S\Phi^{-1}(b)}\cdot\frac{1+\beta\sqrt{v_R^2+v_S^2-\beta^2v_R^2v_S^2}}{1-\beta^2v_R^2} \end{aligned} \tag{8.9}$$

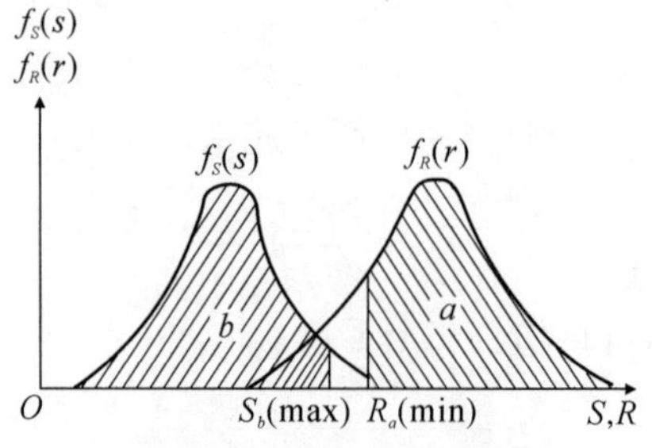

图 8-3　概率值下的最小强度和最大应力

不同的概率值 a 和 b，对应的 $R_a(\min)$ 和 $S_b(\max)$ 不同，n_p 也就不同。a 和 b 应当根据设计要求、零件的运行状况、材质的优劣和经济性等决定。通常工程设计中取累积概率 95%（即 $a=0.95$）为强度的下限值，而取累积概率 99%（即 $b=0.99$）为应力的上限值，则

$$n_p=\frac{1-1.65v_R}{1+2.33v_S}\cdot\frac{1+\beta\sqrt{v_R^2+v_S^2-\beta^2v_R^2v_S^2}}{1-\beta^2v_R^2} \tag{8.10}$$

8.2.4　随机安全系数

零件的应力 S 和强度 R 都是随机变量，则安全系数 $n=R/S$ 也是随机变量，称 n 为随机安全系数，它与可靠度 Re 的关系为

$$\mathrm{Re}=P\{n\geqslant 1\}=\int_1^{\infty}f(n)\mathrm{d}n$$

下述分析 Re 和 n 的关系。

设 k，ε 是任意大于零的常数，$\bar{n}$ 为随机变量 n 的均值，$\boldsymbol{n}^*$ 为 $|n-k\bar{n}|>\varepsilon$ 所确定的范围，则

$$\begin{aligned}E[(n-k\bar{n})^2]&=\int_{-\infty}^{\infty}(n-k\bar{n})^2f(n)\mathrm{d}n\geqslant\int_{\boldsymbol{n}^*}(n-k\bar{n})^2f(n)\mathrm{d}n>\varepsilon^2\int_{\boldsymbol{n}^*}f(n)\mathrm{d}n\\&=\varepsilon^2P\{|n-k\bar{n}|>\varepsilon\}\end{aligned} \tag{8.11}$$

所以

$$P\{|n-k\bar{n}|<\varepsilon\}\geqslant 1-\frac{1}{\varepsilon^2}E[(n-k\bar{n})^2] \tag{8.12}$$

故

$$P\{(k\bar{n}-\varepsilon)\leqslant n\leqslant(k\bar{n}+\varepsilon)\}\geqslant 1-\frac{1}{\varepsilon^2}E[(n-k\bar{n})^2] \tag{8.13}$$

由数学期望性质可推得

$$\begin{aligned}E[(n-k\bar{n})^2]&=E(n^2-2kn\bar{n}+k^2\bar{n}^2)=E(n^2)-2k\bar{n}^2+k^2\bar{n}^2\\&=\sigma_n^2+\bar{n}^2-2k\bar{n}^2+k^2\bar{n}^2=\bar{n}^2[v_n^2+(1-k)^2]\end{aligned}$$

令 $k\bar{n}-\varepsilon=1$，则 $\varepsilon=k\bar{n}-1$，由上述推导可求得 $n\geqslant 1$ 的概率表达式为

$$P\{(k\bar{n}-\varepsilon)\leqslant n\leqslant(k\bar{n}+\varepsilon)\}=P\{1\leqslant n\leqslant(2k\bar{n}-1)\}\geqslant 1-\frac{\bar{n}^2[v_n^2+(1-k)^2]}{(k\bar{n}-1)^2} \tag{8.14}$$

其可靠度为

$$\mathrm{Re}=P\{n\geqslant 1\}\geqslant P\{1\leqslant n\leqslant(2k\bar{n}-1)\}\geqslant 1-\frac{\bar{n}^2[v_n^2+(1-k)^2]}{(k\bar{n}-1)^2} \tag{8.15}$$

由式(8.15)可求可靠度下限，需先给定 k 值并求得随机安全系数 n 的变异系数 v_n，下面讨论它们的关系。

式(8.15)最右端的第二项应有一定的限制，才能得到合理的结果，为此令

$$w=\frac{\bar{n}^2[v_n^2+(1-k)^2]}{(k\bar{n}-1)^2} \tag{8.16}$$

由 $\dfrac{\partial w}{\partial k}=0$，可得出使 w 取得极限的 k 的取值 k_0 为

$$k_0 = \frac{\bar{n}^2(v_n^2+1)-1}{\bar{n}-1} \tag{8.17}$$

对于 k 的这个值，可以证明$\frac{\partial^2 w}{\partial k^2}>0$，所以在由式(8.17)确定的 k 的取值下，w 有极小值存在。将 k_0 代入可靠度 Re 的下限计算公式，可得 Re 下限的极大值为

$$\mathrm{Re} \geqslant \frac{(\bar{n}-1)^2}{\bar{n}^2 v_n^2+(\bar{n}-1)^2} \tag{8.18}$$

其中的 v_n 可由随机变量的代数运算近似求得：

$$\sigma_n = \frac{1}{\mu_S^2}\sqrt{\mu_S^2\sigma_R^2+\mu_R^2\sigma_S^2} = \frac{1}{\mu_S^2}\sqrt{\mu_S^2\mu_R^2(v_S^2+v_R^2)} = \frac{\mu_R}{\mu_S}\sqrt{v_S^2+v_R^2} = \bar{n}\sqrt{v_S^2+v_R^2}$$

即

$$v_n = \sqrt{v_S^2+v_R^2} \tag{8.19}$$

8.3 结构的可靠性设计实例

8.3.1 受拉杆的可靠性设计

【例 8-1】 受拉杆(见图 8-4)是一种最简单的结构零件，设受拉杆有圆形截面积，由于制造偏差，直径 d 为一随机变量；作用在杆上的拉力 P 也为随机变量，且服从正态分布；杆的材料为铝合金棒材，其抗拉强度 R 也是服从正态分布的随机变量。设计数据为：拉力参数 $\mu_P=28\ 000$ N，$\sigma_P=4\ 200$ N，铝棒材抗拉的强度参数 $\mu_R=483\ \mathrm{N/mm^2}$，$\sigma_R=13\ \mathrm{N/mm^2}$。要求杆的可靠度 Re=0.999 9，且已知杆的破坏是受拉断裂引起的。设计满足规定可靠度下的杆的直径。

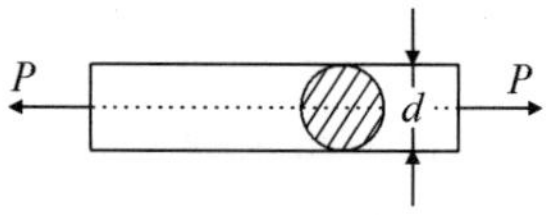

图 8-4 受拉杆

解 根据材料力学可知，杆的截面上的应力为

$$S=\frac{P}{A}=\frac{4P}{\pi d^2}$$

(1)传统的安全系数法。

假定取安全系数 $n=1.5$，即 $R\geqslant 1.5S$，则

$$1.5\times\frac{4P}{\pi d^2}\leqslant R$$

得

$$d\geqslant\sqrt{\frac{6P}{\pi R}}=\sqrt{\frac{6\times 28\ 000}{\pi\times 483}}=10.522(\mathrm{mm})$$

这个设计尺寸具体的(数值)不能给出定量的安全程度的度量，而且安全系数 n 值的选取在某种程度上依赖于设计者的主观因素。

（2）双随机变量的 R-S 模型设计法。

将应力 $S=\frac{4P}{\pi d^2}$ 在均值点处展开成泰勒级数，仅取线性项作为近似，则有

$$S\approx\frac{4\mu_P}{\pi\mu_d^2}+\frac{4}{\pi\mu_d^2}(P-\mu_P)-\frac{8\mu_P}{\pi\mu_d^3}(d-\mu_d)$$

可知应力的均值和标准差分别为

$$\mu_S=\frac{4\mu_P}{\pi\mu_d^2}$$

$$\sigma_S^2=\left(\frac{4}{\pi\mu_d^2}\right)^2\sigma_P^2+\left(\frac{8\mu_P}{\pi\mu_d^3}\right)^2\sigma_d^2=\frac{16}{\pi^2\mu_d^4}(\sigma_P^2+4v_d^2\mu_P^2)=\frac{16}{\pi^2\mu_d^4}(\sigma_P^2+10^{-4}\times\mu_P^2)$$

式中：v_d 为直径的变异系数，这里取 $v_d=0.005$。

1）可靠度指标。将应力和强度的均值和方差代入可靠性指标的求解公式中，由设计受拉杆要求可靠度 Re＝0.999 9，由标准正态分布表查得 β 值为 3.72，代入式（8.3）得

$$\beta=3.72=\frac{\mu_R-\mu_S}{\sqrt{\sigma_R^2+\sigma_S^2}}=\frac{483-\dfrac{4\times 28\ 000}{3.14\times\mu_d^2}}{\sqrt{13^2+\dfrac{16^2}{3.14^2\times\mu_d^4}(4\ 200^2+10^{-4}\times 28\ 000^2)}}$$

整理并化简后得到方程

$$\mu_d^4-149.118\mu_d^2+3\ 774.587=0$$

解得　$\mu_d^2=32.316\ 2$（代入可靠性指标公式验证舍去，$\mu_S>\mu_R$）

$$\mu_d^2=116.801\ 6,\ \mu_d=10.807(\text{mm})$$

$$\sigma_d=v_d\mu_d=0.005\times 10.807=0.054(\text{mm})$$

根据工程 $\pm 3\sigma$ 准则，直径 d 的取值范围为

$$\mu_d\pm 3\sigma_d=(10.807\pm 0.162)\text{mm}$$

2）均值安全系数。假设应力和强度均服从正态分布，已知应力和强度的变异系数为

$$v_R=\frac{\sigma_R}{\mu_R}=\frac{13}{483}=0.027$$

$$v_S=\frac{\sigma_S}{\mu_S}=\frac{\sqrt{16(\sigma_P^2+4v_d^2\mu_P^2)/(\pi^2\mu_d^4)}}{4\mu_P/\pi\mu_d^2}=\frac{\sqrt{\sigma_P^2+4v_d^2\mu_P^2}}{\mu_P}=0.15$$

代入式（8.7），得

$$\bar{n}=\frac{1+\beta\sqrt{v_R^2+v_S^2-v_R^2v_S^2\beta^2}}{1-\beta^2v_R^2}$$

$$=\frac{1+3.72\sqrt{0.027^2+0.15^2-0.027^2\times 0.15^2\times 3.72^2}}{1-3.72^2\times 0.027^2}=1.582\ 5$$

根据均值安全系数设计表达式：

$$1.582\ 5\times\frac{4\mu_P}{\pi\mu_d^2}=\mu_R$$

$$\mu_d=\sqrt{\frac{1.582\ 5\times 4\mu_P}{\pi\mu_R}}=10.807(\text{mm})$$

则直径 d 的取值范围为

$$\mu_d \pm 3v_d\mu_d = (10.807 \pm 0.162)\text{mm}$$

(3)非线性功能函数的设计点法。

非线性的功能函数 $Z=R-\dfrac{4P}{\pi d^2}$,在均值点按照泰勒级数展开得

$$\begin{aligned} Z &= \mu_R - \frac{4\mu_P}{\pi\mu_d^2} + \frac{\partial Z}{\partial R}(R-\mu_R) + \frac{\partial Z}{\partial P}(P-\mu_P) + \frac{\partial Z}{\partial d}(d-\mu_d) \\ &= \mu_R - \frac{4\mu_P}{\pi\mu_d^2} + (R-\mu_R) - \frac{4}{\pi\mu_d^2}(P-\mu_P) + \frac{8\mu_P}{\pi\mu_d^3}(d-\mu_d) \end{aligned} \tag{8.21}$$

记 $u_R=\dfrac{R-\mu_R}{\sigma_R}$,$u_P=\dfrac{P-\mu_P}{\sigma_P}$,$u_d=\dfrac{d-\mu_d}{\sigma_d}$,代入式(8.21)得

$$Z = 483 - \frac{4\times 28\ 000}{3.14\times 10.807^2} + 13u_R - \frac{4\times 4\ 200u_P}{3.14\times 10.807^2} + \frac{8\times 28\ 000\times 0.054u_d}{3.14\times 10.807^3}$$

则

$$\mu_Z = 177.75 + 13u_R - 45.788u_P + 3.050\ 5u_d$$

$$\sigma_Z = \sqrt{13^2 + 45.788^2 + 3.0505^2} = 47.695$$

方向余弦

$$\lambda_R = -\frac{13}{47.695} = -0.272\ 6,\quad \lambda_P = -\frac{-45.788}{47.695} = 0.96,\quad \lambda_d = -\frac{3.0505}{47.695} = -0.0639\ 6$$

由此得出设计点:

$$R^* = \mu_R + \lambda_R\beta\sigma_R = 483 - 0.272\ 6\times 3.72\times 13 = 469.82(\text{N/mm}^2)$$

$$P^* = \mu_P + \lambda_P\beta\sigma_P = 28\ 000 + 0.96\times 3.72\times 4\ 200 = 43\ 000(\text{N})$$

$$d^* = \mu_d + \lambda_d\beta\sigma_d = 10.807 - 0.063\ 96\times 3.72\times 0.054 = 10.794(\text{mm})$$

故直径为(10.794±0.162)mm。

影响参数为随机变量的可靠性设计可以得出设计参数的区间范围,产品在此区间内取值可以保证产品的可靠性设计目标。

8.3.2 受扭杆的可靠性设计

1. 实心受扭杆的强度可靠性设计

【例 8-2】 实心圆形截面直杆,一端固定,另一端在横截面内受扭矩作用,如图 8-5 所示。设作用杆端截面内的扭矩为 T,τ 为杆外表面的最大剪应力,r 为杆的半径,视 T、τ、r 为随机变量,受扭杆的设计数据为:作用扭矩 $\mu_T=11.3\times10^6$ N·mm,$\sigma_T=1.13\times10^6$ N·mm,抗剪强度 $\mu_R=344.8$ N/mm²,$\sigma_R=34.48$ N/mm²。半径公差为 $0.03\mu_r$(μ_r 为半径 r 的均值),要求所设计受扭杆的可靠度指标 $\beta=4.2$。试确定该受扭杆的半径。

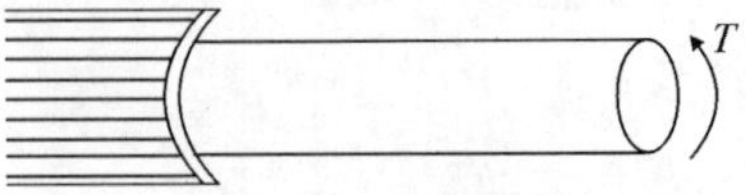

图 8-5 受扭杆

解 由材料力学可知,实心圆形直杆扭转时的最大剪应力 $\tau=\dfrac{Tr}{J}=\dfrac{2T}{\pi r^3}$。剪应力的均值和标准差为

$$\mu_\tau=\frac{2\mu_T}{\pi\mu_r^3}=\frac{2\times 11.3\times 10^6}{\pi\mu_r^3}$$

$$\sigma_\tau^2=\left(\frac{\partial\tau}{\partial T}\right)^2\sigma_T^2+\left(\frac{\partial\tau}{\partial r}\right)^2\sigma_r^2=\left(\frac{2}{\pi\mu_r^3}\right)^2\sigma_T^2+\left(-\frac{6\mu_T}{\pi\mu_r^4}\right)^2\sigma_r^2=\frac{4}{\pi^2\mu_r^6}\times 1.391\,8\times 10^{12}$$

$$\sigma_\tau=\frac{2}{\pi\mu_r^3}\times 1.179\,7\times 10^6$$

变异系数

$$v_\tau=\frac{\sigma_\tau}{\mu_\tau}=\frac{2\times 1.179\,7\times 10^6/(\pi\mu_r^3)}{2\times 11.3\times 10^6/(\pi\mu_r^3)}=0.104\,4$$

根据 3σ 准则，得出半径 r 的标准差为 $\sigma_r=0.01\mu_r$，即 $v_r=0.01$。

(1)均值安全系数设计。

强度的变异系数

$$v_R=\frac{\sigma_R}{\mu_R}=0.1$$

可以计算均值安全系数：

$$\bar{n}=\frac{1+\beta\sqrt{v_R^2+v_S^2-v_R^2v_S^2\beta^2}}{1-\beta^2v_R^2}$$

$$=\frac{1+4.2\times\sqrt{0.1^2+0.104\,4^2-0.1^2\times 0.104\,4^2\times 4.2^2}}{1-4.2^2\times 0.1^2}=1.916\,7$$

均值安全系数设计表达式为

$$\mu_R=\bar{n}\mu_\tau$$

$$344.8=1.916\,7\times 7.193\,8\times 10^6/\mu_r^3$$

则有
$$\mu_r^3=\frac{1.916\,7\times 7.193\,8\times 10^6}{344.8}=0.039\,989\times 10^6(\mathrm{m}^3)$$

即 $\mu_r=34.20$ mm，受扭杆的设计半径为(34.20±1.03)mm。

(2)非线性功能函数的设计点法。

非线性的功能函数 $Z=R-\tau=R-\frac{2T}{\pi r^3}$，在均值点按照泰勒级数展开，并代入标准化变量

$$u_R=\frac{R-\mu_R}{\sigma_R},\quad u_T=\frac{T-\mu_T}{\sigma_T},\quad u_r=\frac{r-\mu_r}{\sigma_r}$$

得
$$\mu_Z=\mu_R-\frac{2\mu_T}{\pi\mu_r^3}+\sigma_Ru_R-\frac{2\sigma_Tu_T}{\pi\mu_r^3}+\frac{6\mu_T\sigma_ru_r}{\pi\mu_r^4}$$

$$=287.527+34.48u_R-17.993u_T+5.397\,9u_r$$

$$\sigma_Z=\sqrt{34.48^2+17.993^2+5.397\,9^2}=39.265$$

方向余弦

$$\lambda_R=-\frac{34.48}{39.265}=-0.878,\quad \lambda_T=-\frac{-17.993}{39.265}=0.458,\quad \lambda_r=-\frac{5.397\,9}{39.265}=-0.137$$

由此可得出设计点：

$$R^*=\mu_R+\lambda_R\beta\sigma_R=344.8-0.878\times 4.2\times 34.48=217.65(\mathrm{N/mm^2})$$

$$T^*=\mu_T+\lambda_T\beta\sigma_T=11.3\times 10^6+0.458\times 4.2\times 1.13\times 10^6=13.474\times 10^6(\mathrm{N\cdot mm})$$

$$r^*=\mu_r+\lambda_r\beta\sigma_r=34.20-0.137\times 4.2\times 0.342=34.003(\mathrm{mm})$$

最终，设计的梁宽均值取为 $\mu_r=34.003$ mm，设计公差为 $3\sigma_r=0.03\mu_r=1.020$ mm，即 r 取值范围为(34.003±1.020)mm。

2.空心受扭杆的强度可靠性设计

【例 8-3】 工程上，为了减轻扭杆的重量，有时将受扭杆设计成空心圆管，假设其他情况与例 8-2 相同，试确定管的壁厚。设圆管的壁很薄，外径和内径很接近，在这种情况下有极惯性矩 $J=2\pi r_c^3\delta$，此时壁管上沿壁厚的剪应力值为 $\tau=\dfrac{T}{2\pi r_c^2\delta}$。

解 这里，r_c 是外径和内径的平均值，$r_c=40$ mm，设计中视为定值；δ 为圆管的壁厚，$\sigma_\delta=0.01\mu_\delta$。首先计算剪应力的均值和标准差，则有

$$\mu_\tau=\frac{\mu_T}{2\pi r_c^2\mu_\delta}=\frac{11.3\times10^6}{2\pi\times40^2\mu_\delta}=\frac{1\ 124}{\mu_\delta}$$

$$\begin{aligned}\sigma_\tau^2&=\left(\frac{\partial\tau}{\partial T}\right)^2\sigma_T^2+\left(\frac{\partial\tau}{\partial\delta}\right)^2\sigma_\delta^2=\left(\frac{1}{2\pi r_c^2\mu_\delta}\right)^2\sigma_T^2+\left(-\frac{\mu_T}{2\pi r_c^2\mu_\delta^2}\right)^2\sigma_\delta^2\\&=\left(\frac{1}{2\pi\times40^2\mu_\delta}\right)^2\times11.3^2\times10^{12}+\left(-\frac{11.3\times10^6}{2\pi\times40^2\mu_\delta^2}\right)^2\times10^{-4}\mu_\delta^2\\&=\frac{12\ 760.819}{\mu_\delta^2}\end{aligned}$$

$$\sigma_\tau=\frac{112.96}{\mu_\delta}$$

变异系数为

$$v_\tau=\frac{\sigma_\tau}{\mu_\tau}=\frac{112.96/\mu_\delta}{1\ 124/\mu_\delta}=0.100\ 5$$

均值安全系数为

$$\begin{aligned}\bar{n}&=\frac{1+\beta\sqrt{v_R^2+v_S^2-v_R^2v_S^2\beta^2}}{1-\beta^2v_R^2}\\&=\frac{1+4.2\times\sqrt{0.1^2+0.100\ 5^2-0.1^2\times0.100\ 5^2\times4.2^2}}{1-4.2^2\times0.1^2}\\&=1.904\end{aligned}$$

根据均值安全系数设计表达式，则有

$$\mu_R=\bar{n}\mu_\tau\rightarrow344.8=1.904\times1\ 124/\mu_\delta$$

$$\mu_\delta=\frac{1.904\times1\ 124}{344.8}=6.21(\text{mm})$$

因此，空心受扭杆的设计壁厚 δ 范围为(6.21±0.19)mm。

3.空心受扭杆的刚度可靠性设计

【例 8-4】 如果将单位长度上的最大转角 θ 超过允许值，则视为杆失效。对于实心杆圆截面受扭，单位长度上最大转角为

$$\theta=\frac{T}{GJ}\times\frac{180}{\pi}=\frac{360T}{\pi^2Gr^4}$$

其中：剪切模量 G 的参数 $\mu_G=80\ 000\ \text{N/mm}^2$，变异系数 $v_G=0.01$；扭矩 T 的参数 $\mu_T=11.3\times10^6$ N·mm，变异系数 $v_T=0.1$；规定的单位长度转角 Θ 的参数为 $\mu_\Theta=2\times10^{-3}$/mm，变异系数

$v_\Theta=0.1$；要求可靠度指标 $\beta=2.8$。试确定扭矩的半径。

解　首先计算在扭矩 T 作用下，杆单位长度产生的最大转角 θ 的均值和标准差

$$\mu_\theta=\frac{360\mu_T}{\pi^2\mu_G\mu_r^4}=\frac{360\times 11.3\times 10^6}{\pi^2\times 80\ 000\mu_r^4}=\frac{5\ 152.18}{\mu_r^4}$$

$$\sigma_\theta^2=\frac{360}{\pi^2}\left[\left(\frac{1}{\mu_G\mu_r^4}\right)^2\sigma_T^2+\left(-\frac{\mu_T}{\mu_G^2\mu_r^4}\right)^2\sigma_G^2+\left(-\frac{4\mu_T}{\mu_G\mu_r^5}\right)^2\sigma_r^2\right]=\frac{8\ 514.625}{\mu_r^8}$$

$$\sigma_\theta=\frac{92.274\ 7}{\mu_r^4}$$

变异系数为

$$v_\theta=\frac{\sigma_\theta}{\mu_\theta}=\frac{92.274\ 7/\mu_r^4}{5\ 152.18/\mu_r^4}=0.018$$

将扭矩产生的最大转角视为应力，将设计规定的扭转角视为强度，则均值安全系数为

$$\begin{aligned}\bar{n}&=\frac{1+\beta\sqrt{v_R^2+v_S^2-v_R^2v_S^2\beta^2}}{1-\beta^2v_R^2}\\&=\frac{1+2.8\times\sqrt{0.1^2+0.018^2-0.1^2\times 0.018^2\times 2.8^2}}{1-2.8^2\times 0.1^2}\\&=1.393\ 4\end{aligned}$$

根据均值安全系数设计表达式

$$\mu_\Theta=\bar{n}\mu_\theta$$

$$2\times 10^{-3}=1.3934\times 5152.18/\mu_r^4$$

$$\mu_r=43.53(\text{mm})$$

因此，受扭杆的设计半径 r 范围为 (43.53 ± 1.34)mm。

第 9 章　可靠性优化设计

9.1　优化设计的数学模型

数学模型是将实际问题进行抽象、简化，利用数学符号建立起来的等式、不等式和其他数学结构表达式(图、表等)，用来描述实际问题的特征和内在联系。

一般优化问题的通用数学模型如下：

$$\left.\begin{array}{ll} \text{find} & \boldsymbol{x}=\{x_1,x_2,\cdots,x_n\} \\ \min/\max & f(\boldsymbol{x}) \\ \text{s. t.} & g_i(\boldsymbol{x})\leqslant 0,\ i=1,2,\cdots,m \\ & h_j(\boldsymbol{x})=0, j=1,2,\cdots,L \end{array}\right\} \tag{9.1}$$

式中：$\boldsymbol{x}$ 为设计变量；$f(\boldsymbol{x})$为优化目标函数；$h(\boldsymbol{x})$和 $g(\boldsymbol{x})$分别为等式和不等式约束条件。

优化设计问题的数学模型中包含设计变量、约束条件和目标函数三要素。

9.1.1　设计变量

设计变量 $\boldsymbol{x}=\{x_1,x_2,\cdots,x_n\}$，设计变量的个数 n 代表设计空间的维数，用向量表示。任何工程问题都可以用一组基本参数进行描述，其中固定的基本参数(值不变)称为已知量；不确定的基本参数在优化过程中不断变化调整，从而得到最优的设计方案，这些量称为设计变量。

需要注意确定设计变量的原则：设计变量相互独立；设计变量与目标函数有直接或间接的联系；选取对目标函数影响大的变量作为设计变量；选取对目标函数有矛盾影响的变量作为设计变量；尽量选取有实际意义的无量纲量作为设计变量；在满足精度要求的条件下，尽量减少设计变量的数目。在进行优化设计时，通常对设计变量进行规范化处理，如线性变换至[0,1]区间。

设计变量的意义：设计空间中的一点，每个分量代表设计空间中的一维。

9.1.2　约束条件

约束条件的定义为优化设计问题的限制条件，通常包括等式约束和不等式约束。约束条件的意义：满足约束条件的设计变量构成的闭集(代数意义)，满足约束条件的一组点集(几何意义),可行性设计空间或可行域(物理意义)。

一般情况下,将设计变量的空间集合分为凸集和非凸集,如图 9-1 所示。凸集:集合中任意两点间连线上的所有点都在该集合内。否则,称为非凸集。

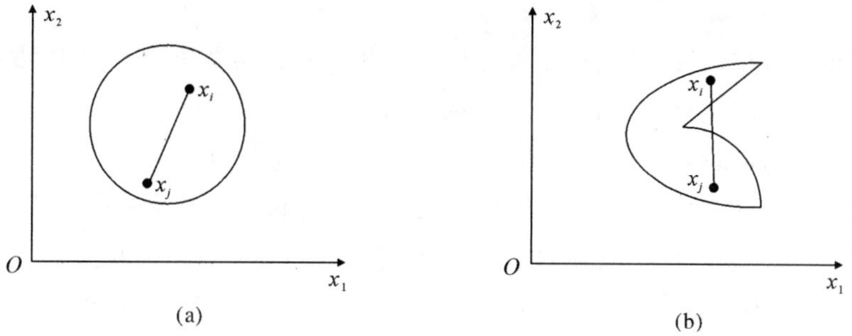

图 9-1　凸集与非凸集

(a)凸集;(b)非凸集

9.1.3　目标函数

优化设计的任务就是要对各个可行方案进行比较,从而找到最佳的可行设计方案。决定方案优劣的标准称为评价指标,即目标函数。

确定目标函数的选取准则:在设定目标函数前,应对设计问题的任务、特点以及设计任务所处的阶段进行分析,找到主要的设计目标,并据此确定目标函数;选取最重要的设计目标为目标函数;目标函数必须是所有设计变量的函数;目标函数必须具备一定的灵敏度,即当一个设计变量发生变化时,目标函数也要有明显的变化,否则很难实现寻优的快速收敛。

目标函数的数学特性(函数的数学特性)包括方向导数和梯度、极值、凸性。

(1)方向导数是多元函数沿自变量空间某方向的变化率。梯度是多元函数在自变量空间中某点处的等值线的法向矢量。函数沿梯度方向变化最快,其变化率为梯度的模(范数)。

(2)一元函数存在极值的必要条件:函数的一阶导数为 0,即 $f'(x^*)=0$。如果二阶导 $f''(x^*)<0$,则 x^* 为极大值;如果 $f''(x^*)>0$,则 x^* 为极小值;如果 $f''(x^*)=0$,则可能为函数的极值。多元函数的 Hessian 矩阵($\boldsymbol{H}$),如果 $|\boldsymbol{H}|>0$,则临界点为极小值,Hessian 矩阵正定,则临界点为局部极小值;如果 $|\boldsymbol{H}|<0$,则临界点为极大值,Hessian 矩阵负定,则临界点为局部极大值;如果 $|\boldsymbol{H}|=0$,则临界点可能为极值,Hessian 矩阵不定,则临界点不是极值。

(3)目标函数的凸凹性对优化设计问题的意义:如果目标函数为凸函数,则极小值点为最小值点,如果目标函数为严格凸函数,则极小值点唯一。如果目标函数是凹函数,则极大值点是最大值点,如果目标函数是严格凹函数,则极大值点唯一。所以目标函数的凹凸性决定所选用的优化算法的类型。

空间内凸函数的充要条件:对任意 x_1 和 x_2,不等式 $f(x_2)\geqslant f(x_1)+(x_2-x_1)f'(x)$ 成立。凸函数的性质:$f_1(x)$ 和 $f_2(x)$ 为凸函数,对任意正数 a 和 b,$af_1(x)+bf_2(x)$ 仍为凸函数。

9.2 基于可靠性的优化设计

依据概率论与数理统计理论，基于可靠性的优化设计比常规的安全系数法更为合理。它通过将可靠性理论与最优化技术相结合，实现既满足产品的可靠性要求，又使得结果最优（重量最小、成本最低或效益最大等）的目的，具有广阔的工程应用前景。

目前主要有两种基于可靠性的优化设计：可靠性优化设计和稳健性优化设计。

目标函数 $f(x)$ 最小的优化问题，其确定性优化最优点在图 9-2 中的 A 点。但是，当考虑设计参数在 $\pm\Delta x$ 范围内变化时，如果 A 点处的响应波动 Δf_A 超出了约束边界，则设计失败。B 点是在满足可靠度要求前提下函数的可靠性最优点，虽然在 $\pm\Delta x$ 的范围内变化时，设计目标的波动 Δf_B 没有超出约束边界，但和 C 点相比，其对设计变量 x 具有更高的敏感性。稳健性优化设计得到的最优解在 C 点，不仅在满足约束条件的前提下具有较好的优化目标值，而且当考虑参数在 $\pm\Delta x$ 的范围内变化时，响应的波动值仅为 Δf_C，目标函数对参数不敏感，稳健性好。

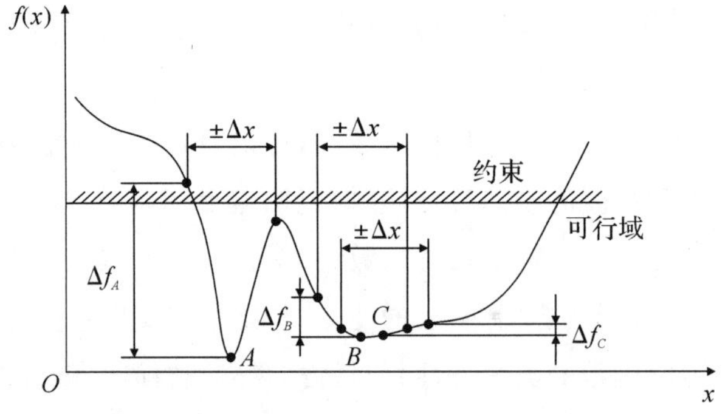

A—确定性优化解；B—可靠性优化解；C—稳健性优化解

图 9-2　确定性优化与不确定性优化对比

可靠性优化设计的目标是搜索失效概率小于给定可接受水平的设计方案；稳健性优化设计的目标是寻找对不确定性因素变差不敏感的设计方案。虽然两者从本质上讲都是考虑随机因素的优化，可以抽象成相似的数学模型，然而它们的研究对象和侧重点是不同的。可靠性优化设计是使极值事件（结构失效）出现的概率小于可接受水平，关心的是概率密度函数的尾部。稳健性优化设计关心的是参数在发生波动的条件下，结构性能在其期望值（或平均值）处的变异程度，即结构的稳健性，是以降低结构性能对参数变异的敏感性为目标。换句话说前者关注的是极值事件的影响，后者关注的是频繁出现事件的影响，图 9-3 解释了可靠度和稳健性之间的区别。结构可靠性优化设计与稳健性优化设计之间最大的区别是前者通常可通过移动结构性能函数的平均值实现，而后者必须通过降低结构性能函数对参数随机变异的敏感性来实现。可靠性优化设计关心的是概率密度函数的尾部（可靠度），而稳健性优化设计更关心随机变量的均值和方差（稳健性）。此外，两种优化问题的数学处理技术不同，目前可靠性优化设计算法的发展好于稳健性优化设计算法，但是很显然估计随机变量的均值和方差要比估计概率密度函数的尾部简单得多，所以可以认为稳健性优化设计的发展速度将超过可靠性优化设计。

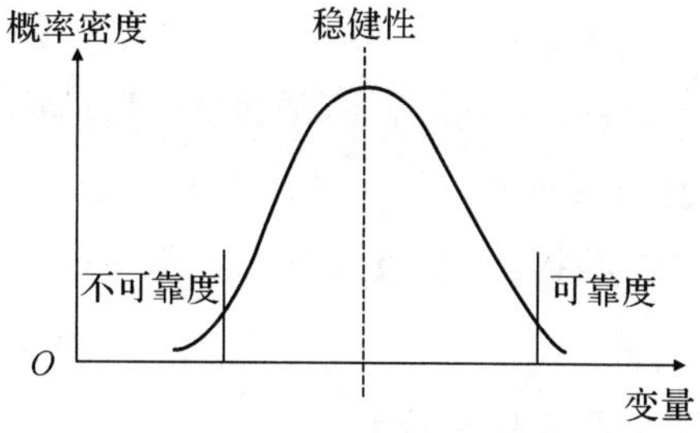

图 9-3　可靠度和稳健性

9.2.1　可靠性优化设计

结构可靠性优化设计是在常规优化基础上发展起来的一种全新的结构优化设计方法，它将结构可靠性理论与数学规划方法有机地结合起来，把结构的可靠度要求作为优化问题的约束（即在一定的结构可靠性指标下，通过调整结构参数使结构的重量或费用最小），或作为优化问题的目标函数（即在一定的结构重量或费用条件下，通过调整结构参数使结构的可靠度最大）。按照这种设计方法进行设计，既能定量给出产品在使用中的可靠性，又能得到产品在功能、参数匹配、结构尺寸与重量、成本等方面参数的最优解。显然，在产品的可靠度和成本之间存在最优选择问题，如图 9-4 所示。

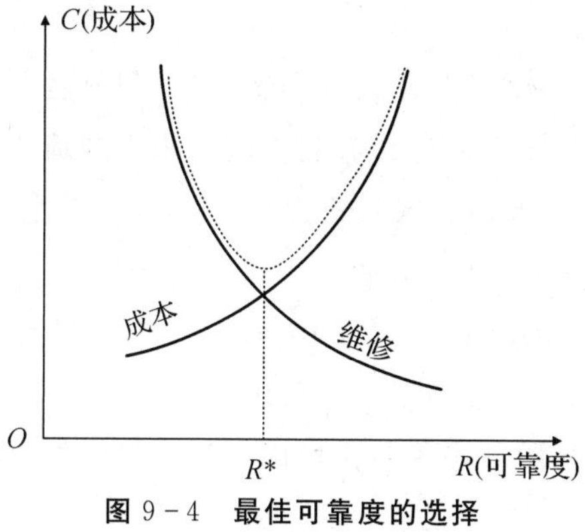

图 9-4　最佳可靠度的选择

依据结构可靠性要求在优化模型中的位置可将可靠性优化设计分为两类：一是以可靠度最大为目标的可靠性优化设计，二是可靠度为约束条件的可靠性优化设计。

1. 以可靠度最大为目标的可靠性优化设计

以可靠度最大为目标的可靠性优化设计是以产品的可靠度最大或失效概率最小建立目标函数，以产品的某些功能参数或经济指标作为约束条件的，即在保证产品功能指标或经济指标的前提下求产品有最大可靠度的设计方案。

典型的以可靠度最大为目标的可靠性优化设计问题的数学模型为

$$\left.\begin{aligned}&\min P(g(\boldsymbol{d},\boldsymbol{x})\leqslant 0)\\&\text{s. t. }\ f_i(\boldsymbol{d},\boldsymbol{x})\leqslant 0,\quad i=1,\cdots,n_c\\&\qquad \boldsymbol{d}^{\mathrm{L}}\leqslant\boldsymbol{d}\leqslant\boldsymbol{d}^{\mathrm{U}}\end{aligned}\right\}\tag{9.2}$$

式中：$f_i(\boldsymbol{d},\boldsymbol{x})$为优化的约束函数，可以是成本$C$、质量$M$等；$g(\boldsymbol{d},\boldsymbol{x})$为目标函数中的极限状态函数，$P(g(\boldsymbol{d},\boldsymbol{x})\leqslant 0)$为相应的失效概率；$d^{\mathrm{U}}$为设计变量的上界；$\boldsymbol{d}^{\mathrm{L}}$为设计变量的下界。通过约束函数$f_i(\boldsymbol{d},\boldsymbol{x})$定义可行域的形状，实现极限状态函数$g(\boldsymbol{d},\boldsymbol{x})$的失效概率最小或可靠度最大。

2. 以可靠度为约束条件的可靠性优化设计

以可靠度或某些设计指标(如功能参数)为约束，以另一些指标(如成本、体积及质量等)为目标，建立可靠性优化设计的模型并求其最优解。即要求在保证可靠性指标的条件下，采用最优化方法求得成本最低或结构尺寸、质量最小的设计方案。

典型的可靠度为约束条件的可靠性优化问题的数学模型为

$$\left.\begin{aligned}&\min f(\boldsymbol{d})\\&\text{s. t. } P(g_i(\boldsymbol{d},\boldsymbol{x})\leqslant 0)\leqslant P_{fi}^{*},i=1,\cdots,n_c\\&\qquad \boldsymbol{d}^{\mathrm{L}}\leqslant\boldsymbol{d}\leqslant\boldsymbol{d}^{\mathrm{U}}\end{aligned}\right\}\tag{9.3}$$

式中：$f(\boldsymbol{d})$为优化的目标函数，一般为成本C、体积V和质量M等；$g_i(\boldsymbol{d},\boldsymbol{x})$为第$i$个概率约束条件的功能函数；$P_{\mathrm{fi}}^{*}$为相应的可接受的失效概率水平，$\boldsymbol{d}^{\mathrm{U}}$为设计变量的上界；$\boldsymbol{d}^{\mathrm{L}}$为设计变量的下界。概率约束条件是通过要求极限状态函数$g_i(\boldsymbol{d},\boldsymbol{x})$的失效概率小于给定的可接受水平来确定可行域形状的。

【例 9-1】 对于悬臂梁(见图 9-5)设计问题，设计目标为最小化结构重量，等效于最小化横截面积。设计变量为$\boldsymbol{d}=\{w,t\}$，作用在自由端的水平载荷P_X、垂直载荷P_Y、材料的屈服强度R以及材料的弹性模量E被考虑成随机变量，建立的可靠性设计优化数学模型为

$$\begin{aligned}&\min \operatorname{cost}(\boldsymbol{d})=wt\\&\text{s. t. } P(g_i(\boldsymbol{d},\boldsymbol{x})\leqslant 0)\leqslant\Phi(-\beta_i),\quad i=1,2\\&\qquad 0.0\leqslant w,\quad t\leqslant 5.0\end{aligned}$$

第一个概率约束条件的极限状态函数是由固支端的强度失效定义，即

$$g_1(\boldsymbol{d},\boldsymbol{x})=R-\frac{600}{wt}\left(\frac{P_Y}{t}+\frac{P_X}{w}\right)$$

第二个概率约束条件的极限状态函数是由自由端的刚度失效定义，即

$$g_2(\boldsymbol{d},\boldsymbol{x})=2.5-\frac{4L^3}{Ewt}\sqrt{\left(\frac{P_Y}{t^2}\right)^2+\left(\frac{P_X}{w^2}\right)^2}$$

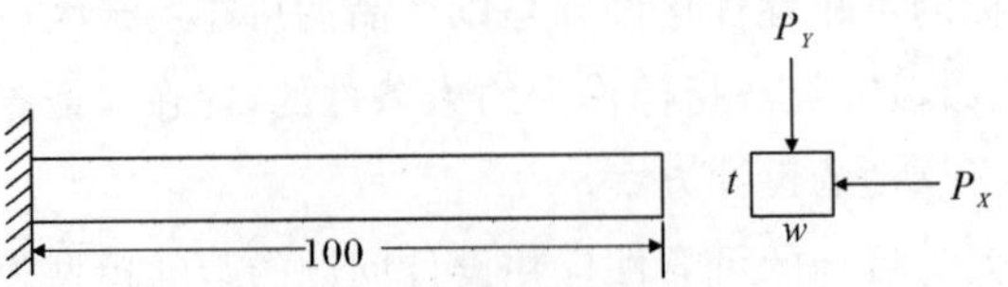

图 9-5 悬臂梁结构示意图

9.2.2　稳健性优化设计

稳健性优化设计是一种基于可靠性的优化设计，它的目的是通过最小化输入随机不确定性因素的影响而不是试图消除不确定性的根源来提高产品的质量，即寻找对不确定性因素变差不敏感的设计方案。稳健性优化设计的解与确定性优化解的区别简单来说就是：确定性优化解是满足最小化目标函数的解，而稳健性优化设计不仅使目标函数尽可能达到最优，还要使目标函数值相对影响参数的敏感度尽可能小。稳健性优化设计对应的目标值可能比确定性优化解略差，但相对稳定得多，结构响应具有稳定性和可预测性。

在构建稳健性优化设计的数学模型时，主要涉及两方面问题，即稳健性的度量、多目标优化设计。

1. 稳健性的度量

在结构稳健优化设计中，我们所面临的首要问题就是如何度量目标函数和概率约束条件的稳健性。目前有 3 种方法：其一是以表征偏离均值的分散程度的方差来度量稳健性；其二是由 Du 等提出的一种新的指标——分位数差度量稳健性，适用于单峰函数；Beer 和 Lebscher 基于 Shannon 熵的概念提出了第三类稳健度量指标，该指标的优点是可以处理非概率不确定性因素。

目前比较常用的是采用方差度量稳健性，对于求解目标函数和概率约束条件的均值和方差的计算主要有三类方法：①泰勒展开法；②统计抽样法；③矩估计法。一阶和二阶泰勒展开法是比较常用的估计响应函数的均值和标准差的方法，但是在很多情况下泰勒展开法的精度较差。统计抽样法的优点人所共知，但其计算量大的缺点不能让人接受，因此统计抽样法不适合需要反复进行概率分析的稳健性优化设计，而常常被用来检验其他概率分析方法的准确性。矩估计法不需要计算导数就能直接得到响应的统计特征，概念简单，但也受到计算精度和效率的困扰，目前较实用是 Zhao 和 Ono 的矩估计方法。

2. 多目标优化模型

稳健优化设计要同时考虑目标函数和概率约束条件的稳健性，因此它是一个多目标优化问题。如何把一个多目标优化问题变成单目标非线性优化问题呢？除了最早的田口方法，应用广泛的是引入“权重因子 α”的加权组合法，它通过权重 α 的取值，来决定新构造的目标函数中原函数和敏感系数的比重，使得鲁棒性优化解分布比较均匀。简单来说，加权组合法是最简单的化多目标问题为单目标问题的策略。采用加权组合法，可建立稳健性优化设计的数学模型。

传统的确定性优化设计问题的数学模型可以表示为

$$\begin{aligned} &\min\ f(\boldsymbol{d}) \\ &\text{s.t.}\ g_i(\boldsymbol{d}) \leqslant 0, \quad i = 1,\cdots,n_c \\ &\qquad \boldsymbol{d}^{\mathrm{L}} \leqslant \boldsymbol{d} \leqslant \boldsymbol{d}^{\mathrm{U}} \end{aligned}$$

式中：$f(\boldsymbol{d})$为优化的目标函数，一般为造价、质量等，$\boldsymbol{d}=\{d_1,\cdots,d_{n_d}\}^{\mathrm{T}}$ 为设计变量向量；n_c 为约束个数；$g_i(\boldsymbol{d})$为约束条件；$\boldsymbol{d}^{\mathrm{L}}$ 和 $\boldsymbol{d}^{\mathrm{U}}$ 分别为设计变量取值范围的下界和上界。

W Chen 等提出了一种协调设计方法，该方法协调了目标函数中的均值和标准差在新构造的目标函数中的比重，所求得的稳分赴性优化解分布比较均匀。Du 等和 Lee 等提出的与确定性优化相应的稳健性优化设计的数学模型表示为

$$\left.\begin{aligned}&\min\ w_1\frac{\mu_f}{\mu_f^*}+w_2\frac{\sigma_f}{\sigma_f^*}\\&\text{s.t.}\ \mu_{g_i}-k\sigma_{g_i}\leqslant 0,\quad i=1,\cdots,n_c\\&\quad \boldsymbol{d}^{\mathrm{L}}\leqslant\boldsymbol{d}\leqslant\boldsymbol{d}^{\mathrm{U}}\end{aligned}\right\}\tag{9.4}$$

式中：w_1 和 w_2 为加权因子，且有 $w_1+w_2=1$；μ_f 和 σ_f 为目标函数的均值和标准差；μ_f^* 和 σ_f^* 为在相同概率约束条件下可获得的最佳值；μ_{g_i} 和 σ_{g_i} 为第 i 个概率约束条件的均值和标准差；k 表示概率约束条件需要满足的可靠度指标，k 越大对结构安全性的要求就越高，例如 $k=1.281\ 6$时，约束条件的失效概率应小于 0.1。

【例 9-2】 两杆桁架(见图 9-6)稳健性优化设计问题。选取杆的横截面积 A 和两杆铰支点之间的一半距离 L 作为设计变量。杆件材料的密度 ρ、拉伸强度 R 及外载荷 Q 作为随机输入变量。设计目标是最小化桁架重量，约束为保证两杆的轴向强度不发生失效，则确定性设计优化数学模型如下：

$$\begin{aligned}&\min\ f(\boldsymbol{d})=2\rho A\sqrt{1+L^2}\\&\text{s.t.}\ g_1(\boldsymbol{d},\boldsymbol{x})=R-\frac{5Q}{\sqrt{65}}\sqrt{1+L^3}\left(\frac{8}{A}+\frac{1}{AL}\right)\geqslant 0\\&\qquad g_2(\boldsymbol{d},\boldsymbol{x})=R-\frac{5Q}{\sqrt{65}}\sqrt{1+L^3}\left(\frac{8}{A}-\frac{1}{AL}\right)\geqslant 0\\&\qquad 0.2\leqslant A\leqslant 20,\quad 0.1\leqslant L\leqslant 1.6\end{aligned}$$

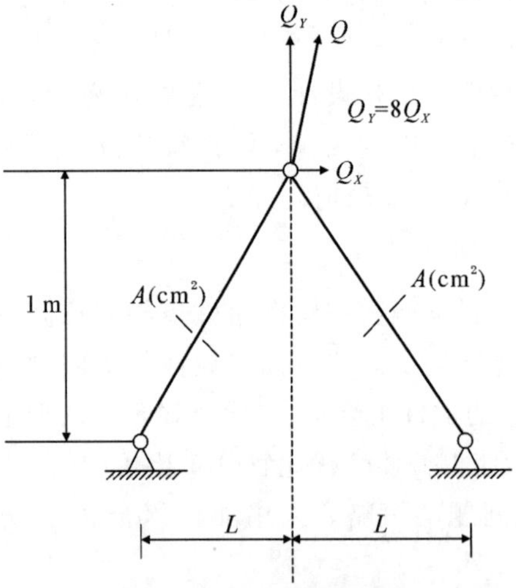

图 9-6 两杆桁架结构

稳健设计优化中，A、L、ρ、R 和 Q 被看作相互独立的正态随机变量，则稳健性优化设计模型为

$$\begin{aligned}&\min\ w_1\frac{\mu_f}{\mu_f^*}+w_2\frac{\sigma_f}{\sigma_f^*}\\&\text{s.t.}\ G_1(A,L,Q,R)=\mu_{g_1}-k_1\sigma_{g_1}\leqslant 0\\&\qquad G_2(A,L,Q,R)=\mu_{g_2}-k_2\sigma_{g_2}\leqslant 0\\&\qquad 0.2\leqslant\mu_A\leqslant 20,\quad 0.1\leqslant\mu_L\leqslant 1.6\end{aligned}$$

9.3　优化算法概述

针对具体工程结构问题,建立优化设计的数学模型,选用合适的优化算法(见图 9-7)或优化工具进行运算求解。

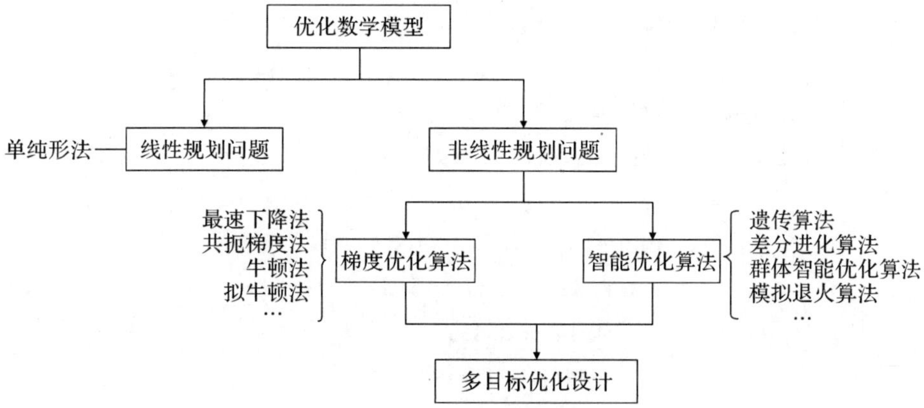

图 9-7　优化算法

9.3.1　线性规划问题

线性规划问题是指目标函数和约束条件皆为线性的最优化问题。线性规划问题的两个重要性质:

(1)线性规划问题的可行域(约束集)为具有若干顶点的凸集,即多面体;

(2)线性规划问题的最优点只会在其可行域的边界点中出现。

在下面两种情况下线性规划问题没有最优解:一种情况是约束条件相互矛盾,问题的可行域变为空集,问题无解(如 $x \geqslant 2$ 和 $x \leqslant 1$);另一种情况是约束条件的多面体在目标函数的方向无界,目标函数可以取到任意大(或小)的数值,问题没有最优解[如$\max\ f(\boldsymbol{x}) = x_1 + 3x_2$, s. t. $x_1 + x_2 \geqslant 10, x_1 \geqslant 0, x_2 \geqslant 0$]。

线性规划问题的标准格式为

$$\left.\begin{aligned} &\text{find} \quad \boldsymbol{x} = \{x_1, x_2, \cdots, x_n\} \\ &\max \quad f(\boldsymbol{x}) = c_1 x_1 + c_2 x_2 + \cdots + c_n x_n \\ &\text{s. t.} \quad a_{11} x_1 + a_{12} x_2 + \cdots + a_{1n} x_n = b_1 \\ &\qquad\ \ a_{m1} x_1 + a_{m2} x_2 + \cdots + a_{mn} x_n = b_m \\ &\qquad\ \ x_1 \geqslant 0, x_2 \geqslant 0, \cdots, x_n \geqslant 0 \end{aligned}\right\} \tag{9.5}$$

标准格式对应的矩阵表达如下:

$$\left.\begin{aligned} &\max \quad f(\boldsymbol{x}) = \boldsymbol{cx} \\ &\text{s. t.} \quad \boldsymbol{Ax} = \boldsymbol{b} \\ &\qquad\ \ \boldsymbol{x} \geqslant 0 \end{aligned}\right\} \tag{9.6}$$

线性规划问题的标准格式具有以下特点：①最大化目标函数；②等式约束条件；③右端项非负；④设计变量非负。通常线性规划问题的设计变量数目应大于等式约束数目；约束条件的系数矩阵各行元素构成的向量是线性独立的；约束条件系数矩阵 $\boldsymbol{A}$ 的秩满足 $r_{\boldsymbol{A}}=m$，保证线性规划问题至少有一个基本解。

线性规划问题的非标准形式向标准形式的转化：

(1)最小化目标函数：$\min f(\boldsymbol{x}) \rightarrow \max -f(\boldsymbol{x})$。

(2)线性不等式约束：引入新变量(松弛变量)s，即

$$a_{i1}x_1+a_{i2}x_2+\cdots+a_{in}x_n \leqslant b_i \rightarrow a_{i1}x_1+a_{i2}x_2+\cdots+a_{in}x_n+s=b_i, \quad s\geqslant 0$$

(3)约束条件的右端项不满足非负：约束条件左右同乘以-1。

(4)变量不满足非负条件：变量的线性变换，如$-5\leqslant x\leqslant 10$，令$x'=x+5$，则$0\leqslant x'\leqslant 15$。

例：

$$\begin{aligned}
&\min f(\boldsymbol{x})=2.3x_1-4.2x_2+1.5x_3\\
&\text{s.t. } 2.3x_1+4.2x_2-5.3x_3\leqslant 12.3\\
&\qquad 4.1x_1+2.4x_3\geqslant 7.9\\
&\qquad x_1+x_2+x_3=34\\
&\qquad x_1,x_2,x_3\geqslant 0
\end{aligned}$$

转化标准形式为

$$\begin{aligned}
&\max -f(\boldsymbol{x})=-2.3x_1+4.2x_2-1.5x_3\\
&\text{s.t. } 2.3x_1+4.2x_2-5.3x_3+x_4=12.3\\
&\qquad 4.1x_1+2.4x_3-x_5=7.9\\
&\qquad x_1+x_2+x_3=34\\
&\qquad x_1,x_2,x_3,x_4,x_5\geqslant 0
\end{aligned}$$

针对线性规划问题，Dantzig 于 1947 年提出了单纯形法。单纯形法利用可行域多面体的顶点构造一个可能的解，然后沿着多面体的边走到目标函数取值更大的另一个顶点，直到达到最优解为止。单纯形法的实质是做约束系数矩阵的初等行变换。

将线性规划的标准形式的矩阵表达式中的约束系数矩阵 $\boldsymbol{A}$ 分解为 $\boldsymbol{B}$ 和 $\boldsymbol{N}$，则线性规划的约束可改写为

$$[\boldsymbol{B} \mid \boldsymbol{N}]\begin{Bmatrix}\boldsymbol{x}_B\\ \boldsymbol{x}_N\end{Bmatrix}=\boldsymbol{b} \tag{9.7}$$

假设 $\boldsymbol{x}_N=\{0\}$，$\boldsymbol{B}$ 为非奇异矩阵，由 m 列线性独立向量构成，即 $\boldsymbol{B}=\{\boldsymbol{a}_1,\boldsymbol{a}_2,\cdots,\boldsymbol{a}_m\}$，则有 $\boldsymbol{x_B}=\boldsymbol{B}^{-1}\boldsymbol{b}$，$\boldsymbol{x}=\{\boldsymbol{x}_B,0\}$，则 $\boldsymbol{x_B}$ 为基本解，$\{\boldsymbol{a}_1,\boldsymbol{a}_2,\cdots,\boldsymbol{a}_m\}$ 为基向量，$x_1,x_2,\cdots,x_m$ 为基变量，$x_{m+1},x_{m+2},\cdots,x_n$ 为非基变量，满足约束条件 $\boldsymbol{Ax}=\boldsymbol{b}$ 的解称为可行解。若以方程组的形式表示可描述为如下形式：

$$\left\{\begin{array}{l}
a_{11}x_1+a_{12}x_2+\cdots+a_{1n}x_n=b_1\\
a_{21}x_1+a_{22}x_2+\cdots+a_{2n}x_n=b_2\\
\qquad\cdots\cdots\\
a_{m1}x_1+a_{m2}x_2+\cdots+a_{mn}x_n=b_m
\end{array}\right. \rightarrow \left\{\begin{array}{l}
x_1+...+y_{1,m+1}x_{m+1}+\cdots+y_{1,n}x_n=y_{10}\\
x_2+\cdots+y_{2,m+1}x_{m+1}+\cdots+y_{2,n}x_n=y_{20}\\
\qquad\cdots\cdots\\
x_m+y_{m,m+1}x_{m+1}+\cdots+y_{m,n}x_n=y_{m0}
\end{array}\right.$$

则 $x_1, x_2, \cdots, x_m$ 为基变量，即基本解为

$$x_1 = y_{10}, x_2 = y_{20}, \cdots, x_m = y_{m0}, x_{m+1} = \cdots = x_n = 0$$

当数学模型中目标函数或约束条件中至少有一个与设计变量呈现非线性时，优化问题为非线性规划问题，它的最优解不一定在约束集的顶点或边界上，通常存在局部和全局最优点，约束条件确定的可行域可能是非凸集，因此非线性规划问题往往涉及收敛性的要求。目前处理非线性规划问题的方法主要有两种，即梯度优化算法和智能优化算法。

9.3.2　梯度优化算法

在最优化方法的发展进程中，梯度优化算法因其理论简单、搜索效率高、局部搜索特性好等优点得到了广泛应用。函数的梯度代表着函数在该点的斜率，梯度方向表示了函数增减速度最快的方向，梯度优化理论正是由此演变而来。在梯度优化的发展中，先后出现了最速下降法、共轭梯度法、牛顿法、拟牛顿法等，它们都有着各自的特点，根本区别就在于计算搜索方向的方法不同。

1. 最速下降法

最速下降法的提出相对较早，对于一般的无约束优化问题：

$$\left.\begin{aligned} &\text{find} \quad \boldsymbol{x} = \{x_1, x_2, \cdots, x_n\} \\ &\min \quad f(\boldsymbol{x}) \end{aligned}\right\} \tag{9.8}$$

最速下降法直接选取当前迭代点的梯度信息作为下一步的搜索方向（对于求解最大化问题选取正梯度方向，对于求解最小化问题选取负梯度方向），每次迭代过程中采取一维线性搜索的方式寻找步长，更新迭代点直至达到精度要求，迭代格式如下：

$$\boldsymbol{x}_{k+1} = \boldsymbol{x}_k - \alpha_k \cdot \nabla f(\boldsymbol{x}_k) \tag{9.9}$$

式中：$\boldsymbol{x}_{k+1}$ 为第 $k+1$ 次的迭代点；$\boldsymbol{x}_k$ 为第 k 次的迭代点；α_k 为第 k 次的迭代步长；$\nabla f(\boldsymbol{x}_k)$ 为第 k 次迭代点处目标函数的梯度。

最速下降法的具体步骤如下：

(1)初始化。选取初始迭代点，设置收敛参数 ε。

(2)计算当前点的梯度 $g(\boldsymbol{x}_k) = \nabla f(\boldsymbol{x}_k)$，并确定搜索方向 $\boldsymbol{p}_k = -g(\boldsymbol{x}_k)$，判断是否满足收敛条件。若 $\| g(\boldsymbol{x}_k) \| \leqslant \varepsilon$，则停止迭代，否则执行(3)。

(3)寻找迭代步长。通过一维搜索寻找搜索方向 $\boldsymbol{p}_k$ 对应的步长 α_k。

(4)根据搜索方向和搜索步长更新搜索点 $\boldsymbol{x}_{k+1} = \boldsymbol{x}_k + \alpha_k \boldsymbol{p}_k$，并计算新点的目标函数值，令 $k = k+1$，返回步骤(2)继续迭代。

最速下降法利用梯度的物理特性，在单步搜索中沿着负梯度方向进行搜索，直到收敛条件满足。

2. 共扼梯度法

由于最速下降法在搜索过程中存在 zigzag 问题（“之”字形搜索），学者们为了克服该缺

点，将共轭性与最速下降法相结合，提出了共轭梯度法。共轭梯度法在最速下降法的基础上，对梯度方向进行修正，从而使当前的搜索方向与当前步之前所有的搜索方向关于正定矩阵 **A** 共轭，以实现搜索的加速。

共扼梯度法的具体步骤如下：

(1)初始化。选取初始迭代点，设置收敛参数 ε。

(2)计算当前点的梯度 $g(\boldsymbol{x}_k)=\nabla f(\boldsymbol{x}_k)$，判断是否满足收敛条件。若 $\| g(\boldsymbol{x}_k) \| \leqslant \varepsilon$，则停止迭代，否则执行(3)。

(3)首次搜索方向为负梯度方向，从第二步迭代开始需要计算共轭梯度方向 $\boldsymbol{p}_k=-g(\boldsymbol{x}_k)+\beta_k \boldsymbol{p}_{k-1}$，其中

$$\beta_k = \frac{g^{\mathrm{T}}(\boldsymbol{x}_k)g(\boldsymbol{x}_k)}{g^{\mathrm{T}}(\boldsymbol{x}_{k-1})g(\boldsymbol{x}_{k-1})} \tag{9.10}$$

(4)寻找迭代步长：通过一维搜索寻找搜索方向 $\boldsymbol{p}_k$ 对应的步长 α_k。

(5)根据搜索方向和搜索步长更新搜索点 $\boldsymbol{x}_{k+1}=\boldsymbol{x}_k+\alpha_k \boldsymbol{p}_k$，并计算新点的目标函数值，令 $k=k+1$，返回步骤(2)继续迭代。

3. 牛顿法

最速下降法和共扼梯度法只利用了目标函数的一阶导数信息来构造局部近似模型，借助二阶导数信息的梯度优化算法——牛顿法，在搜索点处利用目标函数的二阶泰勒展开式近似目标函数，求解展开式的极点作为新的搜索点，重复迭代过程直至满足收敛标准。

牛顿法的核心思想是用迭代的方式寻找函数的零点，在解决优化问题时就转换成在当前迭代点对目标函数进行二阶泰勒展开，通过寻找一阶导数的零点来求解目标函数的最优解。假设当前迭代点为 $\boldsymbol{x}_k$，则目标函数 $f(\boldsymbol{x})$ 在 $\boldsymbol{x}_k$ 处的二阶泰勒展开式为

$$f(\boldsymbol{x}) = f(\boldsymbol{x}_k) + \nabla f(\boldsymbol{x}_k)(\boldsymbol{x}-\boldsymbol{x}_k) + \frac{1}{2}(\boldsymbol{x}-\boldsymbol{x}_k)^{\mathrm{T}}\boldsymbol{H}_k(\boldsymbol{x}-\boldsymbol{x}_k) \tag{9.11}$$

式中：$\boldsymbol{H}$ 为目标函数的 Hessian 矩阵，即

$$\boldsymbol{H} = \begin{bmatrix} \dfrac{\partial^2 f}{\partial {x_1}^2} & \dfrac{\partial^2 f}{\partial x_1 \partial x_2} & \cdots & \dfrac{\partial^2 f}{\partial x_1 \partial x_n} \\ \dfrac{\partial^2 f}{\partial x_2 \partial x_1} & \dfrac{\partial^2 f}{\partial {x_2}^2} & \cdots & \dfrac{\partial^2 f}{\partial x_2 \partial x_n} \\ \vdots & \vdots & & \vdots \\ \dfrac{\partial^2 f}{\partial x_n \partial x_1} & \dfrac{\partial^2 f}{\partial x_n \partial x_2} & \cdots & \dfrac{\partial^2 f}{\partial {x_n}^2} \end{bmatrix}$$

式(9.11)对 $\boldsymbol{x}$ 求导并令其等于零，即 $g(\boldsymbol{x}_k)+\boldsymbol{H}_k(\boldsymbol{x}-\boldsymbol{x}_k)=0$，从而获得迭代格式为

$$\boldsymbol{x}_{k+1} = \boldsymbol{x}_k - {\boldsymbol{H}_k}^{-1} g(\boldsymbol{x}_k) \tag{9.12}$$

式中：$\boldsymbol{H}_k^{-1}$ 为 Hessian 矩阵的逆矩阵。

牛顿法优化步骤如下：

(1)初始化。选取初始迭代点，设置收敛参数 ε。

(2)计算当前点的梯度 $g(\boldsymbol{x}_k)=\nabla f(\boldsymbol{x}_k)$,判断是否满足收敛条件。若 $\|g(\boldsymbol{x}_k)\|\leqslant\varepsilon$,则停止迭代,否则执行步骤(3)。

(3)计算 Hessian 矩阵$\boldsymbol{H}_k$,并计算搜索方向$\boldsymbol{p}_k=-\boldsymbol{H}_k^{-1}g(\boldsymbol{x}_k)$。

步骤 4:寻找迭代步长。通过一维搜索寻找搜索方向$\boldsymbol{p}_k$ 对应的步长 α_k。

步骤 5:根据搜索方向和搜索步长更新搜索点 $\boldsymbol{x}_{k+1}=\boldsymbol{x}_k+\alpha_k\boldsymbol{p}_k$,并计算新点的目标函数值,令 $k=k+1$,返回步骤(2)继续迭代。

4. **拟牛顿法**

虽然牛顿法具有收敛速度快的特点,但是在计算过程中需要频繁计算目标函数的 Hessian 矩阵及其逆矩阵,会给计算带来较大的复杂度,而且目标函数的 Hessian 矩阵有可能非正定或者病态,导致算法无法获得最优解。美国物理学家 Davidon 于 20 世纪 50 年代提出了拟牛顿法,通过构造一个 n 阶矩阵 $\boldsymbol{B}$ 来近似 Hessian 矩阵 $\boldsymbol{H}$ 的逆矩阵$\boldsymbol{H}^{-1}$,达到简化计算的目的。

在拟牛顿方法发展的进程中出现了几种重要的迭代格式,如 DFP(Davidon-Fletcher-Powell)法、BFGS(Broyden-Fletcher-Goldfarb-Shanno)法等,更新公式见表 9-1。

表 9-1　拟牛顿法的迭代更新公式

方 法	$\boldsymbol{H}_{k+1}$	$\boldsymbol{B}_{k+1}=\boldsymbol{H}_{k+1}^{-1}$
DFP	$\left(\boldsymbol{I}-\dfrac{\boldsymbol{y}_k\Delta\boldsymbol{x}_k^{\mathrm{T}}}{\boldsymbol{y}_k^{\mathrm{T}}\Delta\boldsymbol{x}_k}\right)\boldsymbol{H}_k\left(I-\dfrac{\Delta\boldsymbol{x}_k\,\boldsymbol{y}_k^{\mathrm{T}}}{\boldsymbol{y}_k^{\mathrm{T}}\Delta\boldsymbol{x}_k}\right)+\dfrac{\boldsymbol{y}_k\boldsymbol{y}_k^{\mathrm{T}}}{\boldsymbol{y}_k^{\mathrm{T}}\Delta\boldsymbol{x}_k}$	$\boldsymbol{B}_k+\dfrac{\Delta\boldsymbol{x}_k\,\Delta\boldsymbol{x}_k^{\mathrm{T}}}{\boldsymbol{y}_k^{\mathrm{T}}\Delta\boldsymbol{x}_k}-\dfrac{\boldsymbol{B}_k\boldsymbol{y}_k\boldsymbol{y}_k^{\mathrm{T}}B_k^{\mathrm{T}}}{\boldsymbol{y}_k^{\mathrm{T}}B_k\boldsymbol{y}_k}$
BFGS	$\boldsymbol{H}_k+\dfrac{\boldsymbol{y}_k\boldsymbol{y}_k^{\mathrm{T}}}{\boldsymbol{y}_k^{\mathrm{T}}\Delta\boldsymbol{x}_k}-\dfrac{\boldsymbol{H}_k\Delta\boldsymbol{x}_k\,(\boldsymbol{H}_k\Delta\boldsymbol{x}_k)^{\mathrm{T}}}{\Delta\boldsymbol{x}_k^{\mathrm{T}}\,\boldsymbol{H}_k\Delta\boldsymbol{x}_k}$	$\left(I-\dfrac{\boldsymbol{y}_k\Delta\boldsymbol{x}_k^{\mathrm{T}}}{\boldsymbol{y}_k^{\mathrm{T}}\Delta\boldsymbol{x}_k}\right)^{\mathrm{T}}\boldsymbol{B}_k\left(I-\dfrac{\boldsymbol{y}_k\Delta\boldsymbol{x}_k^{\mathrm{T}}}{\boldsymbol{y}_k^{\mathrm{T}}\Delta\boldsymbol{x}_k}\right)+\dfrac{\Delta\boldsymbol{x}_k\Delta\boldsymbol{x}_k^{\mathrm{T}}}{\boldsymbol{y}_k^{\mathrm{T}}\Delta\boldsymbol{x}_k}$
Broyden	$\boldsymbol{H}_k+\dfrac{\boldsymbol{y}_k-\boldsymbol{H}_k\Delta\boldsymbol{x}_k}{\Delta\boldsymbol{x}_k^{\mathrm{T}}\Delta\boldsymbol{x}_k}\Delta\boldsymbol{x}_k^{\mathrm{T}}$	$\boldsymbol{B}_k+\dfrac{(\Delta\boldsymbol{x}_k-\boldsymbol{B}_k\boldsymbol{y}_k)\Delta\boldsymbol{x}_k^{\mathrm{T}}\boldsymbol{B}_k}{\Delta\boldsymbol{x}_k\boldsymbol{B}_k\Delta\boldsymbol{x}_k^{\mathrm{T}}}$
Broyden family	$(1-\varphi_k)\boldsymbol{H}_{k+1}^{\mathrm{BFGS}}+\varphi_k\,\boldsymbol{H}_{k+1}^{\mathrm{DFP}},\quad \varphi\in[0,1]$	—
SR1	$\boldsymbol{H}_k+\dfrac{(\boldsymbol{y}_k-\boldsymbol{H}_k\Delta\boldsymbol{x}_k)(\boldsymbol{y}_k-\boldsymbol{H}_k\Delta\boldsymbol{x}_k)^{\mathrm{T}}}{(\boldsymbol{y}_k-\boldsymbol{H}_k\Delta\boldsymbol{x}_k)^{\mathrm{T}}\Delta\boldsymbol{x}_k}$	$\boldsymbol{B}_k+\dfrac{(\Delta\boldsymbol{x}_k-\boldsymbol{B}_k\boldsymbol{y}_k)(\Delta\boldsymbol{x}_k-\boldsymbol{B}_k\boldsymbol{y}_k)^{\mathrm{T}}}{(\Delta\boldsymbol{x}_k-\boldsymbol{B}_k\boldsymbol{y}_k)^{\mathrm{T}}\boldsymbol{y}_k}$

注:表中 $\boldsymbol{y}_k=\nabla f(\boldsymbol{x}_{k+1})-\nabla f(\boldsymbol{x}_k)$,$\Delta\boldsymbol{x}_k=\boldsymbol{x}_{k+1}-\boldsymbol{x}_k=-\alpha_k\,\boldsymbol{H}_k^{-1}\,\nabla f(\boldsymbol{x}_k)$。

拟牛顿法的具体步骤如下:

(1)初始化。选取初始迭代点,令 $\boldsymbol{B}_0=\boldsymbol{I}$,设置收敛参数 ε。

(2)计算当前点的梯度 $g(\boldsymbol{x}_k)=\nabla f(\boldsymbol{x}_k)$,判断是否满足收敛条件。若 $\|g(\boldsymbol{x}_k)\|\leqslant\varepsilon$,则停止迭代,否则执行步骤(3)。

(3)计算搜索方向 $\boldsymbol{p}_k=-\boldsymbol{B}_k g(\boldsymbol{x}_k)$。

(4)寻找迭代步长。通过一维搜索寻找搜索方向 $\boldsymbol{p}_k$ 对应的步长 α_k。

(5)根据搜索方向和搜索步长更新搜索点 $\boldsymbol{x}_{k+1}=\boldsymbol{x}_k+\alpha_k\boldsymbol{p}_k$,并计算新点的目标函数值以及

$\Delta \boldsymbol{x}_k$，$\boldsymbol{y}_k$。

(6)按表 9-1 更新矩阵 $\boldsymbol{B}_{k+1}$，令 $k=k+1$，返回步骤(2)继续迭代。

9.3.3 智能优化算法

梯度优化算法依赖梯度信息进行优化搜索，但是实际工程优化问题往往是复杂、高度非线性，甚至是没有解析表达式的，此时梯度优化算法在求解时会非常棘手。此外，梯度优化算法依赖于起始搜索点的位置，全局性差。因此，不需要借助梯度信息的、具有全局优化能力、通用性强的优化算法——智能优化算法(又称为现代启发式算法)得到了迅速发展和广泛应用。智能优化算法是一种按照某种规则或思想进行的搜索过程，具有构造直观、无需梯度计算、具有全局收敛性的特点。

1. **遗传算法**(Genetic Algorithm，GA)

美国密歇根大学的 Holland 等于 20 世纪 60 年代初对遗传算法进行了开创性的研究。遗传算法是模拟自然选择和遗传学机理的生物进化过程的计算模型，是一种通过模拟自然进化过程搜索最优解的方法。该算法通过数学的方式，利用计算机仿真运算，将问题的求解过程转化为生物进化中的染色体基因的交叉、变异等过程。遗传算法从实际问题的部分个体(初始种群)出发，经过一系列遗传操作(选择操作、交叉操作、变异操作等)迭代寻找最优解。

(1)选择(selection)：也称为“复制”，是用来从当前一代的个体中选择优于平均水平的数据串构成杂交种群，这个过程依赖于概率分析。

(2)交叉(crossover)：通过对选择得到的杂交种群中的个体进行信息交互，生成新的个体(数据串)。从杂交种群中随机的选取两个个体(父个体)；随机选择一个交叉位置，交换交叉点右侧的二进制位生成两个新个体(子个体)。

(3)变异(mutation)：根据变异概率对新生成的种群中个体进行小的改变，从而形成新的个体。变异操作目的：①在当前个体附近获得适应度更好的个体；②避免优化算法“早熟”现象；③保证每代个体的多样性。

适应度表示自然界中个体对于环境的适应能力，适应度函数能够帮助遗传算法判别个体的优劣，从而为后续的遗传操作提供参考依据，对于一般的优化问题，通常选取目标函数作为适应度函数。

遗传算法的基本运算过程如下：

步骤(1)：初始化。设置进化代数的计数器 $t=0$，设置最大进化代数 $t_{\max}$，随机生成 N 个个体作为初始群体，并计算个体的适应度。

步骤(2)：选择运算。以每个个体适应度函数值为依据，使用轮盘赌、精英选择或锦标赛选择方法选择优秀的个体。

步骤(3)：交叉运算。将种群中个体两两组合，设置交叉概率 P_c，对满足条件的个体进行交叉操作。

步骤(4)：变异运算。设置变异概率 P_m，对满足条件的个体进行变异操作。

步骤(5)：个体评价。计算新产生的种群中个体的适应度，将新种群的最优解与历史最优解进行比较,若新种群最优解优于历史最优解,则用其替换历史最优解,反之保留历史最优解。

步骤(6):若算法达到收敛准则,则停止迭代,输出最优解,否则返回步骤(2)。

遗传算法的流程图如图 9－8 所示。

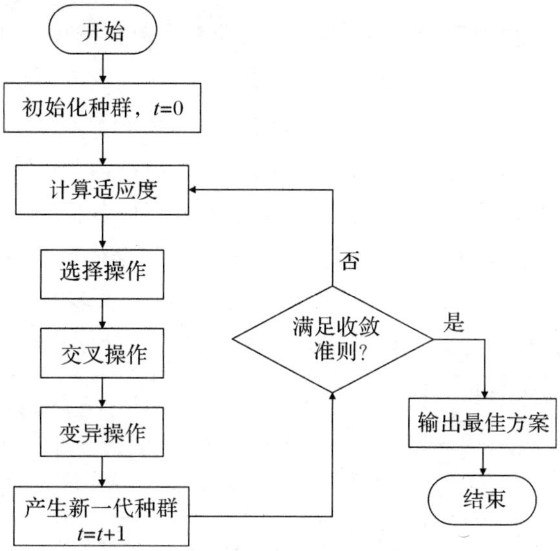

图 9－8　遗传算法流程图

2. **差分进化算法**(Differential Evolution,DE)

差分进化算法也是一种基于现代智能理论的优化算法,由 Storn 和 Price 于 1995 年首次提出,最初用于解决 Chebyshev 多项式问题。

差分进化算法通过种群中个体之间的相互合作和竞争产生群体智能来指导优化搜索的方向。该算法的基本思想是:从随机产生的初始种群出现开始,通过把种群中任意两个个体的向量差与第三个个体求和来产生新个体,然后将新个体与当前种群中相应个体进行比较,若新个体的适应度优于当前个体的适应度,则新一代种群中就用新个体代替旧个体,否则保留旧个体。通过不断进化,保留优良个体,淘汰劣质个体,引导搜索向最优解逼近。

遗传算法与差分进化算法的操作区别如图 9－9 所示。

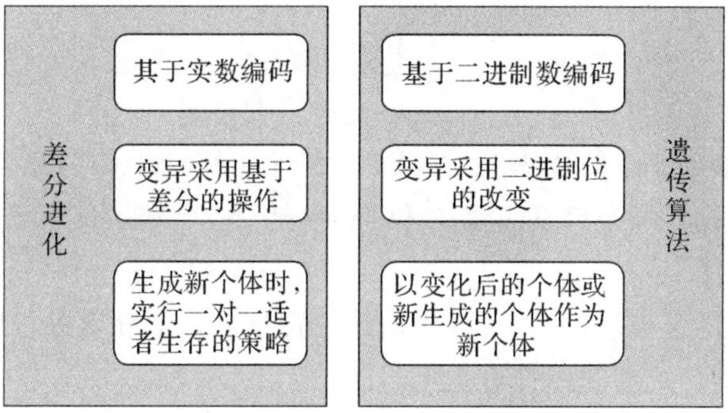

图 9－9　遗传算法与差分进化算法的区别

差分进化算法是一种自适应的全局优化算法，因其具有结构简单、容易实现、收敛迅速、鲁棒性强等优点，广泛应用在数据挖掘、模式识别、人工神经网络等各个领域。

3. **群体智能算法**(Swarm Intelligence，SI)

自然界中存在某些生物种群，它们的个体行为非常简单且群体组成结构单一，但它们可以通过个体与个体之间、个体与外在环境之间的不断交互，相互影响，最终形成高效的智能行为，进而完成一些复杂甚至不可思议的任务。学者们通过对生物种群的这种行为进行模拟，提出了相比于传统优化算法适用性更强、更灵活的优化算法，即群体智能算法。

群体智能算法的基本理论是模拟自然界中的蚁群、鸟群、鱼群、狼群、蜂群和细菌群等动物群体的行为，借助群体间成员的信息交流与合作，通过有限个体间的互动来达到优化的目的。群体智能优化算法由 Beni 等于 1989 年首次提出，此后越来越多的学者通过研究提出了很多群体智能算法，其中最具代表性的是蚁群优化算法和粒子群优化算法。

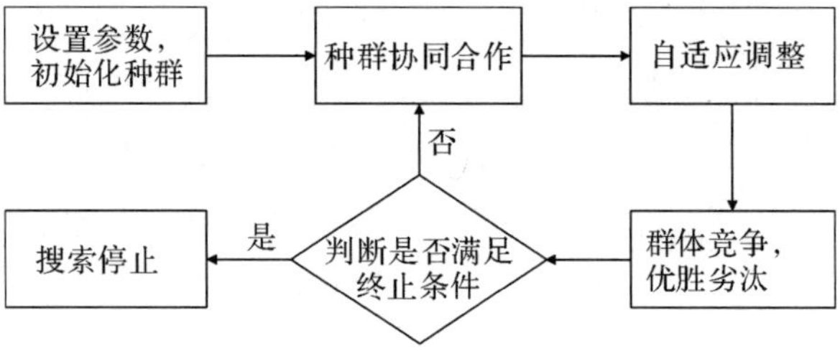

图 9-10　群体智能优化算法统一框架

(1)蚁群优化算法(Ant Colony Optimization，ACO)。

1991 年，学者 Dorigo 在对蚁群觅食行为进行深入研究后，提出了通过模拟蚁群觅食行为进行搜索的蚁群优化算法。

蚁群算法解决优化问题的基本思路：用蚂蚁行走路径表示待优化问题的可行解，整个蚂蚁群体的所有路径构成待优化问题的解空间。路径较短的蚂蚁释放的信息素较多，随着时间的推进，较短路径上累积的信息素浓度逐渐增高，选择该路径的蚂蚁个数也越来越多，最终，整个蚁群在正反馈的作用下集中到最佳路径上，对应的便是待优化问题的最优解。

蚁群算法的核心就是信息素更新模型，它决定蚂蚁在解空间的搜索行为，蚂蚁在每次更新位置的时候依据信息素的量计算转移的概率，从而指导下一步的前进方向，具体转移概率公式为

$$P_{ij} = \frac{\tau_{ij}^{\alpha}(g)\eta_{ij}^{\beta}(g)}{\sum_{k\in \text{allowed}} \tau_{ik}^{\alpha}(g)\eta_{ik}^{\beta}(g)} \tag{9.13}$$

式中：P_{ij} 为从 i 点转移到 j 点的概率；τ_{ij} 为从 i 点到 j 点路径上的信息素；$k\in$ allowed 为下一步能够到达的所有点；$\eta(\cdot)$为启发函数；α 和 β 为正参数，决定了信息素信息和启发式信息之间的关系；g 为迭代点数。

在所有蚂蚁进行位置更新以后，根据当前的位置信息对信息素进行更新，同时考虑信息素的挥发，蚁群算法的信息素更新模型可表示为

$$\tau_{ij}(g+1) = \begin{cases} (1-\rho)\tau_{ij}(g) + \Delta\tau_{ij}(g), & \text{达到挥发时间} \\ \tau_{ij}(g) + \Delta\tau_{ij}(g), & \text{其他} \end{cases} \tag{9.14}$$

式中：ρ 为信息素挥发因子；$\Delta\tau_{ij}(g)$ 为第 g 代点 i 到点 j 路径上信息素的增加量；$\tau_{ij}(g)$ 为第 g 代点 i 到点 j 路径上的信息素；$\tau_{ij}(g+1)$ 为第 $g+1$ 代点 i 到点 j 路径上的信息素。

蚁群算法的流程步骤如下：

1)初始化。初始化参数，生成初始化蚂蚁种群以及初始信息素。

2)位置更新。根据信息素更新蚂蚁的位置。

3)信息素更新。根据蚂蚁位置的更新情况更新信息素，若达到信息素挥发条件，则对信息素做挥发处理。

4)收敛判断。若达到收敛条件，则停止迭代，否则转至步骤(2)。

蚁群优化算法的流程图如图 9－11 所示。

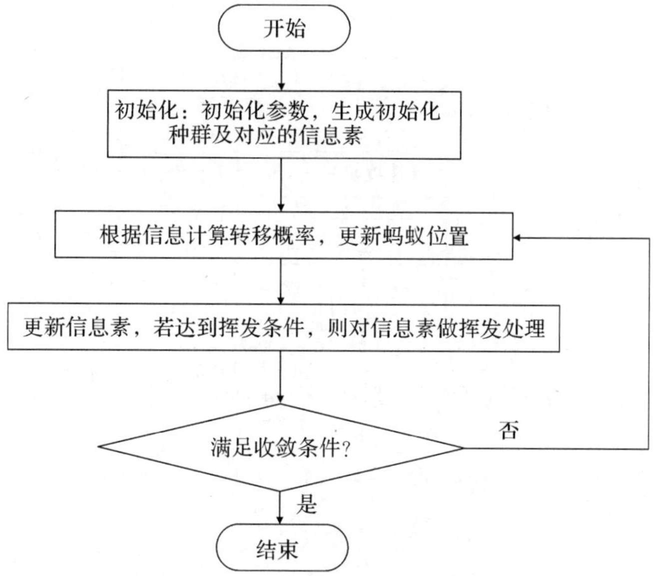

图 9－11　蚁群优化算法的流程图

(2)粒子群优化算法(Particle Swarm Optimization，PSO)。

粒子群优化算法于 1995 年由 Kennedy 和 Eberhart 提出，是通过模拟鸟群觅食行为而发展起来的一种基于群体协作的全局搜索算法。粒子群算法初始化一群随机粒子(随机解)，然后通过迭代寻找全局最优解。所有粒子都有一个由优化目标函数决定的适应度，每个粒子由速度决定飞行的方向和距离。在每次迭代中，粒子通过跟踪两个极值(个体极值 Pbest 和种群极值 Gbest)来更新自己，更新公式如下：

$$\left.\begin{aligned} \boldsymbol{x}_j^{(i)} &= \boldsymbol{x}_j^{(i-1)} + \boldsymbol{v}_j^{(i)} \\ \boldsymbol{v}_j^{(i)} &= \boldsymbol{v}_j^{(i-1)} + c_1 r_1(\mathrm{Pbest}_j - \boldsymbol{x}_j^{(i-1)}) + c_2 r_2(\mathrm{Gbest} - \boldsymbol{x}_j^{(i-1)}) \end{aligned}\right\} \tag{9.15}$$

式中：$\boldsymbol{x}_j^{(i)}$ 为第 i 代中第 j 个个体的位置；$\boldsymbol{v}_j^{(i)}$ 为第 i 代中第 j 个个体的飞行速度；c_1 为认知学习因子，控制粒子向个体极值 Pbest_j 移动；c_2 为社会学习因子，控制粒子向种群 Gbest 移动；r_1 和 r_2 均为服从[0，1]均匀分布的随机数。

将惯性权重加入速度更新公式，则

$$\boldsymbol{v}_j^{(i)} = \omega \boldsymbol{v}_j^{(i-1)} + c_1 r_1(\mathrm{Pbest}_j - \boldsymbol{x}_j^{(i)}) + c_2 r_2(\mathrm{Gbest} - \boldsymbol{x}_j^{(i)}) \tag{9.16}$$

式中：ω 为惯性权重。

粒子群算法的流程步骤如下：

1）初始化。设置群体规模，最大迭代次数 $t_{\max}$，生成初始种群以及每个个体对应的初始速度 $\boldsymbol{v}_j^{(0)}$，并计算每个粒子的适应度值 $f_j^{(0)}$。

2）迭代更新。根据公式更新粒子的速度 $\boldsymbol{v}_j^{(i)}$ 和位置 $\boldsymbol{x}_j^{(i)}$。

3）个体评价。计算新生成每个粒子的适应度值 $f_j^{(i)}$。

4）最优记录。记录粒子的个体极值 Pbest_j 以及种群极值 Gbest。

5）收敛判断。如果满足收敛条件则停止迭代，输出最优解，否则返回步骤 2）。

粒子群优化算法的流程图如图 9－12 所示。

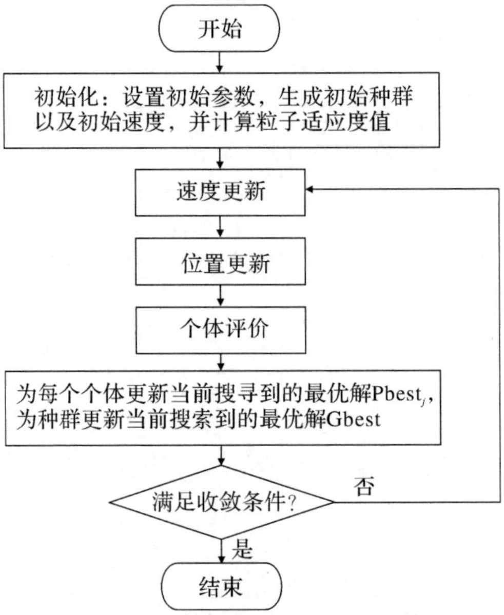

图 9－12　粒子群优化算法流程图

4. **模拟退火算法**(Simulated Annealing，SA)

模拟退火算法最早的思想是由 Metropolis 等于 1953 年提出的。1983 年，Kirkpatrick 等将退火思想引入组合优化领域。模拟退火算法与初始值无关，具有渐近收敛性，理论证明它以概率 1 收敛于全局最优解。

模拟退火算法来源于固体退火原理，将固体加热到充分高，固体内部粒子变为无序状，再让其徐徐冷却，粒子渐趋有序，在每个温度都达到平衡态，最后在常温时达到基态，内能减为最小。模拟退火算法从某一较高温度出发，伴随温度参数的不断下降，结合概率突跳特性，在解空间随机寻找目标函数的全局最优解。在优化过程中，模拟退火对当前解重复“扰动产生新解→计算目标函数差→Metropolis 准则判断接受或舍弃新解”的迭代，逐步衰减温度 t 值，直至算法终止。退火过程有冷却进度表(cooling schedule)控制，包括控制参数的初值 T、衰减因子 Δt、每个温度 t 的迭代次数 L 以及停止条件等。

模拟退火算法的流程步骤如下：

(1)初始化。设置初始温度 T(充分大)、初始解状态 S、每个温度 t 的迭代次数 L。

(2)产生新解。根据当前解进行扰动，产生新解 S'。

(3)计算增量：计算当前解和新解的目标函数增量 $\Delta f = f(S') - f(S)$。

(4)接受或舍弃：依据 Metropolis 准则判断是否接受新解：若 $\Delta f < 0$，则接受新解，否则以 $1 - \exp(-\Delta f / t)$ 的概率舍弃新解。

(5)收敛判断：如果满足收敛条件则停止迭代，输出最优解，否则返回步骤(2)。

模拟退火算法的流程图如图 9－13 所示。

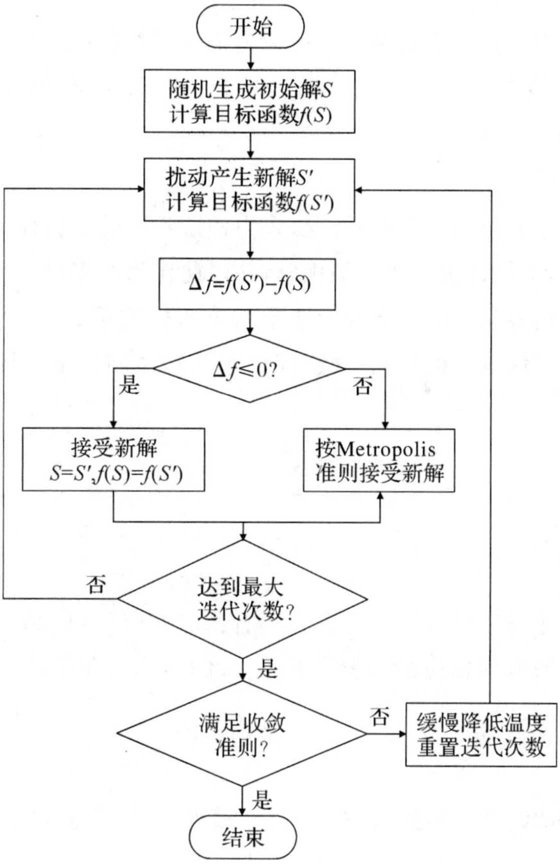

图 9－13　模拟退火算法流程图

9.3.4　多目标优化

大多数工程和科学问题都是多目标优化问题(multi-objective optimization problem)，且优化目标彼此冲突，如何获取其最优解，是学术界和工程界中备受关注的焦点问题。在大多数情况下，某目标的改善可能会引起其他目标性能的降低，即同时使各个目标达到最优是不可能的，只能在各目标之间进行协调权衡和折中处理，使目标函数尽可能达到最优。

多目标优化的数学模型：

$$\left.\begin{array}{ll}\text{find} & \boldsymbol{x}=\{x_1,x_2,\cdots,x_n\}\\ \min & F(\boldsymbol{x})=\{f_1(\boldsymbol{x}),f_2(\boldsymbol{x}),\cdots,f_p(\boldsymbol{x})\}\\ \text{s.t.} & g_i(\boldsymbol{x})\leqslant 0,\quad i=1,2,\cdots,m\\ & h_j(\boldsymbol{x})=0,\quad j=1,2,\cdots,L\end{array}\right\}\tag{9.17}$$

多目标优化算法归结起来有两大类:①将多目标优化转化为单目标优化,通过单目标优化方法求解;②多目标智能优化算法求解 Pareto 最优解(有效解、非劣解)。

1. **多目标优化转化为单目标优化**

将多目标优化转化为单目标优化主要包括两类方法:评价函数法和分目标法。评价函数法:将多目标优化问题转化为单目标优化问题。分目标法:将多目标优化问题转化为一系列单目标优化问题。

(1)评级函数法。

评级函数法的基本思想:根据不同的情况,人为构造不同的新目标函数,即"评价函数",然后利用单目标优化方法,求解评价函数的最优解,并以此作为原多目标函数的最优解。

1)线性加权法。根据各目标的重要程度给予相应的权重系数,然后用各目标函数分别乘以相应的权重系数再求和构成新的目标函数(评价函数),再利用单目标寻优算法寻优。评价函数为

$$F(\boldsymbol{x})=\sum_{j=1}^{p}w_j f_j(\boldsymbol{x})\tag{9.18}$$

式中:$\sum_{j=1}^{p}w_j=1(0\leqslant w_j\leqslant 1)$。

确定各目标函数权重系数的方法主要有:①凭借经验和统计的结果来确定;② 将各目标的最优目标函数值的倒数取为相应的权重系数;③ 超平面法,即先求出各单目标优化问题的最优解及相应的目标函数值,由 p 个点$(\boldsymbol{x}_i,f_i)$ 做超平面$\left(\sum_{j=1}^{p}w_j f_j\right)_i=a$,附加权重系数约束 $\sum_{j=1}^{p}w_j=1$,可以通过求解线性方程组(含有 $p+1$ 个线性方程)得到权重系数 w_j 和待定系数 a。

2)理想点法。对多目标优化问题中的每个单目标函数求最优值,即

$$\min_{x\in R} f_j(\boldsymbol{x}),\quad j=1,2,\cdots,p\tag{9.19}$$

如果存在 $\boldsymbol{x}^*$,对于所有的 j 都满足,则称 $\boldsymbol{x}^*$ 为理想点。

理想点法的基本思想是:先求出每个单目标问题的最优解 f_j^* $(j=1,2,\cdots,p)$,将所有单目标问题最优解作为期望值,寻找可行域内距离理想点最近的点作为原多目标优化问题的最优解。理想点法构建的目标函数为

$$F(\boldsymbol{x})=\sum_{j=1}^{p}(f_j-f_j^*)^2$$

3)平方和加权法。平方和加权法的原理是先对多目标优化问题中的各单目标求最优值

$f^*_{j(j=1,2,\cdots,p)}$)，然后对应各单目标给出一组权重系数 w_j，使其满足约束方程 $\sum_{j=1}^{p} w_j = 1$。根据各单目标函数与其最优值之差尽可能小这一原理构造评价函数，然后利用单目标优化算法对其进行求解。其目标函数为

$$F(\boldsymbol{x}) = \sum_{j=1}^{p} w_j \left(f_j - f_j^*\right)^2 \tag{9.20}$$

4)乘除法。乘除法的原理：多目标优化问题中，有一部分目标函数值是越小越好，另一部分目标函数值是越大越好，则将越大越好的目标函数相乘作为分母，将越小越好的目标函数相乘作为分子，构成单目标函数，然后利用单目标优化算法对其进行求解。其目标函数为

$$F(\boldsymbol{x}) = \frac{\prod_{j=1}^{l} f_j(\boldsymbol{x})}{\prod_{j=l+1}^{p} f_j(\boldsymbol{x})} \tag{9.21}$$

其中，前 l 个目标为最小化 $f_j(\boldsymbol{x})(j=1,2,\cdots,l)$，其余目标为最大化 $f_j(\boldsymbol{x})(j=l+1,\cdots,p)$。

(2)分目标法。

1)约束法。约束法的原理是选取多目标优化问题中的一个主要的目标函数 $f_l(\boldsymbol{x})$，对其余的目标函数 $f_k(\boldsymbol{x})$分别给予一个限制值 f_k^*，转化为单目标优化问题的约束条件(又称为主要目标法)：

$$\left.\begin{array}{lll} \min & f_l(\boldsymbol{x}) & \\ \text{s. t.} & g_i(\boldsymbol{x}) \leqslant 0, & i = 1,2,\cdots,m \\ & h_j(\boldsymbol{x}) = 0, & j = 1,2,\cdots,L \\ & f_k(\boldsymbol{x}) \leqslant f_k^*, & k = 1,2,\cdots,p,k \neq l \end{array}\right\} \tag{9.22}$$

2)分层序列法。分层序列法的原理是：将多目标优化问题中的 p 个目标函数按照其重要程度，排成一定的序列，然后依次在前一个目标的最优解集内求出各个单目标的最优解：

$$\left.\begin{array}{lll} \min & f_l(\boldsymbol{x}) & \\ \text{s. t.} & g_i(\boldsymbol{x}) \leqslant 0, & i = 1,2,\cdots,m \\ & h_j(\boldsymbol{x}) = 0, & j = 1,2,\cdots,L \\ & \boldsymbol{x} \in \{f_k(\boldsymbol{x}) \leqslant f_k^*\}, & k = 1,2,\cdots,l-1 \end{array}\right\} \tag{9.23}$$

3)宽容序列法。宽容序列法的原理：事先给定一组宽容值 $\varepsilon_1>0,\varepsilon_2>0,\cdots,\varepsilon_p>0$ 作为相应的目标函数最优值的允许误差，在求解后一个目标函数的最优值时，不一定要严格满足前一个目标函数的最优要求，可在前一个目标最优值附近进行优化：

$$\left.\begin{array}{lll} \min & f_l(\boldsymbol{x}) & \\ \text{s. t.} & g_i(\boldsymbol{x}) \leqslant 0, & i = 1,2,\cdots,m \\ & h_j(\boldsymbol{x}) = 0, & j = 1,2,\cdots,L \\ & \boldsymbol{x} \in \{f_k(\boldsymbol{x}) \leqslant f_k^* + \varepsilon_k\}, & k = 1,2,\cdots,l-1 \end{array}\right\} \tag{9.24}$$

2. Pareto 最优解

Pareto 在 1986 年提出多目标的解不受支配(non-dominated set)的概念。Pareto 解的定义为:假设任意两个解 x_1,x_2 对所有目标而言,x_1 均优于 x_2,则称 x_1 支配 x_2,若 x_1 的解没有被其他解所支配,则称 x_1 为非支配解,即 Pareto 解,解的支配关系如图 9-14 所示。

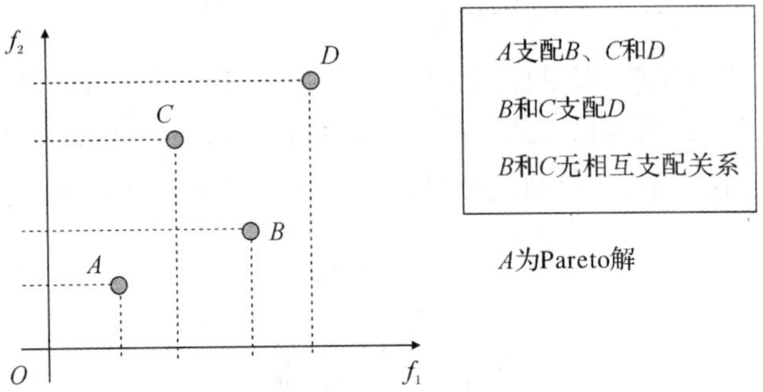

图 9-14 解的支配关系

Pareto Front 的定义:对于给定的多目标优化问题,Pareto Front 指 Pareto 最优解集在目标函数空间中的像,即非支配解的集合,如图 9-15 所示。

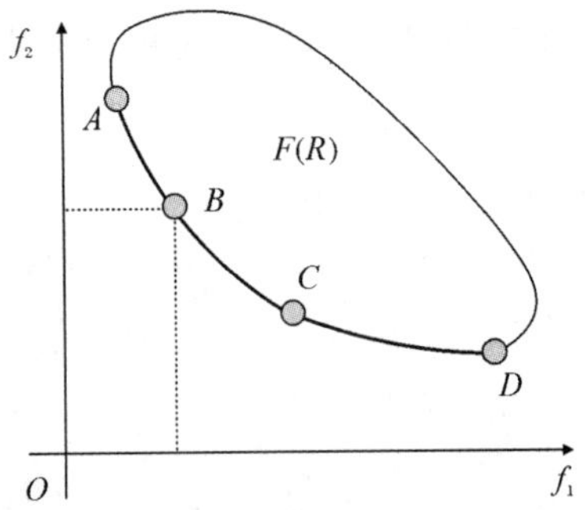

图 9-15 Pareto Front 的示意图

落在 Pareto Front 中的所有解皆不受 Pareto Front 之外的解(以及 Pareto Front 曲线以内的其他解)所支配,因此这些非支配解较其他解而言拥有最少的目标冲突,可提供决策者一个较佳选择空间。在某个非支配解的基础上改进任何目标函数的同时,必然会削弱至少一个其他目标函数。

与传统的数学规划法相比,智能优化算法更适合求解多目标优化问题。首先,智能优化算法能够处理一组解,每次迭代都能获取多个有效解;其次,智能优化算法对 Pareto Front 的形状和连续性不敏感,能够很好地逼近非凸或不连续的 Pareto Front。下面简单介绍 NSGA-Ⅱ算法。

NSGA-Ⅱ算法的基本思想:首先,随机产生规模为 N 的初始种群,非支配排序后通过遗传算法的选择、交叉、变异操作得到第一代子代种群;其次,从第二代开始,将父代种群和子代种群合并,进行快速非支配排序,同时对每个非支配层的个体进行拥挤度计算,根据非支配关系和个体拥挤度选择合适的个体组成新的父代种群;最后,通过遗传算法的基本操作产生新的子代种群;依此类推,直到满足迭代终止条件。算法的计算流程如图 9-16 所示。

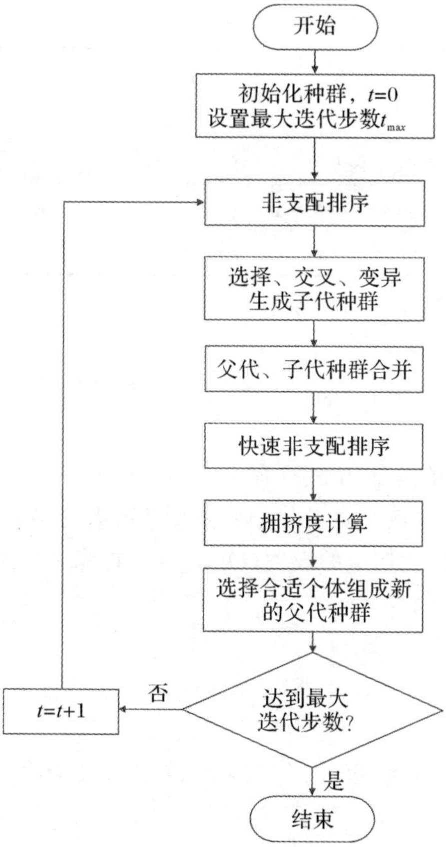

图 9－16　NSGA-Ⅱ算法流程图

9.3.5　Matlab 优化工具箱

Matlab 的优化工具箱(optimization toolbox)提供了一系列优化算法的函数(见表 9－2)，这些优化函数可以通过在命令行输入相应的函数名加以调用，还可以很方便地使用图形界面的 GUI 优化工具(GUI optimization tool)。

表 9－2　不同优化问题对应的数学模型及优化函数

优化问题类型	数学模型	Matlab 优化函数
无约束极小	$\min f(\boldsymbol{x})$	fminunc(f, x0) fminsearch (f, x0)
一元函数极小	$\min f(x)$，　$x_L \leqslant x \leqslant x_U$	fminbnd (f, x_L, x_U)
线性规划	$\min f(\boldsymbol{x})=\boldsymbol{cx}$ s. t .　$\boldsymbol{Ax} \leqslant \boldsymbol{b}$	linprog (c, A, b)
二次规划	$\min f(\boldsymbol{x})=\boldsymbol{cx}+\frac{1}{2}\boldsymbol{x}^{\mathrm{T}}\boldsymbol{Hx}$ s. t.　$\boldsymbol{Ax} \leqslant \boldsymbol{b}$	quadprog (H, c, A, b)

续 表

优化问题类型	数学模型	Matlab 优化函数
非线性约束规划	$\min\ f(\boldsymbol{x})$ s. t. $\quad \boldsymbol{Ax} \leqslant \boldsymbol{b}$	fmincon(f, x0, A, b)
多目标优化问题	$\min\ [\boldsymbol{x}, \gamma : f(\boldsymbol{x}) - \boldsymbol{w} * \gamma \leqslant \text{goal}]$	fgoalattain(f, x0, goal, w)
极小极大问题	$\text{minmax}\ f(\boldsymbol{x})$	fminmax(f,x0)

GUI 优化工具的启动有以下 3 种方法：

(1)在命令窗口输入 optimtool；

(2)在 Matlab 主界面单击左下角的“start”按钮，然后依次选择 toolboxs →optimization →optimization tool(optimtool)；

(3)在 Matlab 的菜单栏单击 APPS，选择 Optimization。

GUI 优化工具箱的界面包括三部分：左侧为优化问题的描述及计算结果显示(Problem Setup and Results)，中间为优化选项的设置(Options)，右侧为帮助(Quick Reference，可单击“<<”隐藏帮助)。

GUI 优化工具的使用步骤如下：

(1)选择优化求解器 Solver 和优化算法 Algorithm；

(2)选定目标函数；

(3)设定优化模型的相关参数(初始点、约束条件、变量界限等)；

(4)设置优化选项；

(5)单击“Start”按钮，运行求解；

(6)查看求解器状态和求解结果；

(7)导出最优目标函数值、优化选项等。

优化工具箱使用步骤如图 9-17 所示。

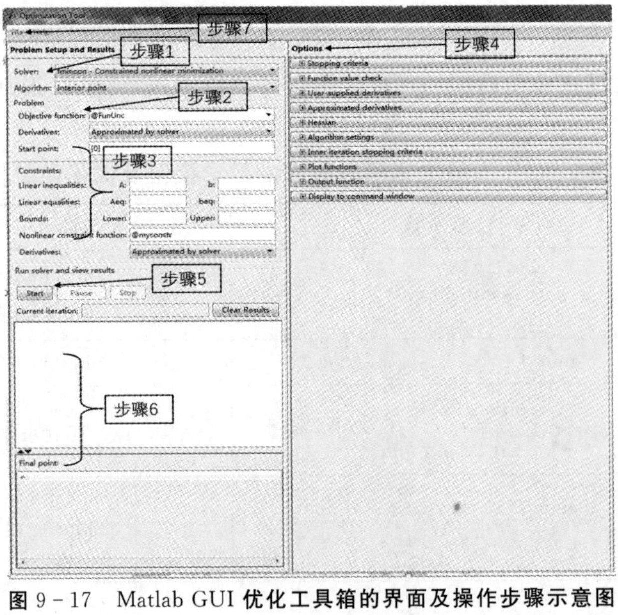

图 9-17　Matlab GUI 优化工具箱的界面及操作步骤示意图

无约束优化(fminunc 求解器)应用实例:求 $f(x)=x^2+4x-6$ 的极小值,初始点选为 $x=0$。

建立目标函数文件 FunUnc. m:

```
function y= FunUnc(x)
    y=x^2+4*x-6;
```

然后,启动 GUI 优化工具,在 Solver 下拉选项框中选择 fminunc;在 Algorithm 下拉选项框中选择 Quasi Newton(fminunc 有两种算法——Quasi Newton 和 Trust region);目标函数中输入 FunUnc. m,初始点输入 0,其他参数默认,optional 参数默认;单击“Start”按钮,运行求解;Final point 处输出目标函数取最小时,x 为 -2。fminunc 求解应用实例的 GUI 优化工具界面输入截图如图 9-18 所示。

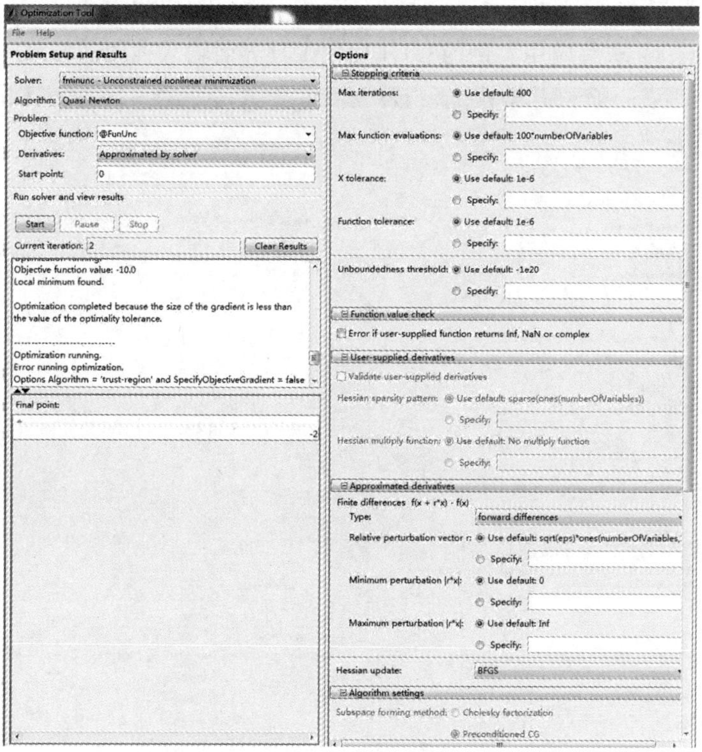

图 9-18　fminunc 求解器应用界面

遗传算法(ga 求解器)的应用实例:

优化的数学模型为

$$
\begin{aligned}
\min \quad & f(\boldsymbol{x}) = e^{x_1}(4x_1^2 + 2x_2^2 + 4x_1x_2 + 2x_2 + 1) \\
\text{s.t.} \quad & x_1x_2 - x_1 - x_2 \leqslant -1.5 \\
& x_1x_2 \geqslant -10
\end{aligned}
$$

建立优化目标函数和约束函数文件:

```
function f = myfit(x)
    f = exp(x(1)) * (4 * x(1)^2 + 2 * x(2)^2 + 4 * x(1) * x(2) + 2 * x(2) +1);
```

```
function [c,ceq] = myconstr(x)
        c = [1.5+ x(1) * x(2) - x(1) - x(2);
             -x(1) * x(2) -10];
        ceq = []; % No nonlinear equality constraints
```

在 Matlab 的命令窗口输入

```
options = gaoptimset('MutationFcn',@mutationadaptfeasible);
x = ga(@(x)myfit(x),2,[],[],[],[],[],[],@(x)myconstr(x),options)
```

或启动 GUI 优化工具,在 Solver 下拉选项框中选择 ga;适应度函数中输入@myfit. m,变量数输入 2,非线性约束函数中输入@myconstr,options:Mutation 一栏选择 Adaptive feasible,其他参数默认;单击“Start”按钮,运行求解;Final point 处输出目标函数取最小时,x 为(-9.153,1.051)。ga 求解应用实例的 GUI 优化工具界面输入截图如图 9-19 所示。

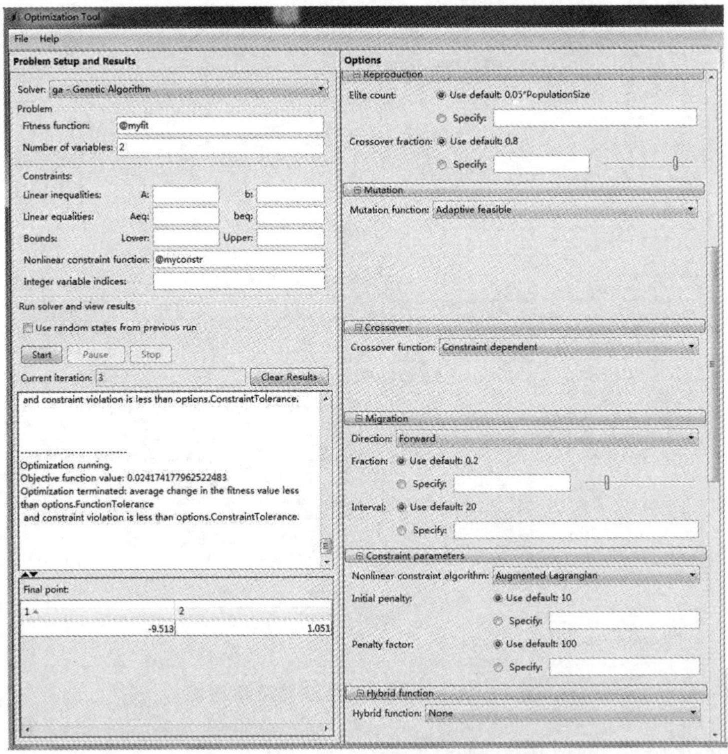

图 9-19　ga 求解器应用界面

ga 求解器初始种群是随机产生的,且设置有交叉和变异概率,使得运行结果具有随机性,但理论研究已证实 ga 以概率 1 收敛于全局最优解。

第 10 章 飞行器结构可靠性问题

本章介绍几种在飞行器结构中比较常见的可靠性问题，如结构的静强度(刚度)问题、薄壁结构的失稳可靠问题、管道的腐蚀老化问题、结构的疲劳及裂纹扩展问题等。

10.1 简单结构的静强度(刚度)可靠性分析

在飞行器结构系统中广泛存在着不确定性，这些不确定性常常存在于材料属性、结构尺寸、载荷环境、边界条件和计算模型等方面。由于结构输入参数具有不确定性，导致结构的响应也具有不确定性，进而引起系列可靠性问题。

以飞行器中的简单结构为例，进行静强度(刚度)的可靠性分析。

【例 10-1】 某空心圆柱悬臂梁如图 10-1 所示，悬臂梁的整体为钢结构，其屈服强度为 R。假设悬臂梁受到集中力 F_1、F_2，拉力 P 以及扭矩 T 的作用，悬臂梁的最大应力出现在根部。

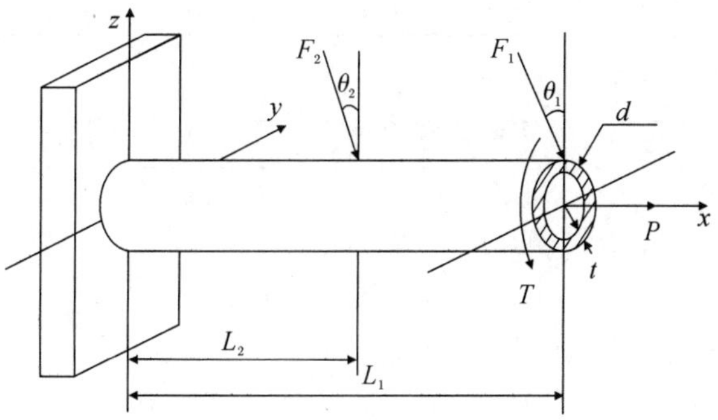

图 10-1 空心圆柱悬臂梁

应力最大值 $\sigma_{\max}$ 可通过下式求解：

$$\sigma_{\max} = \sqrt{\sigma_x^2 + 3\tau_{zx}^2} \tag{10.1}$$

式中：σ_x 表示由集中力与拉力所引起的正应力；τ_{zx} 表示由扭矩所引起的剪切应力，且有

$$\sigma_x = \frac{P + F_1\sin\theta_1 + F_2\sin\theta_2}{A} + \frac{Md}{2I}, \quad \tau_{zx} = \frac{Td}{4I}$$

此空心圆柱悬臂梁的横截面积 A、由集中力所引起的弯矩 M 以及悬臂梁的惯性矩 I 的计算公式为

$$A=\frac{\pi}{4}[d^2-(d-2t)^2]$$

$$M=F_1L_1\cos\theta_1+F_2L_2\cos\theta_2$$

$$I=\frac{\pi}{64}[d^4-(d-2t)^4]$$

式中：d 表示圆柱悬臂梁的外径；t 表示悬臂梁的壁厚；θ_1、θ_2 分别表示集中力 F_1、F_2 与竖直方向的夹角；L_1、L_2 分别表示集中力 F_1、F_2 与悬臂梁根部的距离。设置 $\theta_1=\theta_2=\pi/6$，$L_1=200$ mm，$L_2=100$ mm，其余参数均为随机变量，且服从正态分布，分布参数见表 10－1。建立静强度可靠性问题的安全余量方程为

$$g(\boldsymbol{x})=R-\sigma_{\max}$$

数字模拟法估计悬臂梁结构的失效概率为 0.002 92。

表 10－1　悬臂梁结构特征变量的分布参数

变 量	均 值	标准差
t /mm	5	0.1
d /mm	42	0.5
F_1/ N	3 000	300
F_2/ N	3 000	300
P /N	12 000	1 200
T/(N·mm)	90 000	9 000
R / MPa	235	10

安全余量方程的代码如下：

beam_cylind.m

```
function y=beam_cylind(x)
    A=0.25*pi*( x(2).^2-(x(2)-2*x(1)).^2 );
    M=x(3)*200*cos(pi/6)+x(4)*100*cos(pi/6);
    I=pi/64*( x(2).^4-(x(2)-2*x(1)).^4 );
    sdx=( x(5)+x(3)*sin(pi/6)+x(4)*sin(pi/6) )/A+ M*0.5*x(2)/I;
    tx=x(6)*x(2)/4/I;
    sd_max=sqrt( sdx.^2+3*tx.^2 );
    y=x(7)-sd_max;
end
```

【例 10－2】 飞行器客舱底板-栅格结构是飞行器设计中的一个重要的组成部分，如图 10－2所示，它将机身分为客舱和货舱上、下两个部分，并承载乘客、行李和座位等的重量，栅格由纵向支梁和横向梁两部分组成。

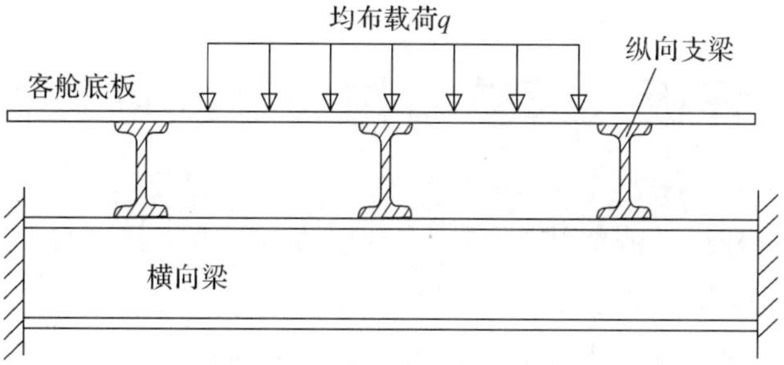

图 10-2　飞行器底板栅格结构示意图

建立支梁的强度和挠度的安全余量方程为

$$g_1(\boldsymbol{x}) = \sigma_d - \frac{3qdD^2}{4bh^2}$$

$$g_2(\boldsymbol{x}) = \delta_{\text{allow}} - k\frac{qd^4}{Et^3}$$

式中：t 为板单元的厚度；b 为支梁的纵截面宽度；横截面高 $h=3b$；D 为横向梁的间距；q 为均布荷载；E 为弹性模量；σ_d 和 δ_{allow} 分别为许用应力和许用挠度；k 为挠度系数，$k=0.05$。将 t、b、d、D、q、E、σ_d 和 δ_{allow} 看作相互独立的随机输入变量，服从正态分布，分布参数见表10-2，则计算两模式串联的系统失效概率为 1.028×10^{-4}。

表 10-2　悬臂梁结构特征变量的分布参数

变 量	均 值	变异系数
t / m	0.003 5	0.05
b / m	0.008	0.05
d / m	0.5	0.05
D / m	0.75	0.05
q / Pa	2 200	0.1
E / Pa	6.9×10^{10}	0.06
σ_d / Pa	2.41×10^{8}	0.08
δ_{allow} / m	0.005	0.05

安全余量方程的代码如下：

floor_grid.m

```
function y= floor_grid (x)
        h=3 * x(2);
        sigma_max=3 * x(5) * x(3) * x(4).^2/4/x(2)/h.^2;
        delta_max=0.05 * x(5) * x(3).^4/x(6)/x(1).^3;
        g1=x(7)-sigma_max;
        g2=x(8)-delta_max;
        y=[g1,g2];
    end
```

10.2 杆板式薄壁结构失稳的可靠性分析

在飞行器结构中，杆板式薄壁结构（简称“薄壁结构”）由于其自身的优点，得到了广泛应用。一般情况下，当板或蒙皮受剪失稳后，仍具有一定的承载能力。考虑这种屈曲后的特性，结合结构有限元分析及板的弹性与塑性力学性能，运用结构可靠性的基本理论，进行结构的可靠性分析，对提高结构的承载能力、减轻重量、改进设计等都有重要的意义。

飞行器结构的杆板式薄壁结构通常由横向骨架（机身隔框，机翼腹板等）、纵向骨架（机身桁条、桁梁，机翼的梁、桁条）和金属薄板（蒙皮，腹板）组成。各元件间的连接采用以下假设进行简化：

（1）骨架只承受轴向力，骨架的交叉点为铰接节点，外载荷只作用在节点上；

（2）壁板只受剪切，壁板截面的剪应力 τ 沿厚度 t 均匀分布。

薄壁结构中包含两类元件，即杆元和板元。

对于杆元，按照结构可靠性的基本理论可知，其安全余量方程为

$$Z_{i杆} = R_i - S_i = \sigma_{si} A_i - S_i$$

式中：σ_{si} 为第 i 个杆元的屈服极限（杆受压时忽略杆的屈曲影响）；A_i 为第 i 个杆元的横截面积；S_i 为杆元内力。

对于板元，随着外载荷的增加，板元的剪应力 τ 也在不断增加，当 τ 达到其失稳临界应力 τ_{cr} 时，板失稳发生皱损，但由于四周边缘的桁条等的支撑，板依然能够承受不断增加的载荷，直到桁条破坏或板被拉坏而失去承载能力。也就是说，当 $\tau \leqslant \tau_{cr}$ 时，板处于纯剪状态；当 $\tau > \tau_{cr}$ 时，板进入屈曲状态。受剪板的临界应力公式为

$$\tau_{cr} = \begin{cases} \left(5.34 + 4\dfrac{b^2}{a^2}\right)\dfrac{\pi^2 E t^2}{12b^2(1-\gamma^2)}, & a \geqslant b \\ \left(5.34\dfrac{b^2}{a^2} + 4\right)\dfrac{\pi^2 E t^2}{12b^2(1-\gamma^2)}, & a < b \end{cases} \tag{10.2}$$

式中：a 和 b 分别为矩形板的边长；t 为板的厚度；E 和 γ 为材料的弹性模量和泊松比。

因此，考虑到板失稳后的特性，板元的安全余量方程需要分以下两种情况：

（1）当 $\tau_i \leqslant \tau_{cr,i}$ 时，有

$$Z_{i板} = \tau_{cr,i} t_i l_i - \tau_i t_i l_i \tag{10.3}$$

式中：$\tau_{cr,i}$ 为第 i 个板元的临界应力；τ_i 为第 i 个板元的剪应力；t_i、l_i 分别为第 i 个板元的厚度和边长。

（2）当 $\tau_i > \tau_{cr,i}$ 时，有

$$Z_{i板} = \sigma_{s_{Di}} t_i l_{\perp i} - \sigma_{1i} t_i l_{\perp i} \tag{10.4}$$

式中：$\sigma_{s_{Di}}$ 为第 i 个板元的屈服极限（以板的拉应力达到屈服极限视为失效判据）；$l_{\perp i}$ 为第 i 个板元垂直于 σ_{1i} 方向的长度。

分别以两翼盒杆板结构和四翼盒杆板薄壁结构为例进行结构的可靠性分析。

【例 10-3】　如图 10-3 所示的两盒段杆板结构，杆为 45 号钢，弹性模量 $E_1=1.9992\times10^5$ MPa，屈服极限 $\sigma_{si}=950$ MPa；板为铝合金 LY 12，弹性模量 $E_2=0.7\times10^5$ MPa，屈服极限 $\sigma_{s_{Di}}=264.6$ MPa，泊松比 $\gamma=0.3$，强度变异系数为 0.05，载荷变异系数为 0.1，载荷 $P=1.8\times10^3$ kN。假设元件之间相互独立，载荷与强度相互独立。最危险板元(5-6-7-8)和最危险杆元(5-8)组成的主要失效模式对应的系统失稳可靠性问题的失效概率为 4.428×10^{-4}。

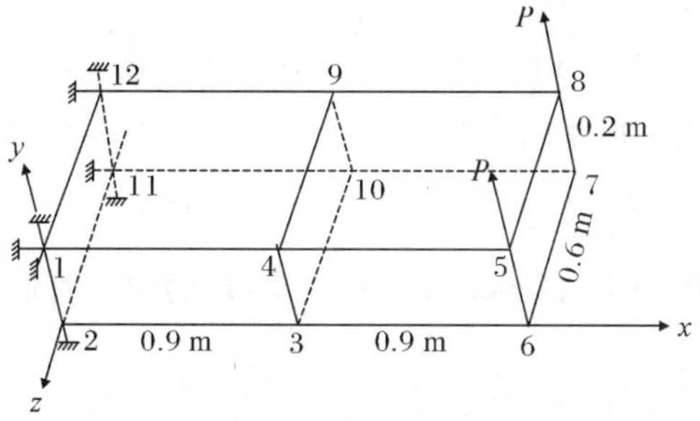

图 10-3　两盒段杆板薄壁结构

【例 10-4】　如图 10-4 所示的四翼盒杆板结构，杆为铝合金 LC6，弹性模量 $E_1=0.72\times10^5$ MPa，屈服极限 σ_{si} 为 450 MPa；板为铝合金 LY 12，弹性模量 $E_2=0.7\times10^5$ MPa，屈服极限 $\sigma_{s_{Di}}$ 为 264.6 MPa，泊松比 $\gamma=0.3$，强度变异系数为 0.05，载荷变异系数为 0.1，载荷 $P=2.0\times10^3$ kN，假设元件之间相互独立，载荷与强度相互独立。最危险杆元(11-14 和 12-13)和最危险板元(11-12-13-14)组成的结构失稳的失效概率为 1.864×10^{-3}。

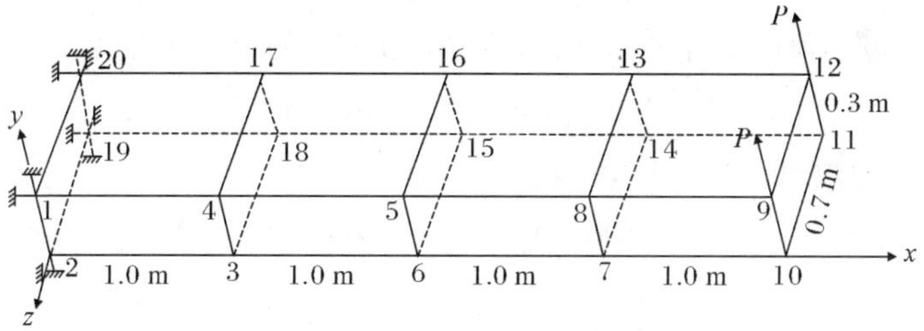

图 10-4　四翼盒杆板薄壁结构

10.3　腐蚀可靠性分析

许多工程管道材料会因为腐蚀而发生破坏。腐蚀过程是先在管道材料表面形成很多凹坑，然后这些凹坑由于腐蚀的继续作用而逐渐加深，当深度达到一定厚度的时候，便在管道上出现漏洞，使管道失效。

设某一管道在某一瞬时 t_1 因受到腐蚀而出现了凹坑，第 i 个凹坑的深度为 $d_i(i=1,2,\cdots,N)$，N 是凹坑的总数，试验数据的统计分析表明，凹坑的深度 d_i 服从截尾指数分布，初始分布的密度函数为

$$f(d) = \lambda e^{-\lambda d}/(1 - e^{-\lambda d_0}), \quad 0 \leqslant d \leqslant d_0 \tag{10.5}$$

式中：$1/\lambda=E(d)=\mu_d$，为凹坑的平均深度；d_0 为管壁的厚度，这里视为定值。式(10.5)表示的密度函数也可以写成如下形式：

$$f(d) = \left(\frac{1}{\mu_d}\right) e^{-d/\mu_d}/(1 - e^{-d_0/\mu_d}) \tag{10.6}$$

第 i 个凹坑的深度 d_i 超过深度 d 的概率为

$$P(d_i > d) = 1 - F(d) = (e^{-\lambda d} - e^{-\lambda d_0})/(1 - e^{-\lambda d_0}), \quad 0 \leqslant d \leqslant d_0 \tag{10.7}$$

设 T_i 是第 i 个凹坑使管道失效的时间，则 T_i 是初始深度为 d_i 的凹坑到达值 d_0 所需要的时间，称为穿透时间，该时间正比于管道厚度和初始凹坑深度之差，即

$$T_i \propto (d_0 - d) \quad 或 \quad T_i = K(d_0 - d) \tag{10.8}$$

式中：K 为比例常数，称为腐蚀率，即平均腐蚀单位深度所用的时间。$K=\dfrac{1}{h}$，令 h 为单位时间内的平均腐蚀深度，则 $k=\dfrac{1}{h}$，即

$$T_i = (d_0 - d)/h \tag{10.9}$$

因此，第 i 个凹坑的穿透时间分布函数为

$$\begin{aligned} F_i(t) &= P(T_i \leqslant t) = P(K(d_0 - d_i) \leqslant t) \\ &= P(d_i \geqslant d_0 - t/K) = (e^{\lambda t/K} - 1)/(e^{\lambda d_0} - 1) \end{aligned} \tag{10.10}$$

若 T_m 是管道由于出现第一个漏洞而失效的时间，则有

$$T_m = \min(T_1, T_2, \cdots, T_N)$$

根据 N 个随机变量极小值的统计分布理论，容易得出 T_m 的分布函数为

$$P(T_m \leqslant t) = 1 - [1 - F_i(t)]^N$$

假设，N 是一个很大的数目，因此当 $N \to \infty$ 时，有

$$P(T_m \leqslant t) \approx 1 - \exp[-NF_i(t)] = 1 - \exp[-N(e^{\lambda t/K} - 1)/(e^{\lambda d_0} - 1)] \tag{10.11}$$

若令

$$a = N/(e^{\lambda d_0} - 1)$$

$$\gamma = \frac{\lambda}{K} = \lambda h = \frac{h}{\mu_d}$$

$$\theta = \frac{\mu_d}{h} = \frac{1}{\gamma}$$

可得管道失效时间的分布函数 $F(t)$ 和密度函数 $f(t)$ 为

$$F(t) = 1 - \exp[-a(e^{t/\theta} - 1)] \tag{10.12}$$

$$f(t) = \frac{dF(t)}{dt} = \frac{a}{\theta} e^{t/\theta} \exp[-a(e^{t/\theta} - 1)] \tag{10.13}$$

式中：$f(t)$ 是管道出现第一个漏洞的密度函数，为截尾极值分布的密度函数，其中 a 为形状参数，它取决于管道表面初始凹坑的数目和初始凹坑的平均深度和管壁厚度，是一个无量纲参数；θ 为标度参数，它的量纲是时间量纲，为平均凹坑深度与平均腐蚀率的比率。式(10.12)也

能写成如下形式：

$$\left(\frac{1}{a}\right)\ln\left[\frac{1}{1-F(t)}\right]=(e^{t/\theta}-1) \tag{10.14}$$

或者

$$\ln\left\{1+\frac{1}{a}\ln\left[\frac{1}{1-F(t)}\right]\right\}=\frac{t}{\theta} \tag{10.15}$$

若管道首次出现漏洞的数据能够得到，则可根据式(10.13)进行截尾极值分布概率密度曲线的作图，用矩估计法或最大似然估计法估计参数 a 和 θ。

设管道的直径为 D，长度为 L，N 为该管道上的初始凹坑总数，则单位面积上的凹坑密度为

$$n=\frac{N}{\pi DL}$$

形状参数 a 可表示为

$$a=n\pi DL/(e^{d_0/\mu_d}-1)=\alpha(n,D,L,d_0,d) \tag{10.16}$$

可见，a 是和腐蚀特征 n、凹坑深度 d 及管道的几何参数 D、L、d_0 有关的参数。

在得出腐蚀失效的分布形式及确定各有关分布参数的基础上，能够对管道在腐蚀作用下的可靠性进行讨论。

根据式(10.12)，能够给出管道的可靠度函数为

$$\mathrm{Re}(t)=\exp[-a(e^{t/\theta}-1)] \tag{10.17}$$

管道的平均无效工作时间为

$$\mathrm{MTTF}=E(T_m)=\int_0^{\infty}tf(t)\mathrm{d}t=\theta g(a) \tag{10.18}$$

式中

$$g(a)=\exp(a)\left\{\sum_{n=1}^{\infty}\left[(-1)^{n+1}\frac{a^n}{n}n!\right]-0.577-\ln a\right\} \tag{10.19}$$

对于给定的失效概率 P_f，能够由求解下列方程得出分位点时间 t_p：

$$\left.\begin{aligned}P_f&=1-\exp[-a(e^{t_p/\theta}-1)]\\ t_p&=\theta\left[\ln\left(\frac{1}{a}\right)\ln\left(\frac{1}{1-P_f}\right)+1\right]\end{aligned}\right\} \tag{10.20}$$

截尾极值分布的失效率函数为

$$\lambda(t)=\frac{a}{\theta}\exp\left(\frac{t}{\theta}\right) \tag{10.21}$$

在 $t=0$ 时，失效率 $\lambda(t)$ 的值为 a/θ，并取决于在 $t=0$ 时的初始凹坑数。

【**例 10-5**】 对于某根服役 9 年的钢制管线，测得其某一腐蚀缺陷处的随机变量统计参数(见表 10-3)。

表 10-3　腐蚀缺陷处随机变量的统计参数

参 数	表 述	分布类型	均 值	变异系数
d_0	腐蚀缺陷深度/mm	正态分布	2.5	0.15
D	管径/mm	正态分布	813	0.02

续 表

参 数	表 述	分布类型	均 值	变异系数
σ_s	管材的屈服强度/MPa	正态分布	385	0.07
t	管壁厚度/mm	正态分布	13.4	0.05
R_d	径向腐蚀速率/(mm×a⁻¹)	正态分布	0.35	0.20
R_L	轴向腐蚀 5.0 速率/(mm×a⁻¹)	正态分布	18	0.20
L_0	腐蚀缺陷长度/mm	正态分布	245	0.05
P_0	工作压力/MPa	正态分布	6.0	0.1
T_S	管线暴露时间/a	常量	—	—
T_0	最后一次检测时刻/a	常量	9	—

建立腐蚀油气管线的极限状态方程为

$$g=\frac{2(\sigma_s+68.95)t}{D}\left(\frac{1-\dfrac{d_0+R_d(T-T_0)}{t}}{1-\dfrac{d_0+R_d(T-T_0)}{tM}}\right)-P_0$$

式中：M 为 Folias 膨胀系数，与缺陷长度 L、管径 D、管壁厚度 t 有关。Kiefner 和 Vieth 给出 M 的计算公式为

$$M=\begin{cases}\sqrt{1+0.627\,5\dfrac{L^2}{Dt}-0.003\,375\dfrac{L^4}{D^2t^2}}, & \dfrac{L^2}{Dt}\leqslant 50\\ 0.032\dfrac{L^2}{Dt}+3.3, & \dfrac{L^2}{Dt}>50\end{cases}$$

式中：T 时刻缺陷长度为 $L=L_0+R_L(T-T_0)$。则该缺陷处的失效概率随管线暴露时间的变化曲线如图 10－5 所示。

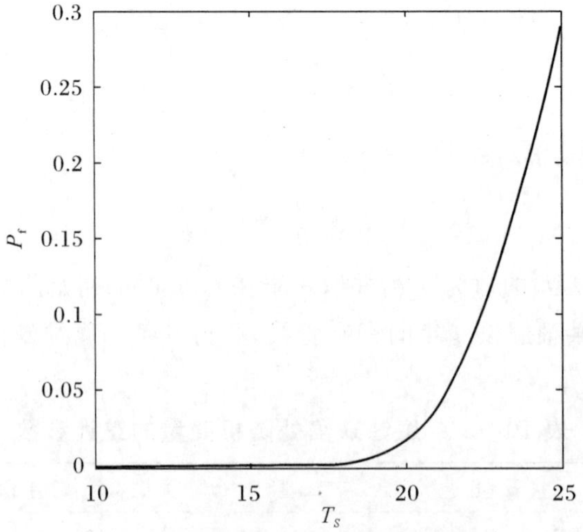

图 10－5　失效概率随暴露时间的变化

管线的安全余量方程代码如下：

LSF_pipe. m

```
function y=LSF_pipe(x)
    T0=9;
    TS=30;
    L=x(7)+x(6)*(TS-T0);   %%缺陷长度
    d=x(1)+x(5)*(TS-T0);   %%凹坑深度
    if L*L/x(2)/x(4)>50
        M=0.032*L*L/x(2)/x(4)+3.3;      %%Folias 膨胀系数
    else
        M=sqrt( 1+0.6275*L*L/x(2)/x(4)-0.003375*(L*L/x(2)/x(4)).^2 ); %%Folias 膨胀系数
    end
    y=2*x(4)*(x(3)+68.95)*(1-d/x(4))/(1-d/x(4)/M)/x(2)-x(8);   %%功能函数
end
```

10.4　疲劳和裂纹扩展可靠性分析

在工程结构问题中，结构疲劳是一个经常遇到和需要解决的问题。国内外的统计资料表明，现代机械工业中，大约有 80%以上的结构强度破坏是由疲劳失效破坏造成的。因此，为了保证产品的安全性和可靠性，对重要的机械产品要进行疲劳分析。由于影响疲劳的因素多数具有随机性，所以应用概率概念解决疲劳问题，在逻辑上十分必要。

10.4.1　疲劳破坏的特点

目前使用中的多数机械零部件承受的应力都是随时间变化而变化的，这种随时间改变其大小和方向的应力、应变，称为循环应力和循环应变。材料、零件和构件在循环应力或循环应变作用下，在某(些)点逐渐产生永久性的结构变化，在一定循环次数后形成裂纹，并在载荷作用下继续扩展直至发生完全断裂的现象，称为疲劳断裂或疲劳破坏。

疲劳破坏与静强度破坏有着本质的区别：静强度破坏是由于零件的危险截面承受过大的内力/应力而导致的失效；疲劳破坏是由于零件局部应力最大处在循环应力作用下形成微裂纹，然后逐渐扩大为宏观裂纹，裂纹再继续扩展而最终导致的断裂。因此，疲劳破坏有以下特点。

(1)低应力性。在循环载荷应力(最大应力)远低于材料的强度极限 σ_b，甚至远远小于材料的屈服极限 σ_s 的情况下，疲劳破坏就可能发生。

(2)突然性。不论是脆性材料还是延性材料,其疲劳断裂在宏观上均表现为无明显塑性变形的脆性突然断裂,即疲劳断裂一般表现为低应力断裂。

(3)时间性。静强度破坏是在一次最大载荷作用下的破坏,疲劳破坏则是在循环应力的多次重复作用下产生的,因而它要经历一定的时间,甚至很长的时间才发生。

(4)敏感性。静强度破坏的抗力主要取决于材料本身,而疲劳破坏的抗力不仅决定于材料本身,还敏感地取决于零件形状、表面状态、使用条件以及环境条件等。

(5)疲劳断口。疲劳破坏的宏观断口上有着不同于其他破坏断口的显著特点,即存在着疲劳源(或称为疲劳核心)、疲劳裂纹扩展区(平滑、波纹状)和瞬断区(粗粒状或纤维状),如图10-6所示。

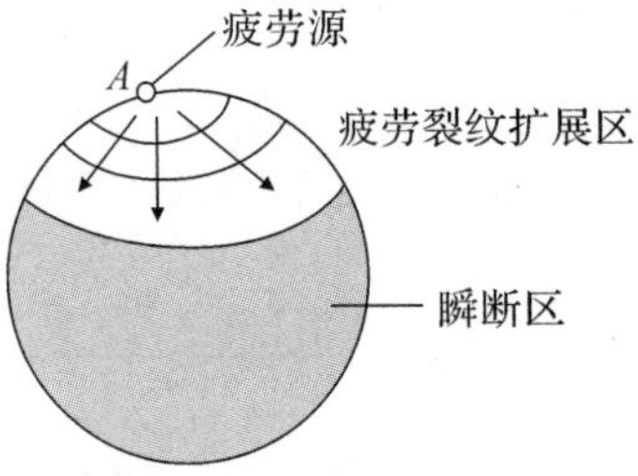

图 10-6　疲劳断口图

图 10-6 中 A 点为疲劳源或疲劳核心,是疲劳破坏的起点,一般情况下发生在零件的表面。但是如果零件内部存在缺陷,如脆性夹杂物、空洞、化学偏析等,也可能在零件次表面或内层发生疲劳破坏。疲劳核心的数目可能是一个,也可能是两个甚至更多,尤其在低周疲劳时,其应变幅值较大,断口上常有几个位于不同位置的疲劳核心。疲劳裂纹扩展区是疲劳断口上最重要的特征区域,常见到明显的相互平行的弧形线,或称为贝纹线(海滩状线)。这种弧形线标志着机器开动或停止时,疲劳裂纹扩展过程中留下的痕迹,在低应力高循环次数下的裂纹断口尤其明显。瞬断区,也称为最终破断区,是静力破坏部分。当零件的裂纹扩大到一定程度后,零件的有效截面积减小,当小到无法继续承受最大应力的作用时,迅速断裂。这个区域的特点,对塑性材料来讲是呈纤维状的,对脆性材料来讲呈粗结晶状,且往往具有尖锐的唇边、刃口等。

10.4.2　疲劳破坏的过程

疲劳破坏既与应力出现的次数有关,又与应力的大小有关。本质上,疲劳是由于逐次施加足够强的周期性应力引起的结构大量损伤的累积效果。在疲劳失效中,足够强的周期性应力能够引起材料局部结构的逐渐变化,这种变化降低了结构抵抗应力的能力。由于周期性应力的作用,材料内部首先出现亚微观裂纹,不可见的亚微观裂纹逐渐发展成微观裂纹,微观断裂过程决定着裂纹的发展。首先在靠近表面的地方出现一条或多条宏观裂纹,这些裂纹继续发展,直至在零件剩余的承载面积上,应力过大而引起断裂。

疲劳破坏的过程比较复杂,受很多因素影响,按照其发展过程可分为 4 个阶段,如图10-7所示。

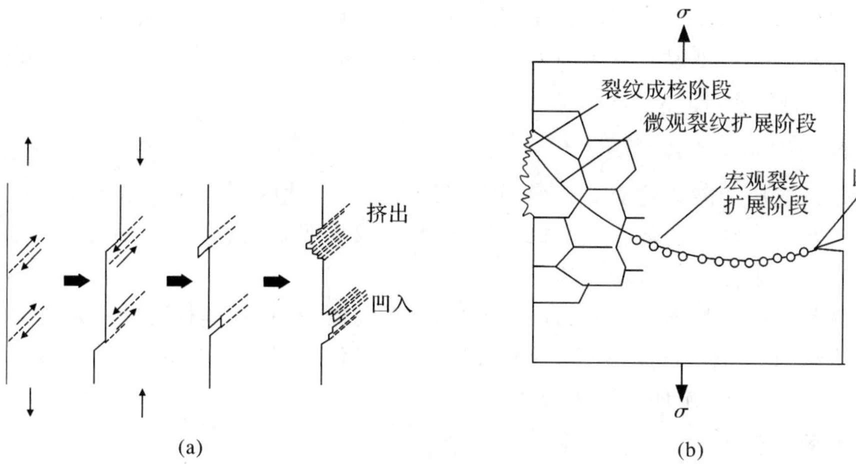

图 10－7 疲劳裂纹扩展过程图

(a)疲劳裂纹萌生模型;(b)疲劳断裂过程示意图

(1)裂纹成核阶段(裂纹萌生)。对于一个无裂纹的光滑试样,在交变应力(循环应力)作用下,由于材料组织性能不均匀,在材料的表面局部区域产生滑移,形成新的自由表面。在疲劳载荷的反复作用下,产生了金属挤出凹入的滑移带,从而形成为裂纹的核。

(2)微观裂纹扩展阶段。一旦微观裂纹成核,微裂纹就沿着滑移面扩展,这个面与主应力轴呈 45°的剪应力作用面。此阶段扩展深入表面很浅,大约为十几微米,裂纹扩展速率极为缓慢,而且不是单一的裂纹,是很多沿滑移带的裂纹。

(3)宏观裂纹扩展阶段。此时裂纹扩展方向与拉应力垂直,且为单一裂纹扩展范围内,裂纹扩展的速度会加快,一般认为此阶段的裂纹长度 a 在 0.1 mm 到临界尺寸 a_c 的。

(4)断裂阶段。当裂纹扩展至临界尺寸 a_c 时,零件因强度不足而发生断裂。

10.4.3 疲劳分析的一般方法

疲劳分析的一般方法是,首先需要了解有关零部件的几何形状、材料特性、加工工艺和加载历史,应用结构分析技术来判别可能发生破坏的位置,即危险点;然后确定在施加载荷条件下的局部应力、应变响应;最后采用合适的部件或材料寿命曲线进行疲劳损伤分析,从而获得疲劳寿命的预计值。疲劳分析的主要步骤如图 10－8 所示。

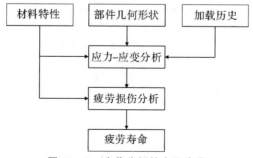

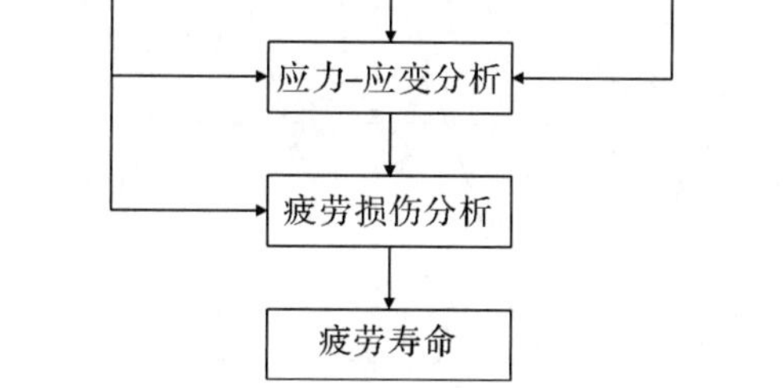

图 10－8 疲劳分析的主要步骤

疲劳分析的最终目的就是要确定零件的疲劳寿命。要计算疲劳寿命,必须有精确的载荷谱、材料特性、构件的 $S-N$(或 $\varepsilon-N$)曲线，合适的累积损伤理论和裂纹扩展理论等，同时还要把一些影响疲劳寿命的主要因素考虑进去。疲劳寿命 N 是疲劳裂纹形成寿命 N_f 和疲劳裂纹扩展寿命 N_c 两者的总和，即 $N=N_f+N_c$。

1. **疲劳载荷**

疲劳载荷是造成疲劳破坏的交变载荷，分为两大类：确定性的疲劳载荷和随机载荷。

确定性的载荷指这些载荷都有一个确定的规律，能够用明确的数学表达式来描述，根据这个表达式能够确定未来任何一个瞬时的载荷准确值。

随机载荷就是不能用数学关系来描述的载荷，即载荷的幅值、频率都随时间无规律变化的载荷。对于随机载荷，无法预测未来某一瞬时的载荷准确值。对于随机载荷，目前都采用测定的方法，其处理方法主要有循环计数法和功率谱法。

2. **金属材料的疲劳特性**

疲劳应力-寿命曲线($S-N$ 曲线)如图 10-9 所示。

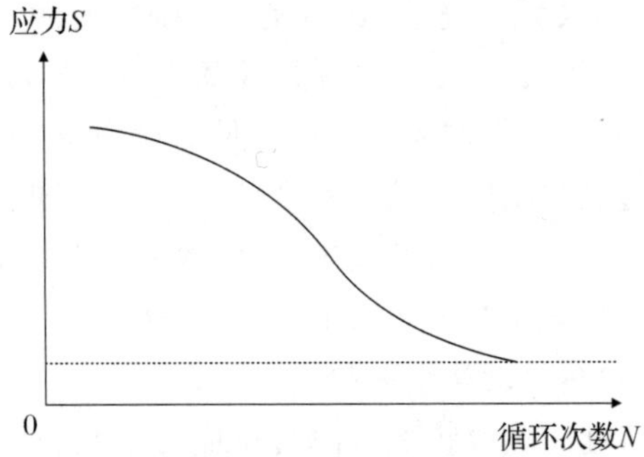

图 10-9　典型的 $S-N$ 曲线

曼森-科芬(Coffin-Manson)方程，即总应变-寿命曲线的数学表达式为

$$\frac{\Delta\varepsilon}{2}=\frac{\Delta\varepsilon_e}{2}+\frac{\Delta\varepsilon_p}{2}=\frac{\sigma_f'}{E}(2N_f)^b+\varepsilon_f'(2N_f)^c \tag{10.22}$$

式中：E 为弹性模量；σ_f' 疲劳强度系数(对大多数金属，近似等于材料的单向拉伸的真实断裂强度 σ_f)；b 为寿命强度指数(Basquin 指数)；ε_f' 为疲劳延性系数，一般近似等于单向拉伸的真实断裂延性 ε_f；c 为疲劳延性指数；$\Delta\varepsilon_e/2$ 为弹性应变幅；$\Delta\varepsilon_p/2$ 为塑性应变幅。

材料在循环应力作用下，由于循环硬化和循环软化，其应力和应变的关系在逐渐变化，直到进入循环稳定状态为止，如图 10-10 所示。

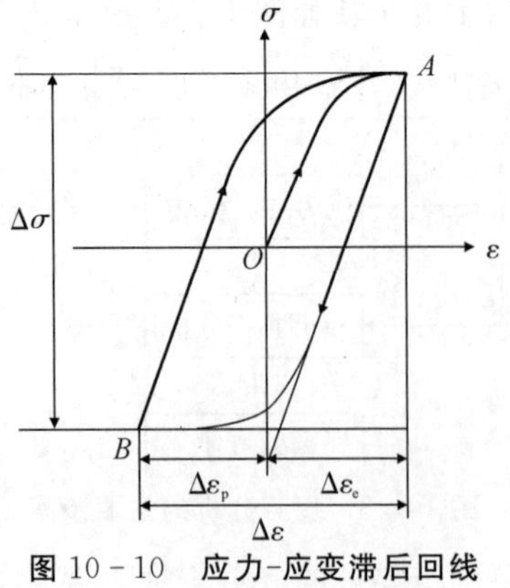

图 10-10　应力-应变滞后回线

3. **影响材料疲劳特性的因素**

(1)尺寸的影响。大尺寸零件的高应力区域大，产生疲劳裂纹的概率就大；大尺寸零件中包含更多可能产生疲劳裂纹的不利因素；加工零件时，表面硬化可提高疲劳极限。

(2)表面加工状况的影响。表面加工越粗糙，疲劳强度越低；表面粗糙度对疲劳性能的影响随表面粗糙度的降低而降低，即疲劳强度提高。

(3)应力集中的影响。应力集中对疲劳特性的影响由有效应力集中系数 K_f 决定。对塑性材料，当局部应力达到屈服极限时，会产生塑性变形，从而减轻应力集中的危险性。

(4)疲劳载荷特性的影响(载荷的类型、载荷的频率、载荷的作用顺序和载荷的变化)。平均应力水平越大，振幅越大，寿命越短。

(5)温度的影响。工作温度过高，材料的疲劳极限急剧下降；低温工作环境下，疲劳极限随着温度的降低而有所增加。

(6)噪声、腐蚀环境的影响。声疲劳、腐蚀环境会促使疲劳裂纹的产生和发展。

4. **疲劳裂纹形成寿命**

疲劳损伤计算公式为

$$\frac{\Delta\varepsilon}{2}=\frac{\Delta\varepsilon_e}{2}+\frac{\Delta\varepsilon_p}{2}=\frac{\sigma'_f-\sigma_m}{E}(2N_f)^b+\varepsilon'_f(2N_f)^c \tag{10.23}$$

目前常用的局部应力-应变法计算损伤的公式如下。

(1)道林(Dowling)损伤计算公式：

当 $\varepsilon_p>\varepsilon_e$ 时(塑性应变分量为损伤计算参量)，有

$$\frac{1}{N_f}=2\left(\frac{\varepsilon'_f}{\varepsilon_p}\right)^{\frac{1}{c}} \tag{10.24}$$

当 $\varepsilon_p<\varepsilon_e$ 时，弹性应变分量为损伤计算参量，有

$$\frac{1}{N_f}=2\left(\frac{\sigma'_f-\sigma_m}{E\varepsilon_e}\right)^{\frac{1}{b}} \tag{10.25}$$

(2)兰德格拉夫(Landgraf)损伤计算公式：

$$\frac{1}{N_f}=2\left(\frac{\sigma'_f}{E\varepsilon'_f}\frac{\Delta\varepsilon_p}{\Delta\varepsilon_e}\frac{\sigma'_f}{\sigma'_f-\sigma_m}\right)^{\frac{1}{b-c}} \tag{10.26}$$

(3)史密斯(Smith)损伤计算公式：

$$\sigma_{max}\Delta\varepsilon=\frac{2\sigma'^2_f}{E}(2N_f)^{2b}+2\sigma'_f\varepsilon'_f(2N_f)^{b+c} \tag{10.27}$$

5. **疲劳累积损伤理论**

疲劳累积损伤理论：当材料承受高于疲劳极限的应力时，每一循环都使材料产生一定量的损伤，这种损伤累积到某一临界值时将产生破坏。迈纳(Miner)线性累积损伤理论的假设如下：

(1)某一载荷块的应变循环数表示为相同应变幅下造成破坏所需的总应变循环数的百分数，就是该载荷块所消耗的变幅疲劳的寿命的百分数。

(2)载荷块的顺序不影响疲劳寿命。

(3)当每个载荷水平引起的损伤的线性累加和达到临界值时发生破坏，以下式表述：

$$\sum_{i=1}^{m} \frac{n_i}{N_{fi}} = 1 \tag{10.28}$$

式中：m 为载荷块数；n_i 为恒应变幅为 ε_{ai} 的第 i 个载荷块的循环数；N_{fi} 为在 ε_{ai} 下的破坏循环数。

6. **疲劳裂纹扩展寿命**

用帕里斯(Paris)公式来计算疲劳裂纹扩展速率(对大多数工程常用的金属材料，$m=2\sim4$)：

$$\mathrm{d}a/\mathrm{d}N = C\,(\Delta K)^m \tag{10.29}$$

考虑平均应力强度因子对裂纹扩展速率的影响，有福尔曼(Forman)公式($m\approx3$)：

$$\mathrm{d}a/\mathrm{d}N = \frac{C\,(\Delta K)^m}{(1-r)K_c - \Delta K} \tag{10.30}$$

式中：$r=\sigma_{\min}/\sigma_{\max}$是应力比；$\Delta K$ 为应力强度因子变程；a 为裂纹半径；$\Delta\sigma$ 为应力变程；K_c 为断裂韧性；C 为裂纹扩展系数；m 为裂纹扩展指数；函数 $f(a)$ 与裂纹结构几何特征有关，若裂纹为无限大平板中的Ⅰ型裂纹，则 $f(a)$ 的计算公式为

$$f(a) = F\frac{2}{\pi}\sqrt{\pi a} = Y\sqrt{\pi a} \tag{10.31}$$

令 $C_1=CY^m\pi^{m/2}$，常幅应力下的裂纹扩展寿命可计算如下。

帕里斯(Paris)公式：

$$\left.\begin{aligned} N_c &= \frac{1}{(1-m/2)C_1\,(\Delta\sigma)^m}(a_c^{1-m/2}-a_0^{1-m/2}) \quad (m\neq2) \\ N_c &= \frac{1}{C_1\,(\Delta\sigma)^m}\ln\left(\frac{a_c}{a_0}\right) \quad (m=2) \end{aligned}\right\} \tag{10.32}$$

式中：a_0 为初始裂纹尺寸；a_c 为临界裂纹尺寸；N_c 为从初始裂纹到临界裂纹时的寿命(循环数)。

福尔曼(Forman)公式：

$$\begin{cases} N_c=\dfrac{2}{\pi C\,(\Delta\sigma)^2}\left\{\dfrac{\Delta K}{m-2}\left[\dfrac{1}{(\Delta K)_0^{m-2}}-\dfrac{1}{(\Delta K)_c^{m-2}}\right]-\dfrac{1}{m-3}\left[\dfrac{1}{(\Delta K)_0^{m-3}}-\dfrac{1}{(\Delta K)_c^{m-3}}\right]\right\}, & (m\neq2,3) \\ N_c=\dfrac{2}{\pi C\,(\Delta\sigma)^2}\left[(\Delta K)_c\ln\dfrac{(\Delta K)_c}{(\Delta K)_0}+(\Delta K)_0-(\Delta K)_c\right], & m=2 \\ N_c=\dfrac{2}{\pi C\,(\Delta\sigma)^2}\left\{(\Delta K)_c\left[\dfrac{1}{(\Delta K)_0}-\dfrac{1}{(\Delta K)_c}+\ln\dfrac{(\Delta K)_0}{(\Delta K)_c}\right]\right\}, & m=3 \end{cases} \tag{10.33}$$

变幅应力作用下的裂纹扩展寿命需要进行分段积分。

【例10-6】 某型发动机涡轮盘(见图10-11)在0—起飞—0循环载荷中，其表面裂纹扩展的寿命可表示为

$$N_c = \frac{2}{2-m}(a_c^{1-m/2}-a_0^{1-m/2})/[C\,(2F\Delta\sigma/\pi)^m\pi^{m/2}]$$

式中：C 为裂纹扩展系数；m 为裂纹扩展指数(冶金盘材料的 $m=3.285$)；F 为修正系数，$F=1.122$；a_0 为初始裂纹半径；a_c 为裂纹极限半径，即在 $\sigma_{\max}$作用下，应力强度因子达到断裂韧性 K_C 时的半径，$a_c=[K_C/(2F\sigma_{\max}/\pi)]^2/\pi$。采用寿命干涉模型建立极限状态方程：

$$g = N_c - N = 0$$

式中：N 为载荷循环数。失效概率计算时选取的随机变量、分布形式以及分布参数见表 10－4。

表 10－4　基本变量分布参数

变量 x	均值	变异系数	分布形式
σ_{max}/MPa	765	0.02	正态
K_C/(kN·m$^{-1.5}$)	87	0.1	正态
C	3.061×10^{-12}	0.1	正态
a_0/m	0.000 38	0.1	正态
N	6 000	0.02	对数正态

图 10－11　涡轮盘、榫槽、叶片结构

裂纹扩展的安全余量方程的代码如下：

surface_crack.m

```
function y= surface_crack (x)
    m=3.285;
    F=1.122;
    a_c=(x(2) * pi/2/F/x(1)).^2/pi;
    N_c=2/(2-m) * (a_c^(1-m/2)-x(4)^(1-m/2))/(x(3) * (2 * F * x(1)/pi)^m * pi^(m/2));
    g=N_c-x(5);
end
```

10.4.4　疲劳及裂纹扩展的概率分析

由多个加载周期引起的结构损伤的总和，主要取决于最大应力效应的强烈程度，因此，仅当周期次数和每个周期上的最大应力效应是已知的时候，加载历程的最后总损伤才是已知的。但实际上，疲劳失效通常需要千百万次周期应力，而能够得到进行计算需要的具体信息是极为有限的，所以，概率处理法则是一种理论上可行的方法。

在抗疲劳设计中，现行的设计实践是基于单向应力 S，且以该应力作为定常应力；对于使结构不发生断裂破坏而施加应力的周期数 N，根据 S 和 N 之间的关系进行设计。周期数 N 表示给定材料或所考察结构疲劳点处的疲劳寿命。

事实上，$S-N$ 关系有明显的随机性，即使在最严格的试验条件下也是如此（见图 10－12），而且疲劳寿命对应力是极为敏感的，应力幅值的变动能够导致疲劳寿命的大的偏差。

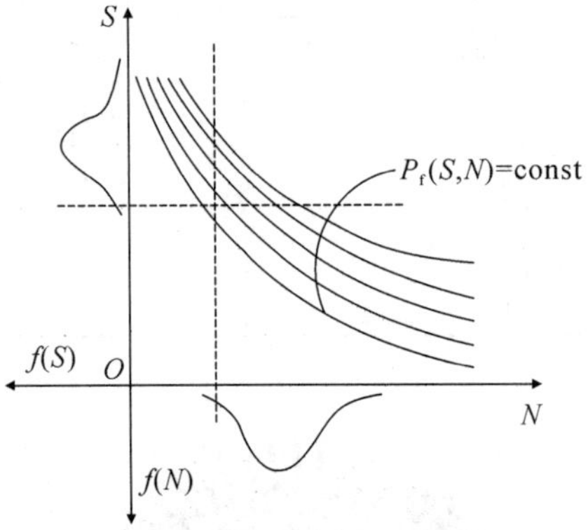

图 10－12　具有随机性的 $S-N$ 关系

常规试验所得到的 $S-N$ 关系曲线，一般取失效概率 $P_f(S,N)=0.5$，图 10－12 中 $f(S)$ 表示在给定的寿命周期下，应力 S 的密度函数；$f(N)$ 表示在确定的应力 S 下，结构寿命分布的密度函数。试验证明，对于疲劳寿命，可采用威布尔（Weilbull）分布或对数正态分布描述。若采用对数正态分布，则疲劳寿命的密度函数为

$$f(N)=\frac{1}{\sqrt{2\pi}N\sigma_{\ln N}}\exp\left[-\frac{1}{2}\left(\frac{\lg N-\mu_{\ln N}}{\sigma_{\ln N}}\right)^2\right] \tag{10.34}$$

若已知应力幅值和结构的疲劳寿命分布参数，容易计算给定寿命下的结构可靠度为

$$\mathrm{Re}(n)=P(N>n)=\int_n^{+\infty}f(N)\mathrm{d}N \tag{10.35}$$

式中：n 为结构给定寿命值，即施加于结构上的应力周期数；$\mathrm{Re}(n)$ 表示在施加应力周期数 n 下的结构可靠度；$P(N>n)$ 表示结构疲劳寿命 N 大于给定结构寿命 n 的概率。

根据对数正态分布的性质，可知结构的可靠度为

$$\mathrm{Re}(n)=1-\Phi\left(\frac{\lg n-\mu_{\ln N}}{\sigma_{\ln N}}\right)$$

下面考察多种应力情况。设一零件受到顺序加载的几组应力的作用，它们的周期、应力幅值及工作循环次数各不相同，如图 10－13 所示。第一阶段平均应力为 S_{m1}，应力幅值为 S_1，应力循环数为 n_1，在该应力作用下，结构的疲劳寿命为 N_1。在这样的一应力周期，结构的损伤率为 n_1/N_1。随后，在第二阶段应力作用下，结构的损伤率为 n_2/N_2，其中 n_2 为第二阶段应力循环数，N_2 为在该阶段应力单独作用下结构的疲劳寿命。同理可知第三、第四等各阶段的损伤率。

这样的应力情况会造成结构的累积疲劳损伤，常常用迈纳（Miner）法则 $\sum_{i=1}^{k}\frac{n_i}{N_i}=1$（$k$ 为顺序加载阶段总数）来解决这一问题。迈纳法则认为当结构在一系列周期应力作用下，损伤率总和为 1 时，结构出现疲劳失效。这一法则因为简便，在疲劳分析中得到广泛应用。

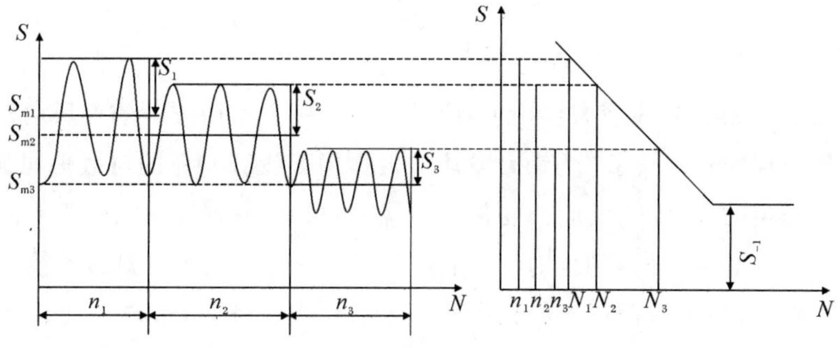

图 10-13　顺序加载多组应力的 $S-N$ 曲线

在第一阶段应力作用下，设结构疲劳寿命的密度函数为 $f_1(N_1)$，应力施加的循环周期数为 n_1，可知这时结构的失效概率为

$$P_{f1}(n_1)=\Phi\left(\frac{\ln n_1-\mu_{\ln N_1}}{\sigma_{\ln N_1}}\right) \tag{10.37}$$

在第二阶段应力作用下，设结构疲劳寿命的密度函数为 $f_2(N_2)$，那么，可将第一阶段应力作用的周期数 n_1 化为第二阶段的等效应力周期数 n_{1e}，使得在第一阶段应力循环 n_1 次的结构失效概率与第二阶段应力作用 n_{1e} 次的失效概率相等，即有

$$\Phi\left(\frac{\ln n_1-\mu_{\ln N_1}}{\sigma_{\ln N_1}}\right)=\int_{n_{1e}}^{\infty}f_2(N_2)\mathrm{d}N_2=\Phi\left(\frac{\ln n_{1e}-\mu_{\ln N_2}}{\sigma_{\ln N_2}}\right) \tag{10.38}$$

可知

$$\left.\begin{aligned}&\Phi\left(\frac{\ln n_1-\mu_{\ln N_1}}{\sigma_{\ln N_1}}\right)=\Phi\left(\frac{\ln n_{1e}-\mu_{\ln N_2}}{\sigma_{\ln N_2}}\right)\\&\ln n_{1e}=\mu_{\ln N_2}+\left(\frac{\ln n_1-\mu_{\ln N_1}}{\sigma_{\ln N_1}}\right)\sigma_{\ln N_2}\\&n_{1e}=\ln^{-1}\left[\mu_{\ln N_2}+\left(\frac{\ln n_1-\mu_{\ln N_1}}{\sigma_{\ln N_1}}\right)\sigma_{\ln N_2}\right)\end{aligned}\right] \tag{10.39}$$

这时，在顺序加载的两组应力作用下结构的失效概率为

$$P_{f2}(n_1,n_2)=\Phi\left[\frac{\ln(n_{1e}+n_2)-\mu_{\ln N_2}}{\sigma_{\ln N_2}}\right] \tag{10.40}$$

同理，可将 $n_{1e}+n_2$ 等效成第三阶段应力作用下的等效循环周期数 $n_{1,2e}$，即

$$n_{1,2e}=\ln^{-1}\left\{\mu_{\ln N_3}+\left[\frac{\ln(n_{1e}+n_2)-\mu_{\ln N_2}}{\sigma_{\ln N_2}}\right]\sigma_{\ln N_3}\right\} \tag{10.41}$$

在顺序加载的三组应力作用下结构的失效概率为

$$P_{f3}(n_1,n_2,n_3)=\Phi\left(\frac{\ln(n_{1,2e}+n_3)-\mu_{\ln N_3}}{\sigma_{\ln N_3}}\right) \tag{10.42}$$

依上述方法依次进行下去，最后可以得到在 k 阶段应力作用下 $(k-1)$ 组的等效循环周期数为

$$n_{1,2,\cdots,(k-1)e}=\ln^{-1}\left\{\mu_{\ln N_k}+\left[\frac{\ln(n_{1,2,\cdots,(k-2)e}+n_{(k-1)})-\mu_{\ln N_{k-1}}}{\sigma_{\ln N_{k-1}}}\right]\sigma_{\ln N_k}\right\} \tag{10.43}$$

在顺序加载的 k 组应力作用下结构的失效概率为

$$P_{fk}(n_1, n_2, \cdots, n_k) = \Phi\left[\frac{\ln(n_{1,2,\cdots,(k-1)e} + n_k) - \mu_{\ln N_k}}{\sigma_{\ln N_k}}\right] \tag{10.44}$$

式中：$n_{1,2,\cdots,(k-1)e}$为在第 k 阶段应力作用下，前$(k-1)$组应力作用的等效循环周期数；n_k 为第 k 阶段应力的作用周期数；$\mu_{\ln N_k}$、$\sigma_{\ln N_k}$ 为第 k 阶段应力作用下疲劳寿命的对数平均数和标准差。

受随机应力作用的零件，它的应力变化是不规律的。经整理后可简化为有规律的应力谱，如图 10－14 所示，则对每一循环期，仍可用上述介绍的顺序加载情况进行计算，最后得出每一循环期的等效寿命，再与下一循环期的相应循环数结合进行计算，这样一直做下去，直到第 m 个循环期为止，从而得出结果。

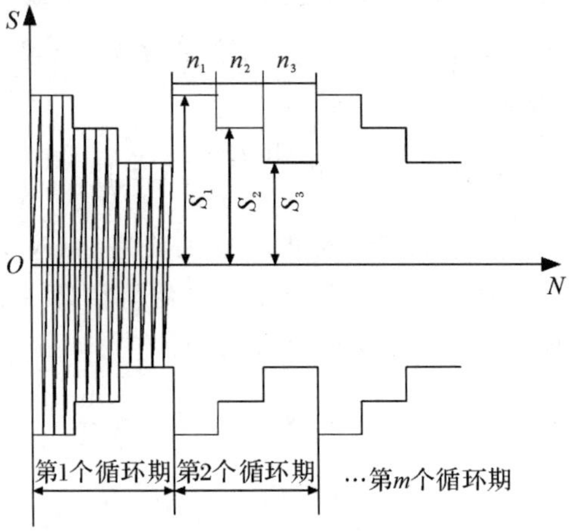

图 10－14　顺序加载随机应力

【例 10－7】　在某型发动机涡轮盘的低周疲劳寿命的可靠性分析中，由 Manson-Coffin 公式可知，低周疲劳寿命 N_f 与结构应力、应变之间的关系为

$$\frac{\Delta\varepsilon}{2} = \left(\frac{\sigma_f' - \sigma_m}{E}\right)(2N_f)^b + (\varepsilon_f' - \varepsilon_m)(2N_f)^c$$

式中：$\Delta\varepsilon$ 为应变变程；σ_m 为平均应力；ε_m 为平均应变；σ_f'为疲劳强度系数；ε_f'为疲劳延性系数，b 为寿命强度指数；c 为疲劳延性指数；E 为材料的弹性模量。当多级载荷（如 m 级循环载荷）作用在涡轮盘上时，可以采用累积线性损伤法则建立以下的极限状态方程：

$$g = a - \sum_{i=1}^{m} \frac{n_i}{N_{fi}(\Delta\varepsilon_i/2, \sigma_{mi}, \sigma_f', \varepsilon_f', b, c)} = 0$$

式中：N_{fi}为第 i 级载荷作用下的涡轮盘的低周疲劳寿命；n_i 为第 i 级载荷的实际循环次数；a 为损伤强度，通常取 $a=1$。

考虑涡轮盘起飞、最大连续、巡航、慢车 4 种工作状态，构成五种循环载荷为 0—起飞—0、0—最大连续—0、慢车—起飞—慢车、慢车—最大连续—慢车、巡航—最大连续—巡航。5 种工作载荷循环作用次数的对数 $\ln(n_i)$ $(i=1,2,\cdots,5)$相应的应变幅值 $\Delta\varepsilon_i/2$、平均应力 σ_{mi}、平均应变 ε_{mi}以及与材料低周疲劳寿命相关的参数 σ_f'、ε_f'、b、c 为基本输入随机变量，均服从相互独立的正态分布，分布参数见表 10－5。

表 10-5 涡轮盘基本随机变量的分布参数

基本变量	均值	标准差	基本变量	均值	标准差
应变幅值 $\Delta\varepsilon_1/2$	0.000 25	5×10^{-6}	平均应变 ε_{m3}	0.000 35	7×10^{-6}
应变幅值 $\Delta\varepsilon_2/2$	0.000 20	4×10^{-6}	平均应变 ε_{m4}	0.000 30	6×10^{-6}
应变幅值 $\Delta\varepsilon_3/2$	0.000 15	3×10^{-6}	平均应变 ε_{m5}	0.000 45	9×10^{-6}
应变幅值 $\Delta\varepsilon_4/2$	0.000 10	2×10^{-6}	疲劳强度系数 σ_f'	2 050	164
应变幅值 $\Delta\varepsilon_5/2$	4.0×10^{-5}	8×10^{-7}	疲劳延性系数 ε_f'	0.017	0.001 36
平均应力 σ_{m1}	550	11	寿命强度指数 b	−0.095	0.001 9
平均应力 σ_{m2}	500	10	疲劳延性指数 c	−0.4	0.008
平均应力 σ_{m3}	800	16	0—起飞—0 循环次数 n_1	1250	25
平均应力 σ_{m4}	765	15.3	0—最大连续—0 循环次数 n_2	1 000	20
平均应力 σ_{m5}	1 000	20	慢车—起飞—慢车循环次数 n_3	150	3
平均应变 ε_{m1}	0.000 25	5×10^{-5}	慢车—最大连续—慢车循环次数 n_4	36 000	720
平均应变 ε_{m2}	0.000 20	4×10^{-5}	巡航—最大连续—巡航循环次数 n_5	30 000	600

此问题求解的难点在于：①从 Manson-Coffin 公式求解 N_f；②小失效概率问题且高维随机输入变量的特点对计算机的算力及存储能力有较高要求。

Miner 线性累积损伤安全方程代码如下：

Miner_fatigue. m

```
function y=Miner_fatigue(x)
    syms  delta_s  sigma_f  sigma_m  s_f  s_m  b  c  Nf  X
    syms  f_N  f_N1  f_N2  f_N3  f_N4  f_N5
    X=[ delta_s  sigma_f  sigma_m  s_f  s_m  b  c] ;
    E=179000e6;
    f_N=(sigma_f-sigma_m)/E * (2 * Nf)^b+(s_f-s_m) * (2 * Nf)^c-delta_s; %Coffin - Manson
    f_N1=subs(f_N, X, [x(1),x(16),x(6),x(17),x(11),x(18),x(19)]);
    f_N2=subs(f_N, X, [x(2),x(16),x(7),x(17),x(12),x(18),x(19)]);
    f_N3=subs(f_N, X, [x(3),x(16),x(8),x(17),x(13),x(18),x(19)]);
    f_N4=subs(f_N, X, [x(4),x(16),x(9),x(17),x(14),x(18),x(19)]);
    f_N5=subs(f_N, X, [x(5),x(16),x(10),x(17),x(15),x(18),x(19)]);

    Nfi(1)=solve(f_N1,Nf);%%符号求根
    Nfi(2)=solve(f_N2,Nf);
    Nfi(3)=solve(f_N3,Nf);
    Nfi(4)=solve(f_N4,Nf);
    Nfi(5)=solve(f_N5,Nf);
    y=1-sum(double( x(20:24)./Nfi(1:5)));%%功能函数
end
```

很多人对以上的疲劳分析模型提出疑义，因为它没有真实反映结构破坏的力学特性，所以提出了一种替代材料疲劳理论。这种理论假设，主裂纹的扩展是疲劳失效的主要原因，并且当裂纹长度达到临界长度 a_c 时失效发生。临界裂纹长度与施加的应力 S 有关，存在下面的关系式：

$$a_c = \frac{C}{S^2} \tag{10.45}$$

式中：C 为常数。

因为材料提供了已知的初始裂纹长度 a_0，则疲劳过程分析变成了单一裂纹从初始长度 a_0 增长到临界长度 a_c 的问题。当顺序应力 $S_1, S_2, \cdots, S_k$ 使裂纹从 a_0 扩展到 a_c，有下面的关系式存在：

$$\frac{2}{\sqrt{a_0}} - \frac{2}{\sqrt{a}} = f(S_1) + f(S_2) + \cdots + f(S_k) \tag{10.46}$$

式中：$f(S)$是施加应力 S 的适当函数。当零件在随机时间瞬间取值为 $t_1, t_2, \cdots, t_k$，受到的随机应力取值为 $S_1, S_2, \cdots, S_k$ 时，方程变成了如下的随机方程：

$$\sqrt{\frac{a_0}{a}} = 1 - \frac{1}{2}\sqrt{a_0}\int_0^t f[S(\tau)]\mathrm{d}N(\tau) \tag{10.47}$$

式中：$N(\tau)$表示在$(0,t)$时间区间内施加应力的随机次数，该积分是施蒂尔杰斯(Stieltjes)积分。根据式(10.45)，在时点 t 必引起结构失效的随机应力 $S_k(t)$能够给出，即

$$\sqrt{\frac{C/S_\mathrm{v}^2}{C/S_k^2}} = 1 - \frac{1}{2}\sqrt{a_0}\int_0^t f[S(\tau)]\mathrm{d}N(\tau) \tag{10.48}$$

从而得到

$$\frac{S_k(t)}{S_\mathrm{v}} = 1 - \frac{1}{2}\sqrt{a_0}\int_0^t f(S(\tau))\mathrm{d}N(\tau) \tag{10.49}$$

式中：S_v 是初始裂纹长度为 a_0 时的应力。

为了对式(10.49)进行计算，必须对随机变量 $\mathrm{d}N(\tau)$作出说明，为此假设

$$\left.\begin{aligned} P[\mathrm{d}N(\tau) = 1] &= P_1(\tau)\mathrm{d}\tau + 0\mathrm{d}\tau \\ P[\mathrm{d}N(\tau) = m] &= 0\mathrm{d}\tau, \quad m > 1 \\ P[\mathrm{d}N(\tau) = 0] &= 1 - P_1(\tau)\mathrm{d}\tau + 0\mathrm{d}\tau \end{aligned}\right\} \tag{10.50}$$

上式表明，在 $\mathrm{d}\tau$ 这一极短的时段内，应力或者仅出现一次，其概率为 $P_1(\tau)\mathrm{d}\tau$；或者不出现，其概率为 $1-P_1(\tau)\mathrm{d}\tau$；应力出现多次的情况不可能发生，其概率为 0。因此，在时间$(0,t)$时间内，应力出现次数的期望值为

$$\mu_{N(t)} = \int_0^t P_1(\tau)\mathrm{d}\tau \tag{10.51}$$

用这种办法，可得在时间 t 必然引起结构失效的应力 S_k 的平均值的统一表达式为

$$E[S_k(t)] = S_\mathrm{v}\left(1 - \frac{1}{2}\sqrt{a_0}\int_0^t E[f(S(\tau)]P_1(\tau)\mathrm{d}\tau\right) \tag{10.52}$$

在疲劳问题中，如同处理其他许多结构问题那样，概率方法是一种最合适的方法。迄今为止，两种方法均为有效方法。在考虑选取何种方法时，要针对实际工程应用。用损伤力学和断裂力学原理来解决疲劳问题，是疲劳可靠性分析的一个发展方向。

参考文献

[1] 吕震宙,宋述芳,李璐祎,等.结构/机构可靠性设计基础[M]. 西安:西北工业大学出版社,2019.
[2] 王金武,张兆国.可靠性工程基础[M]. 北京:科学出版社,2013.
[3] 宋述芳,吕震宙,王燕萍.可靠性工程基础[M]. 西安:西北工业大学出版社,2018.
[4] 王文静.可靠性工程基础[M]. 北京:北京交通大学出版社,2013.
[5] 宋笔锋.飞行器可靠性工程[M].西安:西北工业大学出版社,2006.
[6] 吕震宙,宋述芳,李洪双,等.结构机构可靠性及可靠性灵敏度分析[M]. 北京:科学出版社,2009.
[7] 李耀辉.基于 Kriging 模型的仿真优化方法[M]. 武汉:华中科技大学出版社,2020.
[8] 邓乃阳,田英杰.支持向量机:理论、算法与拓展[M]. 北京:科学出版社,2009.
[9] 何水清,王善. 结构可靠性分析与设计[M]. 北京:国防工业出版社,1993.
[10] 李良巧.可靠性设计与分析[M]. 北京:国防工业出版社,1998.
[11] 安伟光,蔡荫林,陈卫东. 随机结构系统可靠性分析与优化[M]. 哈尔滨:哈尔滨工业大学出版社,2007.
[12] 程五一,王贵和,吕建国,等.系统可靠性理论[M]. 北京:中国建筑工业出版社,2010.
[13] 李桂青,李秋胜.工程结构时变可靠度理论及其应用[M]. 北京:科学出版社,2001.
[14] 张明.结构可靠度分析:方法与程序[M]. 北京:科学出版社,2009.
[15] DITLEVSEN O,MADSEN H O. 结构可靠度方法[M].何军,译.上海:同济大学出版社,2005.
[16] 宋述芳.结构不确定性分析和可靠性优化设计研究[D].西安:西北工业大学,2010.
[17] 陈小前,姚雯,欧阳琦.飞行器不确定性多学科优化设计理论与应用[M]. 北京:科学出版社,2015.
[18] 高镇同,熊俊江.疲劳可靠性[M]. 北京:北京航空航天大学出版社,2000.
[19] 李舜酩.机械疲劳与可靠性设计[M]. 北京:科学出版社,2006.